普通高等教育人工智能专业系列教材

AIGC 通识课

周　苏　万亮斌　胡相勇　主编

机 械 工 业 出 版 社

AIGC 的应用非常广泛，能够生成文本、图像、音频、视频等多种类型的内容，显著提高了内容生产的效率和多样性。学习 AIGC 变得日益重要，它不仅能够帮助个人和组织在人工智能时代保持竞争力，还能激发前所未有的创造力，探索技术与艺术、商业无限融合的可能性。

本书针对本科院校、职业院校各专业学生的人工智能通识教育需求，系统、全面地介绍了关于 AIGC 技术与应用的基本知识和技能，主要包括人工智能基础、大语言模型（LLM）、人工智能生成内容（AIGC）、智能体、提示工程与技巧、AIGC 高效工作、AIGC 助力学习、AIGC 拓展设计、AIGC 成就艺术、AIGC 安全问题、AIGC 伦理与限制、迈向通用人工智能（AGI）等内容，具有较强的系统性、可读性和实用性。

本书配有授课电子课件，需要的教师可登录 www.cmpedu.com 免费注册，审核通过后下载，或联系编辑索取（微信：13146070618，电话：010-88379739）。

图书在版编目（CIP）数据

AIGC 通识课 / 周苏，万亮斌，胡相勇主编. -- 北京：机械工业出版社，2025.1. -- （普通高等教育人工智能专业系列教材）. -- ISBN 978-7-111-77515-7

Ⅰ. TP18

中国国家版本馆 CIP 数据核字第 2025760WE4 号

机械工业出版社（北京市百万庄大街 22 号　邮政编码 100037）
策划编辑：郝建伟　　　　　　责任编辑：郝建伟　解　芳
责任校对：曹若菲　张　薇　　责任印制：任维东
河北鹏盛贤印刷有限公司印刷
2025 年 3 月第 1 版第 1 次印刷
184mm×260mm · 13.25 印张 · 326 千字
标准书号：ISBN 978-7-111-77515-7
定价：55.00 元

电话服务　　　　　　　　　　网络服务
客服电话：010-88361066　　机　工　官　网：www.cmpbook.com
　　　　　010-88379833　　机　工　官　博：weibo.com/cmp1952
　　　　　010-68326294　　金　书　网：www.golden-book.com
封底无防伪标均为盗版　机工教育服务网：www.cmpedu.com

前　言

AIGC，即人工智能生成内容（Artificial Intelligence Generated Content），代表了人工智能从 1.0 时代向 2.0 时代的重大转变。AIGC 涉及一系列先进技术的累积与融合，包括但不限于生成对抗网络（GANs）、CLIP 模型、Transformer 架构、扩散模型、预训练模型以及多模态技术等，这些技术共同推动了人工智能创造内容的能力爆发式增长。

AIGC 的核心在于算法的持续迭代与创新，尤其是预训练模型的发展，为内容生成带来了质的飞跃。它使得人工智能系统能够通过单一大规模数据集的学习，掌握跨领域的知识，并且只需少量调整即可应用于多种实际场景。这代表着从计算智能、感知智能到认知智能的演进，为开启认知智能的新纪元奠定了基础。

AIGC 的应用非常广泛，能够生成文本、图像、音频、视频等多种类型的内容，显著提高了内容生产的效率和多样性。它具有以下意义。

（1）改变生产力工具：短期内，AIGC 成为基础生产力工具，加速了内容创作的过程。

（2）重塑生产关系：中期看，它将会改变内容创作和分发的社会生产关系，比如版权、创作者角色等。

（3）推动生产力变革：长期而言，AIGC 可能加速社会生产力结构的变化，促进数字经济等的深入发展。

此外，AIGC 强调数据作为核心资源的地位，加速了社会的数字化转型。通过将数据要素置于战略高度，AIGC 促进了数据价值的极大提升，并鼓励了对数据的有效管理和利用。简而言之，AIGC 不仅是技术上的突破，更是对内容产业乃至整个社会运作模式的一次深刻革命。因此，学习 AIGC 变得日益重要，它不仅能够帮助个人和组织在人工智能时代保持竞争力，还能激发前所未有的创造力，探索技术与艺术、商业无限融合的可能性。

"AIGC 通识"是一门知识性和应用性都很强的课程。本书针对本科院校、职业院校各专业学生的人工智能通识教育需求，系统、全面地介绍了关于 AIGC 技术与应用的基本知识和技能，主要包括人工智能基础、大语言模型（LLM）、人工智能生成内容（AIGC）、智能体、提示工程与技巧、AIGC 高效工作、AIGC 助力学习、AIGC 拓展设计、AIGC 成就艺术、AIGC 安全问题、AIGC 伦理与限制、面向通用人工智能（AGI）等内容，具有较强的系统性、可读性和实用性。

本书的主要特色如下。

（1）内容全面，通俗易懂。本书覆盖了与 AIGC 相关的各个知识点。深入浅出的文字、丰富生动的案例，以及与各行各业的密切结合，十分适合各专业的读者了解和学习 AIGC 相关知识。

（2）条理清晰，意义深刻。本书简述了人工智能及其意义，阐述了人工智能与大数据、

LLM、GAI（生成式人工智能）、AGI（通用人工智能）等重要概念之间的密切关系，有助于读者从宏观的角度把握 AIGC 技术与应用的发展趋势。

（3）辅助教学，资源丰富。本书配有 20 讲微课教学视频、与全书配套的教学 PPT、与各章结合的习题及参考答案等，以帮助读者理解并掌握 AIGC 及其应用的相关知识。

对于本科院校和职业院校的学生来说，AIGC 的理念、技术与应用是一门理论性和实践性都很强的必修课程。本书精心设计课程教学过程，每章都针对性地设计了作业和研究性学习环节，要求学生在拓展阅读的基础上，深入理解并掌握 AIGC 知识。

本书的教学进度设计见课程教学进度表，该表可作为教师授课的参考。实际执行时，教师应按照教学大纲安排教学进度，确定本课程的教学进度。

本书的教学评测可以从以下几个方面入手，即：

（1）每章的课后作业（12 项）。

（2）每章的"研究性学习"实践（12 项）。

（3）学生针对每章内容写下的阅读笔记（建议）。

（4）平时考勤情况。

（5）授课教师认为必要的其他评测方法。

本书特色鲜明、易读易学，适合本科院校、职业院校各专业学生学习，也适合对人工智能以及 GAI、LLM、AIGC、AGI 相关领域感兴趣的读者阅读参考。

本书配有授课电子课件，需要的教师可登录 www.cmpedu.com 免费注册，审核通过后下载，或联系编辑索取。欢迎教师与作者交流并索取为本书教学配套的相关资料，电子邮箱：zhousu@qq.com，QQ：81505050。

本书的编写得到了浙大城市学院、杭州市中策职业学校钱塘学校、丽水学院、浙江华邦物联技术股份有限公司、浙江经贸职业技术学院等多所院校师生的支持。参加本书编写工作的还有凌锋、缪舒倩、吕锦镯。

由于作者水平有限，书中难免有疏漏之处，恳请读者批评指正。

编　者

2024 年冬

课程教学进度表

（20　—20　学年，第　　学期）

课程号：　　课程名称：<u>AIGC 通识</u>　学分：<u>　2　</u>　周学时：<u>　2　</u>

总学时：<u>　　32　　</u>　（实践学时：　　）

主讲教师：

序号	校历周次	章节（或实验、习题课等）名称与内容	学时	教学方法	课后作业布置
1	1	第 1 章 人工智能基础	2		作业与实践
2	2	第 1 章 人工智能基础	2		
3	3	第 2 章 大语言模型（LLM）	2		作业与实践
4	4	第 3 章 人工智能生成内容（AIGC）	2		作业与实践
5	5	第 3 章 人工智能生成内容（AIGC）	2		
6	6	第 4 章 智能体	2		作业与实践
7	7	第 4 章 智能体	2		
8	8	第 5 章 提示工程与技巧	2	课堂教学	作业与实践
9	9	第 6 章 AIGC 高效工作	2		作业与实践
10	10	第 7 章 AIGC 助力学习	2		作业与实践
11	11	第 8 章 AIGC 拓展设计	2		作业与实践
12	12	第 9 章 AIGC 成就艺术	2		作业与实践
13	13	第 10 章 AIGC 安全问题	2		作业与实践
14	14	第 11 章 AIGC 伦理与限制	2		作业与实践
15	15	第 12 章 迈向通用人工智能（AGI）	2		作业 课程学习与实践总结
16	16	第 12 章 迈向通用人工智能（AGI）	2		

填表人（签字）：　　　　　　　　　　　　　　　　日期：

系（教研室）主任（签字）：　　　　　　　　　　日期：

目　录

第 1 章　人工智能基础

所谓"技术系统"是指一种"人造"系统，它是人类为了实现某种目的而创造出来的。技术系统能够为人类提供某种功能，因此，具有明显的"功能"特征。科学家已经制造出了汽车、火车、飞机、收音机这样无数的技术系统，它们模仿并拓展了人类身体器官的功能。但是，技术系统能不能模仿人类大脑的功能呢？到目前为止，我们也仅知道人类大脑是由大约 860 亿个神经细胞组成的器官（见图 1-1），对它还知之甚少，模仿它或许是天下最困难的事情了。

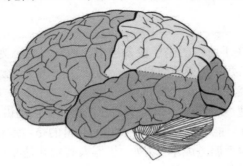

图 1-1　人脑的外观

本章介绍一些基本的技术系统，为掌握人工智能和 AIGC 技术打好基础。

1.1　计算的渊源

20 世纪 40 年代的时候还没有"计算机（Computer）"这个词，它原本可能是指做计算的人。这些计算员在桌子前一坐就是一整天，面对一张纸、一份打印的指导手册，可能还有一台机械加法机，按照指令一步步地费力工作，并且需要足够仔细，最后才有可能得出一个正确的结果。

1.1.1　为战争而发展的计算机器

面对全球冲突，数学家们开始致力于尽可能快地解决复杂的数学问题。冲突双方都会通过无线电发送命令和战略信息，但这些信号也有可能被敌方截获。为了防止信息泄露，军方会对信号进行加密，而能否破解敌方编码则关乎着成百上千人的性命，自动化破解过程显然大有裨益。到第二次世界大战结束时，人们已经制造出两台机器，它们可以被看作是现代计算机的源头。一台是美国的电子数字积分计算机（ENIAC，见图 1-2），它被誉为世界上第一台通用电子数字计算机，另一台是英国的巨人计算机（Colossus）。这两台计算机都不能像今天的计算机一样进行编程，配置新任务时需要进行移动电线和推动开关等一系列操作。

图 1-2　世界上第一台通用电子数字计算机 ENIAC

1.1.2　通用计算机

今天，计算机几乎存在于所有的电子设备当中，通常只是因为它比其他选项都要便宜。例如，普通的烤面包机本来并不需要计算机，但比起采用一堆乱七八糟的组件，只用一个简单的成分就可以实现所有功能还是比较划算的。

这类专用计算机运行速度不同、体积大小不一，但从本质上讲，它们的功用都是一样的。事实上，这类计算机大部分只能在工厂进行一次编程，目的是对运行的程序进行加密，同时降低可能因改编程序引起的售后服务成本。例如，机器人其实就是配有诸如手臂和轮子这样的特殊外围设备的电子设备，以帮助其与外部环境进行交互。机器人内部的计算机能够运行程序，它的摄像头拍摄物体影像后，相关程序通过数据中心里的照片就可以对影像进行区分，以此来帮助机器人在现实环境中辨认物体。

几乎每个人都用过计算机，人们玩计算机游戏、用计算机写文章、在线购物、听音乐或者通过社交媒体与朋友联系，计算机也被用于预测天气、设计飞机、制作电影、经营企业、完成金融交易和控制工厂等。作为一种通用的信息处理机器，电子计算机能够执行被详细描述的任何过程。其中用于描述解决特定问题的步骤序列称为算法，算法可以变成软件（程序），确定硬件（物理机）能做什么和做了什么。创建软件的过程称为编程。

但是，计算机到底是什么机器？一个计算设备怎么能执行这么多不同的任务呢？现代计算机可以被定义为"在可改变的程序的控制下，存储和操纵信息的机器"。该定义有两个关键要素：

第一，计算机是用于操纵信息的设备。这意味着可以将信息存入计算机，计算机将信息转换为新的、有用的形式，然后显示或以其他方式输出信息。

第二，计算机在可改变的程序的控制下运行。计算机不是唯一能操纵信息的机器。例如，当用简单的计算器来运算一组数字时，就是在输入信息（数字），处理信息（如计算连续的总和），然后输出信息（如显示）。另一个简单的例子是油泵，给油箱加油时，油泵利用当前每升汽油的价格和来自传感器的信号，读取汽油流入油箱的速率，并将这些数据转换为加了多少汽油和应付多少钱的信息。但是，计算器或油泵并不是完整的计算机，它们只是被构建用来执行特定的任务。

在计算机的帮助下，人们可以设计出更有表现力、更加优雅的语言，并指示机器将其翻译为读取—执行周期能够理解的模式。计算机科学家常常会谈及建立某个过程或物体的模型。"模型"是一个数学术语，意思是写出事件运作的所有方程式并进行计算，这样就可以在没有真实模型的情况下完成实验测试。由于计算机运行十分迅速，因此，与真正的实验操作相比，计算机建模往往能够更快地得出答案。

1.1.3　计算思维

计算思维是每个人应具备的基本技能（见图 1-3），在培养学生解析能力时，不仅要掌握阅读、写作和算术（3R），还要学会计算思维。正如印刷出版促进了 3R 的普及，计算和计算机也以类似的正反馈促进了计算思维的传播。

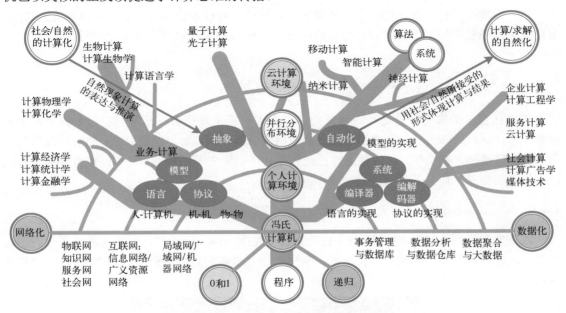

图 1-3　计算之树：计算思维教育空间

当我们求解一个特定问题时，首先会问：解决这个问题有多么困难？怎样才是最佳的解决方法？计算科学根据坚实的理论基础来准确地回答这些问题。表述问题的难度就是工具的基本能力，必须考虑的因素包括机器的指令系统、资源约束和操作环境。

在人工智能时代，计算思维作为一种核心能力，对于理解和运用 AIGC（Artificial Intelligence Generated Content，人工智能生成内容）技术至关重要，它是 AIGC 时代的核心竞争力之一。计算思维不仅关乎技术实现，更关乎如何在技术与人文、伦理之间架设桥梁，推动技术健康发展，在创造价值的同时维护社会秩序。它不仅是编写代码或使用算法，而且是一种跨学科的解决问题的方法论，涉及逻辑推理、模式识别、抽象思维和算法设计等核心概念。

在 AIGC 时代，计算思维的关键内容如下。

（1）问题抽象化：在处理复杂的 AIGC 任务时，首先需要将问题简化并抽象成可计算的形式。这意味着从现实世界的具体问题中提取关键要素，忽略不必要的细节，以便使用算法或模型处理。

（2）逻辑推理与算法设计：AIGC 背后的算法设计要求开发者能够构建合理的逻辑流程，实现从输入到输出的转换过程。这包括理解机器学习和深度学习模型的工作原理，以及如何设计算法来生成高质量的内容。

（3）数据处理与分析：在 AIGC 领域，大数据是驱动模型学习和生成内容的关键。计算思维要求理解如何收集、清洗、组织和分析数据，从而优化模型性能并提高生成内容的相关性和质量。

（4）模式识别与机器学习：AIGC 技术依赖于机器学习算法来识别数据中的模式，并据此生成内容。计算思维帮助开发者识别对生成任务有用的模式，以及训练模型来捕捉这些模式。

（5）系统设计与优化：计算思维还包括设计高效的、可扩展的系统架构，确保 AIGC 系统能有效运行并随着数据量的增长而持续优化。

（6）人机交互与用户体验：AIGC 技术侧重于自动内容生成，但最终目的是为人服务。因此，计算思维也涉及理解用户需求、设计直观易用的界面，以及确保生成内容与用户预期相符。

（7）伦理与责任：在 AIGC 中，计算思维还涵盖了对技术伦理的考量，如内容的真实性、版权问题、隐私保护以及技术对社会影响的评估，确保技术发展符合社会伦理标准。

1.2　大数据基础

信息社会所带来的好处是显而易见的：每个人口袋里都揣着一部手机，每台办公桌上都放着一台计算机，每间办公室内都连接到局域网或者互联网。半个世纪以来，随着计算机技术全面和深度地融入社会生活，信息爆炸已经积累到了引发变革的程度。它不仅使世界充斥着比以往更多的信息，而且其增长速度也在不断加快。

1.2.1　信息爆炸的社会

以天文学为例，2000 年斯隆数字巡天项目（见图 1-4）启动时，位于新墨西哥州的望远镜在短短几周内收集到的数据，就比天文学史上总共收集的数据还要多。到 2010 年，信息档案已经高达 1.4×2^{42} 字节。

图 1-4　斯隆数字巡天望远镜

2003 年，人类第一次破译人体基因密码的时候，辛苦工作了十年才完成三十亿对碱基对的排序。大约十年之后，世界范围内的基因仪 15min（分钟）就可以完成同样的工作。

在金融领域，美国股市每天的成交量高达 70 亿股，而其中三分之二的交易都是由建立在数学模型和算法之上的计算机程序自动完成的，这些程序运用海量数据来预测利益和降低风险。

互联网公司更是被数据淹没了。谷歌（Google）公司每天要处理超过 24 拍字节（PB，2^{50} 字节）的数据，这意味着其每天的数据处理量是美国国家图书馆所有纸质出版物所含数据量的上千倍。

从科学研究到医疗保险，从银行业到互联网，各个领域都在发生着类似的故事，那就是爆发式增长的数据量。这种增长超过了创造机器的速度，远超人们的想象。

1.2.2　大数据的定义

以前，完成了收集数据的目的之后，数据就会被认为已经没有用处了。例如，在飞机降落之后，票价数据就没有用了——设计人员如果没有大数据的理念，就会丢失掉很多有价值的数据。

如今，人们不再认为数据是静止和陈旧的，它已经成为一种商业资本，一项重要的经济投入，可以创造新的经济利益。事实上，一旦思维转变过来，数据就能被巧妙地用来激发新产品和新服务。今天，大数据是人们获得新的认知、创造新的价值的源泉，还是改变市场、组织机构以及政府与公民关系的方法。

大数据狭义上可以定义为：**用现有的一般技术难以管理的大量数据的集合**。这实际上是指用目前在企业数据库占据主流地位的关系型数据库无法进行管理的、具有复杂结构的数据。或者也可以说，是指由于数据量的增大，导致对数据的查询响应时间超出了允许的范围。

权威研究机构加特纳给出了这样的定义："大数据是需要新处理模式才能具有更强的决策力、洞察发现力和流程优化能力的，海量、高增长率和多样化的信息资产。"

全球知名的管理咨询公司麦肯锡认为："大数据指的是所涉及的数据集规模已经超过了传统数据库软件获取、存储、管理和分析的能力。这是一个被故意设计成主观性的定义，并且是一个关于多大的数据集才能被认为是大数据的可变定义，即并不定义大于一个特定数字的 TB 才能叫作大数据。因为随着技术的不断发展，符合大数据标准的数据集容量也会增长；并且定义随不同的行业也有变化，这依赖于在一个特定行业通常使用何种软件和数据集有多大。因此，大数据在今天不同行业中的范围可以从几十 TB 到几 PB。"

随着大数据的出现，数据仓库、数据安全、数据分析、数据挖掘等围绕大数据商业价值的利用正逐渐成为行业人士争相追捧的利润焦点，在全球引领了新一轮数据技术革新的浪潮。

1.2.3　大数据的 3V 特征

从字面上看，"大数据"这个词可能会让人觉得只是容量非常大的数据集合而已，但容量只不过是大数据特征的一个方面，如果只拘泥于数据量，就无法深入理解当前围绕大数据所进行的讨论。因为"用现有的一般技术难以管理"这样的状况，并不仅是数据量增大这一个因素所造成的。IBM 指出："可以用 3 个特征相结合来定义大数据：Volume（数量，或称容量）、Variety（种类，或称多样性）和 Velocity（速度），即简单的 3V（见图 1-5），即庞大容量、极快速度和种类丰富的数据。"

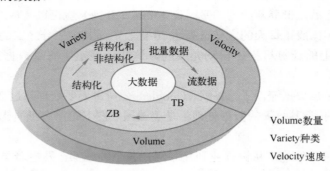

图 1-5　按数量、种类和速度来定义大数据

（1）Volume（数量、容量）。如今，存储的数据量在急剧增长，存储的数据包括环境数据、财务数据、医疗数据、监控数据等，数据量不可避免地会转向 ZB 级别。但是，随着可供企业使用的数据量不断增长，可处理、理解和分析的数据的比例却在不断下降。

（2）Variety（种类、多样性）。随着传感器、智能设备的激增以及社交协作技术，企业中的数据也变得更加复杂，因为它不仅包含传统的关系型（结构化）数据，还包含来自网页、互联网日志文件（包括流数据）、搜索索引、社交媒体、电子邮件、文档、主动和被动系统的传感器等原始、半结构化和非结构化数据。当然，这些数据中有些是过去就一直存在并保存下来的。和过去不同的是，除了存储，还需要对这些大数据进行分析，并从中获得有用的信息。

（3）Velocity（速度）。数据产生和更新的频率也是衡量大数据的一个重要特征。这里，速度的概念不仅是与数据存储相关的增长速率，还应该动态地应用到数据流动的速度上。有效地处理大数据，需要在数据变化的过程中动态地对它的数量和种类执行分析。

在 3V 的基础上，IBM 又归纳总结了第四个 V——Veracity（真实和准确）。只有真实而准确的数据才能让对数据的管控和治理真正有意义。随着新数据源的兴起，传统数据源的局限性被打破，企业愈发需要有效的信息治理以确保其真实性及安全性。

总之，大数据是个动态的定义，不同行业根据其应用的不同有着不同的理解，其衡量标准也在随着技术的进步而改变。

1.3　人工智能时代

将人类与其他动物区分开的特征之一就是省力工具的使用。例如，人类发明了车轮和杠杆，以减轻远距离携带重物的负担；发明了长矛，从此不再需要徒手与猎物搏斗。数千年来，人类一直致力于创造越来越精密复杂的机器来节省体力，然而，能够帮助人类节省脑力的机器却一直是一个遥远的梦想。时至今日，人类才具备了足够的技术实力来探索更加通用的思考机器。虽然计算机问世还不到 100 年，但人们日常生活中的许多设备都蕴藏着人工智能（Artificial Intelligence, AI）技术。人工智能最根本也最宏伟的目标之一就是建立人脑般的计算机模型。完美模型固然最好，但精确性稍逊的模型也同样十分有效。

扫码看视频

1.3.1 图灵测试及其发展

1950 年，在计算机发明后不久，图灵提出了一套检测机器智能的测试方法，这就是后来广为人知的图灵测试。在测试中，测试者在不知情的情况下分别与计算机和人类各交谈 5min，随后判断哪个是计算机，哪个是人类（见图 1-6）。此后的每一年，所有参加测试的程序中，最接近人类的那一个将被授予由图灵创办的勒布纳人工智能奖。"程序"们的表现确实越来越好了，就像象棋程序能够击败象棋大师一样，相信计算机最终一定可以像人类一般流畅交谈。

图 1-6 图灵测试

70 多年来，研究人员一直使用图灵测试来评估机器仿人思考的能力。如今，随着计算机技术的不断演进，研究者们认为应该开发出新的评判标准，以驱动人工智能研究在现代化的方向上更进一步。新的图灵测试会包括更加复杂的挑战，也有学者建议在图灵测试中增加对复杂资料的理解，包括视频、文本、照片和播客。例如，一个计算机程序可能会被要求"观看"一个电视节目或者抖音视频，然后根据内容来回答问题，像是"为什么《天龙八部》中，契丹人萧远山的儿子叫乔峰？"

谷歌人工智能研究实验室 DeepMind 的联合创始人穆斯塔法·苏莱曼提出了一种新的测试人工智能是否具有人类水平智能的方法。他认为，传统的图灵测试并不能真正反映人工智能的能力，也不能说明它们是否具有复杂的内部对话或者能否进行抽象时间范围内的规划，这些都是人类智能的关键特征。

苏莱曼没有将人工智能的智能与人类进行比较，而认为应该给它们一些短期的目标和任务，让它们尽量少地依赖人类输入，完成一些具体的工作。他称这种过程为"人工能力智能"，为了实现它，苏莱曼认为，人工智能机器人应该通过一种新的图灵测试，**即"它得到 10 万美元的种子投资，必须将其变成 100 万美元"**。作为测试的一部分，机器人必须研究一个商业想法，制订产品计划，找到制造商并销售产品。苏莱曼甚至预计人工智能很快将达到这一目标。

1.3.2 人工智能定义

作为计算机科学的一个分支，人工智能是研究、开发用于模拟、延伸和扩展人的智能的理论、方法、技术及应用系统的一门新的技术科学，是一门自然科学、社会科学和技术科学交又的边缘学科，它涉及的学科内容包括哲学和认知科学、数学、神经生理学、心理学、计算机科学、信息论、控制论、不定性论、仿生学、社会结构学与科学发展观等。

人工智能研究领域的一个较早流行的定义，是由约翰·麦卡锡在 1956 年的达特茅斯会议上提出的，即**人工智能就是要让机器的行为看起来像是人类所表现出的智能行为一样**。另一个定义则指出：**人工智能是人造机器所表现出来的智能性**。总体来讲，对人工智能的定义可划分为四类，即机器"像人一样思考""像人一样行动""理性地思考"和"理性地行动"。这里"行动"应广义地理解为采取行动，或制定行动的决策，而不是肢体动作。

美国斯坦福大学人工智能研究中心尼尔逊教授对人工智能下了这样一个定义："人工智能是关于知识的学科——怎样表示知识以及怎样获得知识并使用知识的科学。"而温斯顿教授认为："人工智能就是研究如何使计算机去做过去只有人才能做的智能工作。"这些说法反映了人工智能学科的基本思想和基本内容，即人工智能是研究人类智能活动的规律，构造具有一定智能的人工系统，研究如何让计算机去完成以往需要人的智力才能胜任的工作，也就是研究如何应用计算机的软硬件来模拟人类某些智能行为的基本理论、方法和技术。

也可以把人工智能定义为一种工具，用来帮助或者替代人类思维。它是一项计算机程序，可以独立存在于数据中心、个人计算机，也可以通过诸如机器人之类的设备体现出来。它具备智能的外在特征，有能力在特定环境中有目的地获取和应用知识与技能。

人工智能是对人的意识、思维的信息过程的模拟。人工智能不是人的智能，但能像人那样思考，甚至可能超过人的智能。自诞生以来，人工智能的理论和技术日益成熟，应用领域也不断扩大，可以预期，人工智能所带来的科技产品将会是人类智慧的"容器"，人工智能是一门极富挑战性的学科。

20 世纪 70 年代以来，人工智能被称为世界三大尖端技术之一（空间技术、能源技术、人工智能），也被认为是 21 世纪三大尖端技术（基因工程、纳米科学、人工智能）之一。

1.3.3　强人工智能与弱人工智能

人工智能的故事甚至可以追溯到古埃及，而电子计算机的诞生使信息存储和处理的各个方面都发生了革命，计算机理论的发展产生了计算机科学并最终促使了人工智能的出现。计算机这个用电子方式处理数据的发明，为人工智能的可能实现提供了一种媒介。

对于人的思维模拟的研究可以从两个方向进行，一是结构模拟，仿照人脑的结构机制，制造出"类人脑"的机器；二是功能模拟，从人脑的功能过程进行模拟。现代电子计算机的产生便是对人脑思维功能的模拟，是对人脑思维的信息过程的模拟。实现人工智能有三种途径，即强人工智能、弱人工智能和实用型人工智能。

1. 强人工智能

强人工智能，又称多元智能，研究人员希望人工智能最终能成为多元智能并且超越大部分人类的能力。有些人认为要达成以上目标，需要拟人化的特性，如人工意识或人工大脑。这被认为是人工智能的完整性：为了解决其中一个问题，你必须解决全部的问题。即使一个简单和特定的任务，如机器翻译，要求机器按照作者的论点（推理），知道什么是被人谈论（知识），忠实地再现作者的意图（情感计算）。因此，机器翻译被认为具有人工智能完整性。

强人工智能不再局限于模仿人类的行为，这种人工智能被认为具有真正独立的思想和意识，并且具有独立思考、推理并解决问题的能力，甚至这种人工智能具有和人类类似的情感，可以与个体产生共情。强人工智能观点的倡导者指出,具有这种智能级别的事物,已经不再是人类所开发的工具,而是具有思维的个体,从本质上来说已经和人类没有差别了。既然机器有了灵魂,为何不能成为"人类"?这其中更是涉及了"何为人"的哲学探讨,这种探讨在诸多的科幻小说中也多有描述,其中重要的描述对象就是这种"强人工智能"。虽然强人工智能和弱人工智能只有一字之差,但就像物理学中的强相互作用力和弱相互作用力一样,二者有着巨大的差别:这种"强"其实是一种断层式的飞跃,是一种哲学意义上的升华。

强人工智能的观点认为有可能制造出真正能推理和解决问题的智能机器,并且这样的机器将被认为是有知觉的、有自我意识的。强人工智能有以下两类:

(1)类人的人工智能,即机器的思考和推理就像人的思维一样。

(2)非类人的人工智能,即机器产生了和人完全不一样的知觉与意识,使用和人完全不一样的推理方式。

强人工智能即便可以实现也很难被证实。为了创建具备强人工智能的计算机程序,必须清楚地了解人类思维的工作原理,而想要实现这样的目标,还有很长的路要走。

2. 弱人工智能

弱人工智能的观点认为不可能制造出能真正地推理和解决问题的智能机器,这些机器只不过看起来像是智能的,但是并不真正拥有智能,也不会有自主意识。

弱人工智能指的是利用设计好的程序对动物以及人类逻辑思维进行模拟,所指的智能体表现出与人类相似的活动,但是这种智能体缺乏独立的思想和意识。目前就算最尖端的人工智能领域也仅仅停留在弱人工智能的阶段,即使这种人工智能也可以做到人类难以完成的事情。甚至有人工智能学者认为,人类作为智能体,永远不可能制造出真正能理解和解决问题的智能机器。就目前的生活来看,这种弱人工智能已经完全融入了我们的生活环境之中:如手机中的语音助手、智能音箱等。但是说到底,这些只是工具,被称为"机器智能"或许更为贴切。

1979 年,汉斯·莫拉维克制成了斯坦福马车(见图 1-7),这是历史上首台无人驾驶汽车,能够穿过布满障碍物的房间,也能够环绕人工智能实验室行驶。

图 1-7　斯坦福马车

弱人工智能只要求机器能够拥有智能行为,具体的实施细节并不重要。"深蓝"就是在这样的理念下产生的,它没有试图模仿国际象棋大师的思维,而是仅遵循既定的操作步骤。倘若人类和计算机遵循同样的步骤，那么比赛时间将会大幅延长，因为计算机每秒验算的可能走位就高达 2 亿个，即使思维惊人的象棋大师也不可能达到这样的速度。人类拥有高度发达的战略意识，但这种意识需要考虑的走位限制在几步或是几十步以内，而计算机的考虑数以百万计。就弱人工智能而言，这种差异无关紧要，能证明计算机比人类"更会下象棋"就足够了。

如今，主流的研究活动都集中在弱人工智能上，并且一般认为这一研究领域已经取得可观的成就，而强人工智能的研究则处于停滞不前的状态。

3. 实用型人工智能

实用型人工智能的研究者们将目标放低，不再试图创造出像人类一般智慧的机器。例如，眼下人们已经知道如何创造出能模拟昆虫行为的机器人（见图 1-8），机械家蝇看起来似乎并没有什么用，但即使是这样的机器人，在完成某些特定任务时也是大有裨益的。又比如，一群如狗大小、具备蚂蚁智商的机器人在清理碎石和在灾区找寻幸存者时能够发挥很大的作用。

随着模型变得越来越精细，机器能够模仿的生物也越来越高等。最终，我们可能必须接受这样的事实：机器似乎变得像人类一样智慧了。也许实用型人工智能与强人工智能殊途同归，但考虑到一切的复杂性，通常不会相信机器人是有自我意识的。

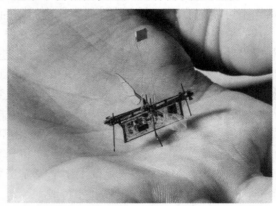

图 1-8　华盛顿大学研制的靠激光束驱动的 RoboFly 昆虫机器人

1.3.4　大数据与人工智能

大数据是物联网、Web 和信息系统发展的综合结果。大数据相关的技术紧紧围绕数据展开，包括数据的采集、整理、传输、存储、安全、分析、呈现和应用等。大数据的价值主要体现在分析和应用上，如大数据场景分析等。

人工智能是典型的交叉学科，研究的内容集中在机器学习、自然语言处理、计算机视觉、机器人学、自动推理和知识表示六大方向。机器学习的应用范围比较广泛，如自动驾驶、智慧医疗等领域都有广泛的应用。人工智能的核心在于"思考"和"决策"，如何进行合理的思考和合理的行动是人工智能研究的主流方向之一。

大数据和人工智能虽然关注点不同，但却有着密切的联系。一方面，人工智能需要大量的数据作为"思考"和"决策"的基础；另一方面，大数据也需要借助人工智能技术进行数据价值化操作，如机器学习就是数据分析的常用方式。在大数据价值的两个主要体现当中，数据应用的主要渠道之一就是智能体（人工智能产品），为智能体提供的数据量越大，智能体运行的效果就会越好，因为智能体通常需要大量的数据进行"训练"和"验证"，从而保障运行的可靠性和稳定性。

大数据相关技术已经趋于成熟，相关的理论体系逐步完善，而人工智能尚处在行业发展的初期，理论体系依然有巨大的发展空间。从学习的角度来说，从大数据开始是个不错的选择，从大数据过渡到人工智能也会相对比较容易。总的来说，两种技术的发展空间都非常大。

1.4　从 LLM、AIGC 到 AGI

扫码看视频

从 LLM（Large Language Model，大语言模型）到 AIGC（Artificial Intelligence Generated Content，人工智能生成内容），再到 AGI（Artificial General Intelligence，通用人工智能），这一过程体现了人工智能技术的逐步发展和深化。

LLM 是近年来人工智能领域的一项重要进展，是一种基于机器学习和自然语言处理技术的先进人工智能模型。这类模型经过大规模的文本数据训练，参数数量可达到数十亿乃至数万亿之多。通过深度学习架构，尤其是 Transformer 模型，LLM 能够学习到自然语言的复杂特征、模式和结构。

LLM 的核心优势在于对语言的广泛理解和生成能力。经过训练后，这些模型可以执行多样化的自然语言处理任务，而无须针对每个任务单独编程。这些模型能够完成从简单的问答、文本翻译到复杂的对话、文本创作等多种任务。例如，OpenAI 的 GPT 系列、阿里云的通义千问等，都是此类模型的代表。

LLM 的一个显著特点是能够捕捉语言的细微差别和上下文依赖，这使得它们在处理自然语言时更为灵活和准确。此外，它们还能在一定程度上展现逻辑思维、推理能力和创造性，尽管这些能力仍然有限，并且存在一定的挑战和争议，如偏见、误导信息的生成等。随着技术的不断进步，LLM 正在逐渐成为人工智能领域的重要基石，推动着从个人助手、客户服务、内容创造到教育、医疗等众多行业和领域的创新与发展。

随着 LLM 技术的成熟，其应用范围扩展到了内容生成的多个领域。AIGC 是利用人工智能技术，尤其是利用深度学习算法分析大量已有内容，学习其中的模式和规律，进而自动生成新的、原创性的内容。2021 年之前，AIGC 生成的主要还是文字，而新一代模型可以处理的格式包括文字、语音、代码、图像、视频、机器人动作等。AIGC 被认为是继专业生产内容、用户生产内容之后的新型内容创作方式，可以在创意、表现力、迭代、传播、个性化等方面充分发挥技术优势。AIGC 不仅革新了创意产业，还为个性化内容推荐、辅助设计、娱乐等多个行业带来了变革，例如，DALL-E、Midjourney 等图像生成模型以及音乐生成软件 Amper Music 等。

AGI 是指一种理论上的智能体，能够执行广泛的任务，而不仅是专门设计来解决特定问题的狭窄应用。与专注于单一领域（如图像识别、语音识别或下象棋）的弱人工智能不同，AGI 旨在拥有更普遍的能力，类似于或超越人类的智慧，能够在未经过预先编程的情况下学习、适应、理解和操作各种复杂的环境与情境。

AGI 的关键特性包括但不限于以下方面。

（1）高效学习与泛化能力：从少量或无标注的数据中学习，并将学到的知识应用于新的、未见过的情境中。

（2）自主性：独立感知环境、思考、做出决策、设定并完成目标，而不需要人类持续干预。

（3）多领域适应性：不仅限于特定任务，而是能够跨越不同的知识领域和技能范畴，执行多样化的任务。

（4）认知与情感能力：理解并模拟人类的情感、道德和社会规范，以及具备一定的创造力和创新能力。

（5）价值驱动：其行动不仅基于预设指令或数据驱动，而是由内部的价值观和目标体系指导，类似人类的动机系统。

（6）社会协作：有效地与人类和其他智能体进行沟通、合作和社会互动。

实现 AGI 是人工智能研究的长期目标之一，要求机器具有跨领域的学习能力、适应能力、自我意识和创造能力，能够像人类一样灵活应对各种任务和情境。但是，目前仍面临众多技术和哲学挑战，包括如何设计能够自我学习和进化的算法、如何确保智能体的行为符合伦理道德标准，以及如何处理智能体决策的可解释性和可控性等问题。尽管已经有一些初步的尝试和原型，但真正达到与人类智能相媲美或超越的通用人工智能系统尚未实现。

从 LLM 和 AIGC 到 AGI 的进程，涉及一系列技术进步、理论发展和伦理考量，旨在推动人工智能从擅长特定任务的领域专家向具备广泛认知和学习能力的智能体转变。其中关注的主要内容如下。

（1）泛化能力：现有模型虽然在特定任务上表现出色，但在面对未曾训练过的任务或环境时，泛化能力有限。

（2）常识推理：AGI 需要具备丰富的常识知识和逻辑推理能力，能够处理抽象概念和做出合理判断。

（3）情感理解与表达：理解人类情感的复杂性，以及在适当情境下表达和调节情绪，是 AGI 的重要组成部分。

（4）自我意识与动机：这是 AGI 探讨中的最前沿也是最具争议的部分，涉及机器是否有"意识"以及如何建立目标导向行为的内在机制。

【作业】

1. 所谓"技术系统"是指一种"（　　　）"系统，它是人类为了实现某种目的而创造出来的。
  A. 人造   B. 自然   C. 工业   D. 逻辑
2. 最初，"Computer"这个词指的是（　　　）。
  A. 计算的机器 B. 做计算的人 C. 计算机   D. 计算桌
3. 被誉为世界上第一台通用电子数字计算机的是（　　　）。
  A. Ada   B. Colossus   C. ENIAC   D. SSEM
4. 在 AI 时代，计算思维作为一种核心能力，对于理解和运用 AIGC 技术至关重要，它关乎（　　　），在创造价值的同时维护社会秩序。
  ① 技术实现   ② 在技术与人文、伦理之间架设桥梁

③ 推动技术健康发展   ④ 推动社交网络和谐交流

    A. ①③④   B. ①②④   C. ②③④   D. ①②③

5. 所谓大数据，狭义上可以定义为（   ）。

    A. 用现有的一般技术难以管理的大量数据的集合

    B. 随着互联网的发展，在我们身边产生的大量数据

    C. 随着硬件和软件技术的发展，数据的存储、处理成本大幅下降，从而促进数据大量产生

    D. 随着云计算的兴起而产生的大量数据

6. 所谓"用现有的一般技术难以管理"，是指（   ）。

    A. 由于数据量的增大，导致对非结构化数据的查询产生了数据丢失

    B. 用目前企业数据库占据主流地位的关系型数据库无法进行管理的、具有复杂结构的数据

    C. 分布式处理系统无法承担如此巨大的数据量

    D. 数据太少无法适应现有的数据库处理条件

7. 大数据的定义是一个被故意设计成主观性的定义，即并不定义大于一个特定数字的 TB 才能叫作大数据。随着技术的不断发展，符合大数据标准的数据集容量（   ）。

    A. 稳定不变   B. 略有精简   C. 也会增长   D. 大幅压缩

8. 可以用 3 个特征相结合来定义大数据，即（   ）。

    A. 数量、种类和速度   B. 庞大容量、极快速度和种类丰富的数据

    C. 数量、速度和价值   D. 丰富的数据、极快的速度、极大的能量

9. 实际上，大多数的大数据都是（   ）的。

    A. 结构化   B. 非结构化   C. 半结构化   D. 非结构化或半结构化

10.（   ）已经成为一种商业资本，一项重要的经济投入，可以创造新的经济利益。

    A. 能源   B. 数据   C. 财物   D. 环境

11. 今天，（   ）是人们获得新的认知、创造新的价值的源泉，还是改变市场、组织机构，以及政府与公民关系的方法。

    A. 大数据   B. 算法   C. 程序   D. 传感器

12. 作为计算机科学的一个分支，人工智能的英文缩写是（   ）。

    A. CPU   B. BI   C. AI   D. DI

13. 下列关于人工智能的说法正确的是（   ）。

① 人工智能是关于知识的学科——怎样表示知识以及怎样获得知识并使用知识的科学

② 人工智能就是研究如何使计算机去做过去只有人才能做的智能工作

③ 自 1946 年以来，人工智能学科经过多年的发展，已经趋于成熟，得到充分应用

④ 人工智能不是人的智能，但能像人那样思考，甚至也可能超过人的智能

    A. ①③④   B. ①②④   C. ①②③   D. ②③④

14. 人工智能是典型的（   ）学科，研究的内容集中在机器学习、自然语言处理、计算机视觉、机器人学、自动推理和知识表示六大方向。

    A. 交叉   B. 工程   C. 自然   D. 心智

15．大数据和人工智能虽然关注点不同，但是却有密切的联系。比如（　　）就是数据分析的常用方式。

　　A．具象分析　　　B．机器视觉　　　C．人机交互　　　D．机器学习

16．（　　）模型是一种基于机器学习和自然语言处理技术的先进人工智能模型，经过大规模的文本数据训练，参数数量可达到数十亿乃至数万亿之多。

　　A．具象　　　　　B．分析　　　　　C．大语言　　　　D．聚类

17．通过深度学习架构，尤其是 Transformer 模型，大语言模型能够学习到自然语言的复杂（　　），其核心优势在于它们对语言的广泛理解和生成能力。

　　① 特征　　　　　② 规模　　　　　③ 模式　　　　　④ 结构

　　A．①②④　　　B．①③④　　　C．①②③　　　D．②③④

18．LLM 的一个显著特点是能够捕捉语言的细微差别和上下文依赖，这使得它们在处理自然语言时更为灵活和准确。此外，它们还能在一定程度上展现（　　）。

　　① 逻辑思维　　　② 推理能力　　　③ 创造性　　　④ 挥发性

　　A．①②③　　　B．②③④　　　C．①②④　　　D．①③④

19．（　　）是利用人工智能技术，尤其是利用深度学习算法分析大量已有内容，学习其中的模式和规律，进而自动生成新的、原创性的内容。

　　A．MLM　　　　B．LLM　　　　C．AGI　　　　D．AIGC

20．实现 AGI 是人工智能研究的长期目标之一，要求机器具有跨领域的学习能力、（　　），能够像人类一样灵活应对各种任务和情境。

　　① 计算精度　　　② 适应能力　　　③ 自我意识　　　④ 创造能力

　　A．①③④　　　B．①②④　　　C．②③④　　　D．①②③

【研究性学习】进入人工智能新时代

所谓"研究性学习"，是以培养学生"具有永不满足、追求卓越的态度，发现问题、提出问题、从而解决问题的能力"为基本目标；以学生从学习和社会生活中获得的各种课题或项目设计、作品的设计与制作等为基本的学习载体；以在提出问题和解决问题的全过程中学习到的科学研究方法、获得的丰富且多方面的体验和获得的科学文化知识为基本内容；以在教师指导下，学生自主开展研究为基本的教学形式的课程。

在本书中，我们结合各章学习内容，精心选取了许多经典案例，试图引导读者对本课程的兴趣与理解，着眼于通过深度阅读来掌握学习方法，着眼于如何灵活应用这一技术来开动对未来的想象力。

1．组织学习小组

"研究性学习"活动需要通过学习小组，以集体形式开展活动。为此，请你邀请或接受其他同学的邀请，组成研究性学习小组。小组成员以 3～5 人为宜。

你们的小组成员是：

召集人：＿＿＿＿＿＿＿＿＿（专业、班级：＿＿＿＿＿＿＿＿＿＿＿＿＿）

组员：＿＿＿＿＿＿＿＿＿＿（专业、班级：＿＿＿＿＿＿＿＿＿＿＿＿＿）

_____（专业、班级：_____）
_____（专业、班级：_____）
_____（专业、班级：_____）

2．小组活动

结合本章课文，讨论：

① 什么是大数据的定义，什么是人工智能的定义？大数据和人工智能这两个学科之间有什么关系？

② 从 LLM 到 AIGC，再到 AGI，人工智能正在实践着一条怎样的发展路线，憧憬一下未来 AGI 会是怎样一种场景。

③ 人工智能时代对我们的职业生涯有什么影响？

记录：请记录小组讨论的主要观点，推选代表在课堂上简单阐述你们的观点。

评分规则：若小组汇报得 5 分，则小组汇报代表得 5 分，其余同学得 4 分，余类推。

_____

_____

3．实验评价（教师）

_____

_____

第 2 章　大语言模型（LLM）

LLM（大语言模型）不仅促进了人工智能技术的进步，还对社会经济、文化教育、科学研究等多个领域产生了重要影响。

LLM 通过模仿人类语言的复杂性，极大提升了自然语言处理（Natural Language Processing, NLP）技术的能力，使得机器能够更准确地理解、生成和交互自然语言。这不仅推动了聊天机器人、智能客服、自动翻译、内容创作等领域的技术革新，还为新兴技术（如语音识别、虚拟助理等）提供了强大的技术支持，创造了更多商业价值。在科研领域，LLM 可以帮助科研人员快速梳理文献、发现研究趋势，甚至辅助撰写科研报告，加速知识的产生和传播。同时，它还可以用于知识图谱的构建和维护，促进跨学科知识的融合与创新。在教育领域，LLM 能够根据学生的学习习惯和能力，提供个性化的学习资源和辅导，改善教学效果。

2.1　Blockhead 思维实验

在任何现有或想象的未来计算机系统中，存储数千个单词的所有可能序列都是不现实的，与之相比，这些序列的数量使得宇宙中的原子数量看起来微不足道。因此，研究人员重新利用神经网络的试验和真实方法，将这些巨大的集合减少为更易管理的形式。

神经网络最初被应用于解决分类问题——确定某物是什么，例如，输入一张图片，网络将确定它是狗还是猫的图像。神经网络必须以一种使相关的输入产生相似结果的方式来压缩数据。

1981 年，内德·布洛克构建了一个"Blockhead（傻瓜）"假说——假定科学家们通过编程，在 Blockhead 内预先设定好了近乎所有问题的答案，那么，当它回答问题的时候，人们也许根本无法区分是 Blockhead 还是人类在回答问题。显然，这里的 Blockhead 并不被认为是智能的，因为它回答问题的方式仅仅是从其庞大的记忆知识库中检索并复述，并非通过理解问题之后再给出答案。哲学家们一致认为，这样的系统并不符合智能的标准。

对于多年来一直在思考人工智能的哲学家来说，GPT-4 就像是一个已经实现的思维实验。实际上，GPT-4 的许多成就是通过类似的内存检索操作产生的。GPT-4 的训练集中包括了数亿个人类个体生成的对话和数以千计的学术出版物，涵盖了潜在的问答对，等等。研究发现，深度神经网络多层结构的设计使其能够有效地从训练数据中检索到正确答案。这表明，GPT-4 的回答其实是通过近似甚至是精确复制训练集中的样本生成的。

如果 GPT-4 真的是以这种方式运行，那么它就只是 Blockhead 的现实版本。因此，人们在评估 LLM 时存在一个关键问题：它的训练集中可能包含了评估时使用的测试问题，被称为

"数据污染"，这些是应该在评估前予以排除的问题。

研究者指出，LLM 不仅可以简单地复述其提示的或训练集中的大部分内容，还能够灵活地融合来自训练集的内容，产生新的输出。许多经验主义哲学家提出，LLM 能够灵活复制先前经验中的抽象模式，不仅是智能的基础，还是创造力和理性决策的基础。

2.2　从 NLP 起步

扫码看视频

NLP（自然语言处理）是一门研究如何让计算机理解、生成和分析人类自然语言的学科，它是人工智能和计算机科学的重要分支。

早期的 NLP 系统依赖于手工编写的规则来解析和理解语言。这些规则基于语言学理论，试图直接编码语法和语义规则，但这种方法难以扩展到大规模文本和处理语言的过程中。随着数据量的增长和计算能力的提升，统计方法开始主导 NLP 研究领域。这些方法利用概率模型来处理语言，比如 N-Gram 模型，能够更好地处理语言的变异性，但仍然有局限性，尤其是在处理长距离依赖和复杂语言结构时。

2.2.1　NLP 研究内容

随着技术的不断进步，新的研究方向和应用场景也在不断涌现。如今，NLP 研究的主要内容有以下几个方面。

（1）文本预处理：这是 NLP 的基础步骤，包括文本清洗（去除无关字符、标点符号等）、分词（将文本切分成单词或词汇单元）、词性标注（为每个词汇分配语法类别，如名词、动词等）、命名实体识别（识别文本中的特定实体，如人名、地点、组织机构名等）。

（2）词法分析：分析词汇的形式和意义，包括词干提取（将词汇还原为词根形式）、词形还原（将词汇还原为标准词典形式）等。

（3）句法分析：分析句子的结构和组成成分，包括句法树结构的构建、依存关系分析（确定词汇间的语法关系）等。

（4）语义分析：理解文本的深层含义，包括情感分析（判断文本的情感倾向）、主题抽取（识别文本的主题内容）、篇章理解（理解长篇文本的连贯性和逻辑关系）等。

（5）自然语言生成：将非自然语言形式的信息转换为自然语言文本，如自动生成报告、新闻摘要、对话应答等。

（6）机器翻译：将一种自然语言自动转换为另一种自然语言。

（7）对话系统：构建能够与人类进行自然对话的系统，包括聊天机器人、语音助手等，涉及对话管理、上下文理解、自然语言生成等技术。

（8）信息检索与过滤：从大量文本中找出与查询条件相匹配的信息，如搜索引擎、推荐系统等。

（9）语音识别与语音合成：将语音信号转换为文本（语音识别），或将文本转换为语音信号（语音合成）。

（10）知识图谱与语义网：构建和利用知识图谱来增强机器对世界的理解和推理能力，用于问答系统、智能推荐等场景。

（11）深度学习模型：使用深度神经网络（如 RNN、LSTM、Transformer 等）来处理自然语言任务，包括语言模型、词向量表示（如 Word2Vec、GloVe）、注意力机制等。

2.2.2　深度学习革命

深度学习对 NLP 产生了深远的影响，彻底改变了人们处理、理解和生成人类语言的方式。深度学习在 NLP 中的几个关键影响如下。

（1）提升理解能力：基于深度学习模型，尤其是基于 Transformer 架构的模型（如 BERT、GPT 系列等），能够学习到语言的深层结构和语境依赖性，极大地提升了计算机理解复杂语言任务的能力，如问答系统、文本蕴含判断和语义理解。

（2）文本生成与创意写作：通过使用序列到序列模型（Seq2Seq）并结合注意力机制，深度学习模型能够生成连贯的、有逻辑的文本，应用于文章创作、新闻摘要生成、对话系统响应生成等，甚至可以模仿特定风格或作者的写作风格。

（3）词嵌入与表征学习：词嵌入技术（如 Word2Vec、GloVe）以及更先进的上下文敏感的词嵌入（如 BERT 中的词块嵌入）为词语提供了高维向量表示，这些表示能够捕捉词汇之间的语义和语法关系，使得模型能够更好地理解和处理文本。

（4）情感分析与语义理解：深度学习模型能够更准确地识别文本中的情绪、态度和观点，这对于社交媒体分析、客户服务、产品反馈分析等领域至关重要，能够帮助企业和机构更好地理解用户需求和市场趋势。

（5）机器翻译：基于神经网络的机器翻译系统，如 Transformer 模型，相比传统的统计机器翻译方法，能够提供更流畅的、更准确的翻译结果，极大提高跨语言沟通的便利性。

（6）对话系统与聊天机器人：深度学习技术使得聊天机器人更加智能化，能够进行多轮对话、理解用户意图并做出恰当反应，改善用户体验。

（7）命名实体识别与信息抽取：深度学习模型在识别文本中的命名实体（如人名、地点、组织机构名等）和抽取关键信息方面展现出了强大性能，对于构建知识图谱、信息检索和智能文档处理等极为重要。

（8）解决数据稀疏性问题：尽管自然语言处理任务常面临数据稀疏性挑战，但是深度学习模型能够通过学习更高级别的抽象特征在一定程度上缓解这一问题，尤其是在少数族裔语言和专业领域术语等方面。

（9）模型可扩展性与迁移学习：预训练的大规模语言模型，如 T5、BERT 等，通过迁移学习策略，能够在少量样本上快速适应新的任务，降低了特定领域应用的门槛，加速了 NLP 技术的普及和应用。

（10）持续推动技术创新：深度学习的引入激发了一系列研究和开发活动，不断拓展 NLP 技术边界，包括但不限于模型结构创新、训练策略优化、计算效率提升等，为未来的 NLP 技术发展奠定了坚实基础。

扫码看视频

2.3　LLM 定义

LLM（大语言模型）是一种基于深度学习技术的人工智能模型，具有大规模参数和复杂结构，其设计目的是理解和生成类似于人类的自然语言。这类模型通过在海量文本数据上进行训练，能够学习到语言的复杂结构、语义和上下文依赖，从而在多种 NLP 任务中展现卓越性能。

在 LLM 的上下文中，"大"主要有两层含义。一方面，"大"指的是模型的参数数量，在这些模型中，参数的数量通常会非常大，达到数十亿甚至数万亿，这使得模型能够学习和表示语言中细微且非常复杂的模式；另一方面，"大"也指训练数据的规模，LLM 可以在来自互联网、书籍、新闻等各种来源的大规模文本数据上进行训练。

在 LLM 中，"通用"这个词描述的是模型的应用范围。通用语言模型在预训练时使用了来自各种领域的数据，因此模型只需少量额外训练或调整，就能够处理下游各种类型的任务，如文本生成、情感分析、问答系统、机器翻译、文本摘要等，而不限于某一特定的任务或领域，这些模型在处理新的、未见过的任务时具有很强的泛化能力。

LLM 的核心特征包括以下方面。

（1）深度学习架构：通常基于先进的神经网络架构，尤其是 Transformer 模型，该架构擅长处理序列数据，通过自注意力机制理解长距离的依赖关系。

（2）无监督预训练：首先在大量未标注的文本上进行无监督学习，预训练让模型学习语言的统计规律和潜在结构，之后可以根据具体任务进行有监督的微调。

（3）生成与理解并重：既能根据上下文生成连贯的、有逻辑的新文本，也能理解输入文本的意义，进行精准的语义解析和信息提取。

（4）持续学习与适应性：具有持续学习能力，可以通过接收新数据来不断优化和扩展知识，保持模型的时效性和准确性。

2.4　LLM 工作原理

LLM 基于深度学习技术，特别是 Transformer 架构的广泛应用，通过学习海量文本数据，能够理解和生成自然语言。通过深度学习和海量数据训练，LLM 实现了对自然语言的深度理解与生成，其工作原理涉及复杂的数学模型、优化算法以及对伦理和社会影响的深刻考量。

LLM 的训练需要极高的计算资源，包括大量的 GPU 或 TPU（两种不同类型的处理器），以及相应的能源消耗，这也是其发展的一个重要考量因素。随着技术的发展，LLM 也在不断进化，通过研究持续学习机制和更高效的学习算法，以提高模型的适应性和效率。

2.4.1　词元及其标记化

在语言模型中，"tokens"是指单词、单词部分（称为子词）或字符转换成的数字列表。每个单词或单词部分都被映射到一个特定的数字表示，称为词元（token）。这种映射关系通常是通过预定义的规则或算法完成的，不同的语言模型可能使用不同的标记化方案，但重要的是要保证在相同的语境下，相同的单词或单词部分始终被映射到相同的词元（见图 2-1）。

原文   *"hello world!"*

单词列表   **['hello', 'world', '!']**

词元标识   **[7592, 2088, 999]**

图 2-1   相同的单词始终被映射到相同的词元

大多数语言模型倾向于使用子词标记化，因为这种方法高效灵活。子词标记化能够处理单词的变形、错字等情况，从而更好地识别单词之间的关系。

2.4.2 基础模型

训练一个 LLM 非常耗时和昂贵，如今，商业系统经常是在数千台强大处理器上同时训练数周，耗资达数百万美元。这些程序通常被称为"基础模型"（见图 2-2），具有广泛的适用性和长期的使用寿命。它们可以作为许多不同类型专业 LLM 的基础，即使直接与它们交互也是完全可能的。

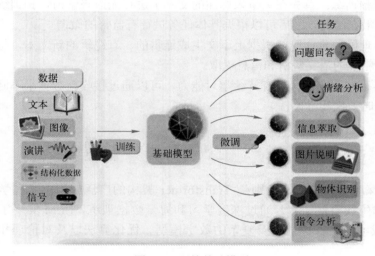

图 2-2   训练基础模型

LLM 在完成了对大型文本语料库的"基础训练"后，就要进入调整阶段。这包括向它提供一系列示例，说明它应该如何回答问题（响应"提示"），以及最重要的是不允许说什么（这反映了其开发者的态度和偏见的价值判断）。初始训练步骤大多是自动化的过程，这个步骤是通过所谓的**人类反馈强化学习**（Reinforcement Learning from Human Feedback，RLHF）来完成的。人类审查 LLM 对一系列可能引起不当行为的提示的反应，然后帮助 LLM 做出改进。

完成训练后，LLM 接收使用者的提示或问题作为输入，对其进行转换并生成一个回应。与训练步骤相比，这个过程快速而简单，但它是如何将输入转换为回应的呢？模型将这种"猜测下一个词"的技术扩展到更长的序列上。重要的是，要理解分析和猜测实际上不是在词本身进行的，而是在所谓的标记上进行的——它们代表词的一部分，并且这些标记进一步以"嵌入"形式表达，旨在捕捉它们的含义。

2.4.3　词嵌入及其含义

　　LLM 首先使用词嵌入技术将文本中的每个词汇转化为高维向量，确保模型可以处理连续的符号序列。这些向量不仅编码了词汇本身的含义，还考虑了语境下的潜在关联。

　　然后，LLM 将每个单词表示为一种特定形式的向量（列表），称为嵌入。嵌入将给定的单词转换为具有特殊属性的向量（有序数字列表）：相似的单词具有相似的向量表示。例如，"朋友""熟人""同事"和"玩伴"这些词的嵌入。嵌入的目标是将这些单词表示为彼此相似的向量，通过代数组合嵌入来促进某些类型的推理。

　　单词嵌入的缺点是它们没有解决多义性的问题——单词具有多个含义的能力。处理这个问题有几种方法。例如，如果训练语料库足够详细，单词出现的上下文将倾向于聚合成统计簇，每个簇代表同一个单词的不同含义。这允许 LLM 以模棱两可的方式表示单词，并将其与多个嵌入相关联。

　　当你想知道一个单词的含义时，你可能会查字典。在字典里，你会找到用词语表达的关于词义的描述，读了词义后你理解了一个单词。换句话说，就是通过与其他单词的关系来表示单词的含义，这通常被认为是语义的一种有效的方法。

　　当然，有些单词确实指的是现实世界中的真实事物。但是，在相互关联的定义中有太多的内在结构，以至于给定单词的所有需要知道的含义都可以通过它与其他单词的关系来编码。

2.4.4　基于 Transformer 模型

　　Transformer 是一种在 NLP 中广泛使用的深度学习模型，它源自谷歌公司在 2017 年发表的一篇论文《注意力就是你所需要的》。Transformer 模型的主要特点是使用了自注意力机制，允许模型在处理序列数据时考虑到序列中所有元素的上下文关系。

　　Transformer 模型首先被应用于机器翻译的神经网络模型架构，目标是从源语言转换到目标语言，完成了对源语言序列和目标语言序列全局依赖的建模。因为适用于并行计算，它的模型复杂程度在精度和性能上都要高于之前流行的循环神经网络 RNN。如今的 LLM 几乎都基于 Transformer 结构。

　　当一个 Transformer 模型对一句话进行处理时，它会一次查看所有单词，并为每个单词计算一个"注意分数"。注意分数确定句子中每个单词应该对其他每个单词的解释产生多大影响。例如，如果句子是"猫坐在垫子上"，当模型处理单词"坐"时，它会更多地关注单词"猫"（因为"猫"是"坐"的对象），而对单词"垫子"关注较少；但是当处理单词"上"时，它会更多地关注单词"垫子"。

　　当要求 LLM 回答问题时，也会发生类似的过程。LLM 首先将该单词转换为嵌入，然后以相同的方式处理询问，使其专注于输入的最重要部分，并使用这些来预测：如果开始回答问题，则输入的下一个单词可能是什么。

　　为了解决序列信息中词语顺序的问题，Transformer 模型引入了位置编码机制，利用词嵌入来表达语言中的复杂概念。在 Transformer 中，每个单词都被表示为一个高维向量，而这些向量在表示空间中的位置则反映了单词之间的语义关系。例如，具有相似含义的单词在表示空间中会更加接近，而含义不同的单词则会相对远离。这种机制允许模型理解并记住单词之间的相对或绝对位置关系，即使在转换成固定长度向量后也能保留上下文信息。

通过使用这种高维表示，Transformer 能够更好地理解和生成自然语言。通过学习大量文本数据，自动调整词嵌入向量的参数，使得模型能够根据上下文理解单词的含义，并生成连贯的语言输出。Transformer 模型中的注意力机制允许模型集中注意力于输入中与当前任务相关的部分，从而提高了模型在处理长文本序列和复杂语境时的性能。

2.4.5　注意力机制

早期在解决机器翻译这一类序列到序列的问题时，通常采用的做法是利用一个编码器和一个解码器构建端到端的神经网络模型。但是，基于编码解码的神经网络存在两个问题，以机器翻译为例。

问题 1：如果翻译的句子很长且很复杂，比如直接输入一篇文章，模型的计算量很大，并且模型的准确率下降严重。

问题 2：在不同的翻译语境下，同一个词可能具有不同含义，但是网络对这些词向量并没有区分度，没有考虑词与词之间的相关性，导致翻译效果比较差。

同样，在计算机视觉领域，如果输入的图像尺寸很大，做图像分类或者识别时，模型的性能也会下降。针对这样的问题，提出了**注意力机制**。

早在 20 世纪 90 年代就对注意力机制有研究，到 2014 年弗拉基米尔的《视觉注意力的反复模型》一文中将其应用在视觉领域，后来，伴随着 2017 年 Transformer 结构的提出，注意力机制被广泛应用在自然语言处理、计算机视觉等相关问题上。

注意力机制实际上就是将人的感知方式、注意力的行为应用在机器上，让机器学会感知数据中的重要和不重要的部分。比如要识别一张图片中是一个什么动物时，我们让机器侧重于关注图片中动物的面部特征，包括耳朵、眼睛、鼻子、嘴巴，而不用太关注其背景信息。其核心目的是希望机器能注意到当前任务的关键信息，而减少对其他非关键信息的注意。同样，在机器翻译中，让机器注意到每个词向量之间的相关性，有侧重地进行翻译，模拟人类的理解过程。

对模型的每一个输入项（可能是图片中的不同部分，或者是语句中的某个单词）分配一个权重，权重的大小代表了希望模型对该部分的关注程度。这样，通过权重大小来模拟人在处理信息时的注意力侧重，能有效地提高模型的性能，并且在一定程度上降低了计算量。

深度学习中的注意力机制可分为软注意机制（全局注意）、硬注意机制（局部注意）和自注意力机制（内注意）。

（1）软注意机制：对每个输入项分配的权重在 0 和 1 之间，即某些部分关注多一点，某些部分关注少一点。由于对大部分信息都有考虑，且考虑程度不一，所以相对计算量比较大。

（2）硬注意机制：对每个输入项分配的权重非 0 即 1，只考虑哪些部分需要关注，哪些部分不用关注，即直接舍弃掉一些不相关项。优势在于可以减少一定的时间和计算成本，但有可能丢失一些本应该注意的信息。

（3）自注意力机制：对每个输入项分配的权重取决于输入项之间的相互作用，即通过输入项内部的"表决"来决定应该关注哪些输入项。它在处理很长的输入时，具有并行计算的优势。

自注意力机制是 Transformer 模型的核心部件，通过计算输入序列中每个位置的单词与其他所有位置单词的相关性，从而实现对整个句子的全局建模。多头自注意力则扩展了这一机制，使其能够从不同视角捕获并整合信息。

在自注意力层之后，模型通常会包含一个或多个全连接的前馈神经网络层，用于进一步提炼和组合特征，增强模型对复杂语言结构的理解和表达能力。

2.4.6　生成和理解

对于生成任务（如文本创作、对话系统），模型根据给定的初始文本或上下文，生成连续的、有逻辑的文本序列。模型通过采样技术（如贪婪采样、核密度采样）来实现，确保生成的文本既符合语法又具有连贯性。

而对于理解任务（如问答、情绪分析），模型需理解输入文本的深层含义，这依赖于模型在预训练和微调阶段学习到的语义理解能力。模型通过分析文本内容，提取关键信息并给出准确的响应或判断。

2.4.7　预训练过程与微调

预训练的目标是学习语言的普遍规律，模型被训练来预测给定序列中缺失的单词（如BERT）或预测序列的下一个单词（如 GPT 系列）。在预训练阶段，模型在大规模的通用文本数据上进行训练，学习语言的基本结构和各种常识。海量的数据集可能包含互联网文本、书籍、新闻、社交媒体等多种来源，旨在覆盖广泛的主题和语言风格。

模型通常采用 Transformer 架构，通过自注意力机制处理输入序列，使得模型能够理解上下文依赖，而不仅是相邻单词的关系。模型使用交叉熵损失函数来衡量预测错误的程度，并通过梯度下降等优化算法更新参数，以最小化损失函数。

LLM 被训练用于解决通用（常见）的语言问题，如文本分类、问答、文档总结和文本生成等。

（1）文本分类：LLM 可以通过对输入文本进行分析和学习，将其归类到一个或多个预定义的类别中。例如，可以使用 LLM 来分类电子邮件是否为垃圾邮件，或将博客文章归类为积极、消极或中立。

（2）问答：LLM 可以回答用户提出的自然语言问题。例如，可以使用 LLM 来回答搜索引擎中的用户查询，或者回答智能助手中用户的问题。

（3）文档总结：LLM 可以自动提取文本中的主要信息，以生成文档摘要或摘录。例如，可以使用 LLM 来生成新闻文章的概要，或从长篇小说中提取关键情节和事件。

（4）文本生成：LLM 可以使用先前学习的模式和结构来生成新的文本。例如，可以使用 LLM 来生成诗歌、短故事，或者特定主题的文章。

以训练狗为例，通常可以训练它坐、跑、蹲和保持不动。但如果训练的是警犬、导盲犬和猎犬，则需要特殊的训练方法。LLM 的训练也采用与之类似的思路。预训练完成后，在微调阶段，模型可以在特定任务上进行微调，在更小的、带有标签的数据集上进行进一步的训练，使模型适应特定的语言理解和生成任务。这个数据集通常是针对某个特定任务或领域的，如医学文本、法律文本，或者是特定的对话数据。微调可以让模型更好地理解和生成特定领域的语言，从而更好地完成特定的任务。

根据任务类型，可能需要调整模型的输出层。例如，在分类任务中，最后的输出层会设计为输出类别概率；在生成任务中，则可能使用 Softmax 函数来预测下一个单词。

【作业】

1. LLM 通过模仿人类语言的（   ），极大提升了自然语言处理技术的能力，使得机器能够更准确地理解、生成和交互自然语言。

    A. 简洁性   B. 复杂性   C. 单一性   D. 直观性

2. 1981 年，内德·布洛克构建了一个"Blockhead"假说——假定科学家们通过编程，预先设定好了近乎所有问题的答案。这样的系统被认为是（   ）智能的标准。

    A. 等同于   B. 接近于   C. 不符合   D. 符合

3. 人们在评估 LLM 时存在一个关键问题：它的训练集中可能包含了评估时使用的测试问题，被称为"（   ）"，这些是应该在评估前予以排除的问题。

    A. 数据污染   B. 数据挖掘   C. 典型数据   D. 标准数据

4. 研究指出，LLM 不仅可以简单地复述其提示的或训练集中的大部分内容，还能够灵活地融合来自训练集的内容，产生（   ）。

    A. 数据污染   B. 测试数据   C. 标准答案   D. 新的输出

5. 研究指出，像 LLM 这样能够灵活复制先前经验中的抽象模式，是（   ）的基础。

    ① 智能   ② 复制   ③ 创造力   ④ 理性决策

    A. ②③④   B. ①②③   C. ①③④   D. ①②④

6. （   ）是一门研究如何让计算机理解、生成和分析人类自然语言的学科，它是人工智能和计算机科学的重要分支。

    A. AIGC   B. NLP   C. LLM   D. GAI

7. 深度学习对自然语言处理领域产生了深远的影响，彻底改变了人们（   ）人类语言的方式。它的关键影响点包括：提升理解能力、文本生成与创意写作、词嵌入与表征学习等。

    ① 处理   ② 理解   ③ 记录   ④ 生成

    A. ②③④   B. ①②③   C. ①②④   D. ①③④

8. 深度学习的引入激发了一系列研究和开发活动，不断拓展 NLP 技术边界，其中包括（   ）等，为未来的自然语言处理技术发展奠定了坚实基础。

    ① 模型结构创新   ② 训练策略优化

    ③ 计算效率提升   ④ 计算能力加强

    A. ①③④   B. ①②④   C. ②③④   D. ①②③

9. （   ）是一种基于深度学习技术的人工智能模型，具有大规模参数和复杂结构，其设计目的是理解和生成类似于人类的自然语言。

    A. 生成器   B. 大语言模型   C. 语言词典   D. 训练集

10. LLM 通过在海量文本数据上进行训练，能够学习到语言的（   ），从而在多种自然语言处理任务中展现卓越性能。

    ① 字典   ② 复杂结构   ③ 语义   ④ 上下文依赖

    A. ②③④   B. ①②③   C. ①②④   D. ①③④

11. LLM 的"大"主要有（   ）两层含义。它们使得模型能够学习和表示语言中细微且非常复杂的模式，并且训练数据一般来自互联网、书籍、新闻等各种来源。

    ① 模型的参数数量   ② 模型参数的精确度

③ 训练数据的规模   ④ 训练数据的维度

　　A. ③④　　　　　B. ①②　　　　　C. ②④　　　　　D. ①③

12. 在 LLM 中，"通用"这个词描述的是模型的（　　　）。模型预训练时使用了来自各种领域的数据，因此只需少量额外训练或调整，就能够处理下游各种类型的任务。

　　A. 数值精度　　　B. 数据冗余度　　C. 应用范围　　　D. 数据适用性

13. 除了采用深度学习架构，模型"大"而"通用"，LLM 的核心特征还包括（　　　）。

① 无监督预训练   ② 生成与理解并重

③ 持续学习与适应性   ④ 计算精度高误差小

　　A. ②③④　　　　B. ①②③　　　　C. ①②④　　　　D. ①③④

14. 通过深度学习和海量数据训练，LLM 实现了对自然语言的深度理解与生成，其工作原理涉及（　　　）。

① 复杂的数学模型   ② 对伦理和社会影响的深刻考量

③ 科学计算的精度   ④ 优化算法

　　A. ①②④　　　　B. ①③④　　　　C. ①②③　　　　D. ②③④

15. 在语言模型中，每个单词或单词部分都被映射到一个特定的数字表示，称为（　　　）。这种映射关系通常是通过预定义的规则或算法完成的。

　　A. 关联　　　　　B. 词源　　　　　C. 词元　　　　　D. 源词

16. 训练一个 LLM 非常耗时和昂贵，这些程序通常被称为"（　　　）"，它们可以作为许多不同类型专业 LLM 的基础。

　　A. 逻辑组件　　　B. 基本组件　　　C. 复杂模型　　　D. 基础模型

17. （　　　）是 Transformer 模型的核心部件，通过计算输入序列中每个位置的单词与其他所有位置单词的相关性，从而实现对整个句子的全局建模。

　　A. 逻辑关注　　　B. 自注意力　　　C. 伪注意力　　　D. 上下文注意

18. LLM 可以进行预训练，然后针对特定目标进行（　　　）。它被训练来解决通用的语言问题，如文本分类、问答、文档总结和文本生成等。

　　A. 微调　　　　　B. 泛化　　　　　C. 扩展　　　　　D. 集成

19. 微调阶段采用的数据集通常针对某个特定任务或领域，如（　　　）。它可以让模型更好地理解和生成这个特定领域的语言，从而更好地完成特定的任务。

① 元数据集　　　② 法律文本　　　③ 特定对话　　　④ 医学文本

　　A. ①③④　　　　B. ①②④　　　　C. ②③④　　　　D. ①②③

20. 通用语言模型在训练时使用了来自各种领域的数据，因此它们能够处理各种类型的任务，这些模型在处理新的、未见过的任务时具有很强的（　　　）能力。

　　A. 微调　　　　　B. 泛化　　　　　C. 扩展　　　　　D. 集成

【研究性学习】腾讯元宝：3D 角色梦工厂

　　腾讯旗下的 LMM 应用"腾讯元宝"App 是一款集成了 AI 搜索、文档总结、网页总结、AI 作图等多种功能的智能助手 App，旨在提高工作效率和丰富用户的生活体验。

（1）腾讯元宝的主要功能。

● AI 搜索：快速获取信息，如英伟达市值。

● 文档总结：自动提取文档关键信息，如《数字科技前沿应用报告》。

● 网页总结：对网页内容进行智能摘要，如新款宝马 3 系特点。

● AI 作图：根据描述生成图像，如山水画。

● 文件上传：支持多种文件格式，如 jpg、jpeg、png、bmp、webp、txt、pdf、doc、docx。

（2）腾讯元宝的特色人工智能应用。

● AI 头像：提供多种模板，不限次数免费玩。

● 口语陪练：1V1 在线教学，适用于考学/出游等多个场景。

● 超能翻译：支持 15 种主流语言，提供中英文同声传译。

（3）腾讯元宝的优点。

● 无缝衔接腾讯生态：接入微信搜一搜、搜狗搜索等搜索引擎，覆盖微信公众号等腾讯生态内容。

● 丰富的腾讯业态融合：超过 600 个腾讯业务和场景接入腾讯混元大模型，提供高质量内容。

● 内容免费：所有功能和内容均免费，为用户带来更多价值。

（4）3D 角色梦工厂。

《Protolabs 2024 年 3D 打印趋势报告》显示，3D 打印市场正经历显著扩张，2028 年将达到 571 亿美元的峰值。其中将人工智能技术和 3D 生成结合，可实现更高效、更高质量的内容。

2024 年 7 月 16 日，腾讯元宝上线了 "3D 角色梦工厂" 玩法，它也是首个拥有打印级 3D 生成能力的通用 LLM App。3D 角色梦工厂将 AIGC 技术和 3D 应用结合，进一步创新了元宝的独特玩法。通过 3D 角色梦工厂，用户只需上传一张五官清晰的正面头像，并选择不同角色模板，就能迅速生成个人 3D 角色。生成后的角色可以进行 360 度全方位查看，同时也可以选择角色分享、转发或者公开。如果想进一步优化形象，可以保存 3D 角色模型文件做二次编辑。如果想把它打印出来，还可以生成 3D 打印链接到任意 3D 打印店进行线下打印，实现从虚拟模型到完整实体的创意体验。

传统的 3D 形象生成较为烦琐和复杂，需要进行原画的建模、贴图制作、灯光、动画、渲染和后期等多个步骤。3D 角色梦工厂则通过固定身体模板，然后在三维空间换头，让任意人头可拼接到任意身体，快速生成 3D 形象。其中，还使用了 3D 几何雕刻、PBR 材质贴图等技术，提升 3D 人物生成效果。

具体来说，腾讯混元的 3D 换头技术，类似于 2D 的换脸技术，让用户只需上传一张个人头像，就能得到专属的人头模型。同时，对人头模型的生成和纹理进行优化，并将人头模型替换到角色模板上，实现个性化的 3D 角色生成（见图 2-3）。

为提升几何生成精度与自然度，"腾讯混元" 使用 3D 几何雕刻技术，针对性地检测几何生成异常的区域，如耳朵区域，并对其进行塑形。同时，也通过自动接缝检测与融合策略，雕刻几何，尽可能还原耳朵、脖子等区域的真实几何细节。

此外，腾讯混元还使用了 PBR（基于物理的渲染）材质贴图技术处理模型细节，在纹理贴图上增加更多的材质贴图，更好地反映模型上可能存在的金属质感、光泽等，提升 3D 角色模型整体的质感和真实感（见图 2-4）。

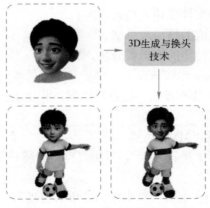

图 2-3　3D 角色梦工厂的角色生成

图 2-4　3D 角色梦工厂贴图处理模型细节

目前，3D 角色梦工厂已经上线了 10 种不同风格的角色以进行 3D 角色的生成。将有更多角色更新，同时创新动态 3D 制作玩法，激发更多可能性。

基于腾讯混元 3D 生成能力打造的"3D 角色梦工厂"应用，在腾讯元宝 App 或者元宝微信小程序可快速体验。此外，腾讯地图上线的"专属 3D 车标"也是由腾讯混元进行技术支持，用户只需上传一张图，就可以定制专属的 3D 车标。未来，腾讯混元的 3D 生成能力也将不断与更加丰富的场景结合，持续助力更多产业发展。

1．实验目的

（1）了解 AIGC 生成工具，熟悉 AIGC 成就艺术的成功之道。

（2）通过下载、安装和使用腾讯元宝 App，掌握 AIGC 技术工具的一般使用方法。

（3）体验人工智能艺术与传统艺术领域的不同表现力及应用发展方向。

2．实验内容与步骤

请仔细阅读本章课文，熟悉 AIGC 成就艺术的相关技术、知识与成果。

（1）如何使用"腾讯元宝"。

步骤 1：网络搜索并下载、安装腾讯元宝 App。

步骤 2：注册并登录账户，开始使用。

步骤 3：根据需求选择 AI 搜索、文档总结、网页总结或 AI 作图等功能。

步骤 4：上传需要处理的文件或输入搜索内容。

步骤 5：查看人工智能生成的结果或总结。

步骤 6：根据需要进行进一步的编辑或分享。

通过上述步骤，可以轻松使用腾讯元宝，享受其带来的便利和高效。

请记录：应用是否成功？若不成功，检查其原因，并记录。

（2）如何使用腾讯元宝的"3D 角色梦工厂"。

打开手机应用商店，搜索"腾讯元宝"，看到红框中的腾讯元宝 App 后，单击安装。安装完成后，打开腾讯元宝 App。

步骤 1：进入腾讯元宝 App 主页，单击顶部菜单"发现"。

步骤 2：在"发现"页面往上滑动页面，找到"3D 角色梦工厂"，单击"立即使用"。

步骤 3：进入"3D 角色梦工厂"页面，单击"立即体验"。

步骤 4：进入"角色广场"页面，单击"生成 3D 角色"区块。单击红框部分内容，上传一张五官清晰的正面头像。弹出上传建议窗口，单击"上传图片"。

选择图片并上传完成，提示"识别成功"，选择喜欢的模版，单击"立即生成"（目前每天有 10 次生成机会）。

正在生成时，系统提示生成时前方还有 5 个任务，预计要 6 分钟。6 分钟后，重新打开腾讯元宝 App 的"3D 角色梦工厂"，单击底部菜单"我的角色"。

步骤 5：进入"我的角色"页面，找到刚才生成的 3D 角色，单击"角色缩略图"。

步骤 6：进入角色详情页面，单击底部"保存"。看到可以保存 gif（动态图片）和 obj 文件（3D 模型文件）。

请记录：应用是否成功？若不成功，检查其原因，并记录。

---

3. 实验总结

---

4. 实验评价（教师）

第3章　人工智能生成内容（AIGC）

AIGC（人工智能生成内容）是指利用人工智能技术，特别是机器学习、深度学习等方法，自动生成各种形式的内容，如文本、图像、音频、视频等。这些内容可以是创意性的，如艺术作品、音乐、文章等；也可以是实用性的，如新闻报道、产品描述、个性化推荐信息等。AIGC的核心优势在于其能够基于大量的数据学习模式，自动创作新的内容，这在很大程度上提高了内容生产的效率和个性化程度。

应用AGIC的关键步骤包括：数据收集、模型训练、内容生成和后期优化。通过这些过程，人工智能系统能够理解特定主题、风格或用户偏好，进而生成符合要求的内容。

AIGC的应用场景广泛，从媒体和娱乐行业到教育、广告、电商、个人助理等多个领域，都在探索如何利用这一技术来提升用户体验、创造新价值。随着技术的不断进步，AIGC的潜力持续增长，对社会经济活动和个人生活方式的影响也日益显著。

3.1　生成式人工智能（GAI）

GAI（生成式人工智能）是近年来备受瞩目的技术领域，它利用深度学习和大数据等技术，能够自主生成全新的、具有创新性的内容。

3.1.1　定义 GAI

GAI是人工智能（AI）的一个分支，是一种基于机器学习的方法，它通过学习大量数据，能够生成与原始数据相似的全新内容。这种技术可以应用于多个领域，如NLP、图像生成、音频合成等。

与传统的判别式人工智能相比，GAI更注重于创造和生成，而非简单的分类和识别，它专注于学习现有数据集的模式并基于这些模式创造新的、之前未存在的内容。这种技术使得机器能够模仿创造性过程，生成包括但不限于文本、图像、音频和视频的各种类型的内容。生成式模型通过深度学习网络，如变分自编码器（VAEs）、生成对抗网络（GANs）或Transformer模型（如ChatGPT）等，来实现这一目标。

GAI的主要应用场景如下。

（1）文本生成：可以生成各种类型的文本，如新闻报道、小说、诗歌等。这种技术可以极大提高文本创作的效率和质量，为内容创作者提供更多的灵感和选择。

（2）图像生成：能够根据用户的描述或输入的关键词，生成符合要求的图像。这种技术在设计、艺术等领域具有广泛的应用前景。

（3）音频合成：可以模拟各种声音，生成逼真的语音、音乐等音频内容。这种技术对于语音助手、音乐创作等领域具有重要意义。

GAI 的未来发展趋势包括：

（1）技术创新：随着深度学习、强化学习等技术的不断发展，GAI 的性能将得到进一步提升。未来可以期待更加高效的、精准的 GAI 模型出现。

（2）应用拓展：GAI 将在更多领域得到应用，如虚拟现实、增强现实、自动驾驶等。这些应用将进一步提升 GAI 的实用价值和社会影响力。

（3）伦理挑战：随着 GAI 的普及，需要关注其可能带来的伦理挑战。例如，如何确保生成的内容符合道德和法律要求，如何保护原创作品的权益等。

作为一种新兴的技术领域，GAI 带来了许多创新和机遇，具有广阔的应用前景和巨大的发展潜力。但是，GAI 也存在一些潜在的风险和挑战，因此需要在推进 GAI 应用的同时，不断创新和完善 GAI 技术，加强风险管理和监管，推动其健康、可持续地发展。

首先，对于 GAI 生成的内容需要建立有效的审核机制，确保其内容符合法律法规和道德标准。同时，也需要加强对原创作品的保护，防止侵权行为的发生。

其次，需要关注 GAI 的滥用问题。例如，一些人可能会利用 GAI 生成虚假信息或进行恶意攻击。因此，需要加强技术监管和法律制约，防止 GAI 被用于非法活动。

最后，还需要加强公众对 GAI 的认知和了解。通过普及相关知识，提高公众的辨识能力和风险意识，可以更好地应对 GAI 带来的风险和挑战。

3.1.2 GAI 与 AIGC 的关系

GAI 与 AIGC 这两个概念紧密相关，可以说，AIGC 是 GAI 的一个具体应用方向。

GAI 的核心能力在于创造、预测、转换和补全信息。而 AIGC 则更侧重于描述由 GAI 技术所产出的实际成果，即由人工智能系统自动生成、具体创造出来的作品内容本身，包括简单的文本创作、图像合成以及复杂的音乐生成、视频剪辑等，这些作品展现了人工智能在创意表达方面的潜能。可以说，GAI 是底层的技术框架和方法，而 AIGC 是这些技术应用的结果，体现了技术在实际场景中的应用价值和社会影响。两者之间存在一种从技术到产品的逻辑联系，GAI 的发展推动了 AIGC 的多样化和普及化，在很多语境下，AIGC 也被用于指代 GAI。

3.2 定义 AIGC

扫码看视频

从用户生成内容到专业生成内容，再到现在的 AIGC，可以看到内容创作方式的巨大变革和进步。AIGC 是 NLP 模型的一种重要应用，是由人工智能技术自动创作生成内容，如生成图形图像、视频、音乐、文本（文章、短篇小说、报告）等。利用人工智能的理解力、想象力和创作力，AIGC 根据指定的需求和风格，创作出各种内容，诸如 ChatGPT、通义千问等智能系统。AIGC 的出现打开了一个全新的创作世界，为人们提供了无数的可能性，重塑了信息时代的内容创作生态，甚至让人难以分清背后的创作者到底是人类还是人工智能。

与 AIGC 相关的人工智能领域术语之间的关系如图 3-1 所示，这些概念共同构成了 AIGC 的核心要素。

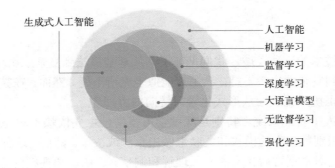

图 3-1 AIGC 与人工智能技术谱系

AIGC 内容创作的形式主要有内容孪生、内容编辑和生成、内容理解等。

3.2.1 内容孪生

内容孪生主要分为内容增强与转译。增强即对数字内容修复、去噪、细节增强等，转译即对数字内容转换如翻译等。该技术旨在将现实世界中的内容进行智能增强与智能转译，更好地完成现实世界到数字世界的映射。例如，我们拍摄了一张低分辨率的图片，通过智能增强技术中的图像超分可对低分辨率进行放大，同时增强图像的细节信息，生成高清图。这里的超分，即超分辨率技术，是通过硬件或软件的方法提高图像或视频帧的分辨率，将一系列低分辨率图像提高到高分辨率图像的过程。再比如，对于老照片中的像素缺失部分，可通过智能增强技术进行内容复原。而智能转译则更关注不同模态之间的相互转换。比如，录制一段音频，可通过智能转译技术自动生成字幕。再比如，输入一段文本可以自动生成语音。两个例子均为模态间智能转译的应用。

内容孪生的应用主要有语音转字幕、文本转语音、图像超分等。其中，图像超分辨率是指利用光学及其相关光学知识，根据已知图像信息恢复图像细节和其他数据信息的过程，简单来说就是增大图像的分辨率，防止其图像质量下降。

3.2.2 内容编辑和生成

内容编辑是通过对内容的理解以及属性控制，进而实现对内容的修改。例如，在计算机视觉领域，通过对视频内容的理解实现不同场景视频片段的剪辑；通过人体部位检测以及目标衣服的变形控制与截断处理，将目标衣服覆盖至人体部位，实现虚拟试衣；在语音信号处理领域，通过对音频信号分析，实现人声与背景声分离。以上例子都是在理解数字内容的基础上对内容的编辑与控制。

内容生成是通过从海量数据中学习抽象概念，并通过概念的组合生成全新的内容。例如，人工智能绘画，从海量绘画中学习作品的不同笔法、内容、艺术风格，并基于学习内容重新生成特定风格的绘画。采用此方式，人工智能在文本创作、音乐创作和诗词创作中取得了很好的表现。再比如，在跨模态领域，通过输入文本输出特定风格与属性的图像，不仅能够描述图像中主体的数量、形状、颜色等属性信息，而且能够描述主体的行为、动作以及主体之间的关系。

3.2.3　内容理解

随着人工智能技术的迅猛发展，我们见证了其从基础算法到复杂应用场景的跨越式进步。从简单的数据分析到复杂的决策支持，人工智能似乎无所不能。然而，在技术革新浪潮中，人工智能所面临的真正挑战正逐渐从形式化学习转向内容理解。

当前，大多数人工智能系统，特别是深度学习模型，主要依赖于对海量数据的形式化学习，这些模型通过识别数据中的模式和关联来做出预测或决策。然而，这种学习方式的局限性在于，它们往往缺乏对数据背后含义的深入理解和洞察。以图像和视频内容的理解为例，尽管计算机视觉技术利用深度学习模型能够识别出物体、场景和动作等，但一个图像识别系统即使能够准确地识别出一只水豚，却并不能真正理解"水豚"这一概念所包含的深层含义，如水豚的生活方式、性格特点等。

对于大数据和深度学习的局限性，有研究者认为："这些都是基于形式化的处理，数据被简化为 0 和 1 的编码序列，无法真实反映其背后的内容。深度学习模型基于这样的数据进行训练，同样缺乏对内容的深入理解，因此不具备真正的理解能力。"这一观点揭示了当前人工智能领域所面临的挑战——如何推动人工智能系统实现对数据深层含义的真正理解。

换言之，深度学习所学习到的仅仅是形式上的关联和模式，而没有涉及内容上的因果关系。对于人工智能而言，真正的"智能"不仅要求能够处理形式，更重要的是要能够理解数据、信息和知识背后的深层内容。只有这样，人工智能才能做出具有智能水平的决策。

这意味着，人工智能系统需要具备一种类似于人类的认知能力，这种能力不仅体现在对数据的整理、归纳和有效信息的提取上，更重要的是能够将这些信息与相应领域的知识库进行深度融合，从而实现对数据的真正理解。例如，在自动驾驶领域，人工智能系统需要具备对来自摄像头、激光雷达等多个传感器数据的实时处理能力，但仅识别出车辆、行人和其他障碍物还远远不够，系统需要能够理解这些物体之间的关系，并预测它们的行为。同时，系统还需要融合对道路规则、交通信号和车辆动力学等知识的深入理解，才能在复杂的交通场景中做出安全合理的决策。

3.3　AIGC 多模态生成技术

AIGC 多模态生成技术是指能够处理、理解和生成跨越多种数据形式（如文本、图像、音频、视频等）的能力，即多种模态之间可以组合搭配，进行模态间的转换生成（见图 3-2）。这种技术通过整合不同模态的信息，实现了更加复杂和真实的内容生成。例如，文本生成图像（人工智能绘画，根据提示词生成特定风格图像）、文本生成音频（人工智能作曲，根据提示词生成特定场景音频）、文本生成视频（人工智能视频制作，根据一段描述性文本生成语义内容相符的视频片段）、图像生成文本（根据图像生成标题，根据图像生成故事）、图像生成视频。随着技术的进步，AIGC 多模态生成技术正逐步成为推动媒体、教育、娱乐、电商等多个行业创新发展的关键技术。

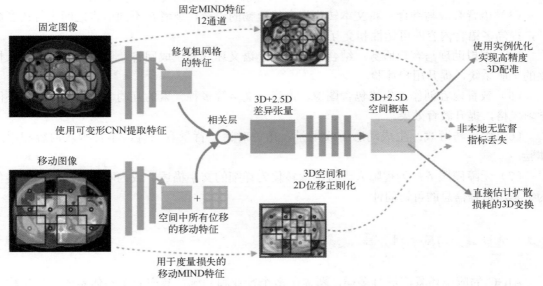

图 3-2　多模态生成处理示意图

多模态生成技术的关键技术点如下。

（1）多模态嵌入：这是一种将不同模态的数据转换成统一的高维向量表示的方法，使得模型能够理解不同模态间的关联性，为跨模态生成和分析打下基础。

（2）跨模态交互学习：模型通过联合训练，学习不同模态之间的相互影响，提高生成内容的相关性和协调性，如根据文本描述生成匹配的图像或视频。

（3）多任务学习：在一个模型中同时处理多个生成任务，每个任务可能对应不同的模态，这样模型可以共享知识，提升整体性能。

（4）注意力机制与 Transformer 架构：这些技术允许模型在处理多模态数据时，有效聚焦于重要部分，提高生成内容的质量和准确性。

多模态生成技术的应用实例如下。

（1）文本到图像生成：如 DALL-E 系列模型（见图 3-3），用户输入文本描述，模型能生成与之匹配的图像，这在设计、艺术、广告等行业有广泛的应用。

图 3-3　DALL-E 绘画示例

（2）视频生成：基于脚本或简短描述生成完整视频片段，可用于进行快速内容创作，生成新闻摘要、个性化视频广告等。

（3）语音合成与翻译：将文本转化为自然流畅的语音，或者在不同语言之间进行语音翻译，提高多语言内容的可达性和交互性。

（4）虚拟助理与客户服务：结合语音识别、语义理解与生成回答，创建更加智能和人性化的客服系统，提升用户体验。

（5）教育内容创作：生成包含图像、声音、文字等多种元素的互动教学材料，适应不同学习风格，提升教育效果。

（6）娱乐与游戏：生成动态游戏场景、角色对话、背景音乐等，丰富游戏内容和用户体验。

（7）无障碍服务：为视障人士将图像转化为详细的文字描述，或为听障人士将语音转化为字幕，增强信息的可访问性。

3.4　AIGC 的应用场景

AIGC 的应用场景广泛且多样，覆盖了多个行业和领域，其产业生态体系的三层架构如图 3-4 所示。它的典型应用场景可以分为文本生成、音频生成、图像生成、视频生成、多模态生成 5 个方面。

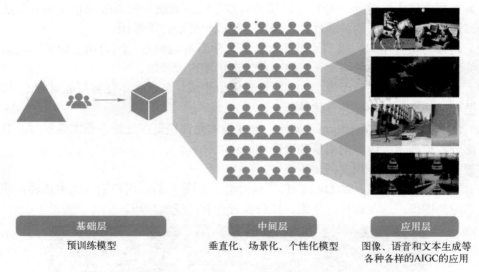

基础层　　　　　　　　　　中间层　　　　　　　　　　应用层

预训练模型　　　　垂直化、场景化、个性化模型　　　图像、语音和文本生成等
　　　　　　　　　　　　　　　　　　　　　　　各种各样的AIGC的应用

图 3-4　AIGC 产业生态体系的三层架构

3.4.1　典型应用场景

AIGC 技术具有强大的创造性和自动化能力，其典型应用场景如下。

（1）文本生成：根据使用场景，基于 NLP 的文本内容生成可分为非交互式与交互式文本生成。非交互式文本生成包括摘要和标题生成、文本风格迁移、文章生成、图像生成等；交互式文本生成主要包括聊天机器人、文本交互游戏等。AIGC 能够根据特定主题或情境生成文章、故事、新闻报道、诗歌等文本内容，提高内容创造的效率和多样性，如使用 ChatGPT 等工具进行自动文案撰写。

（2）音频生成：AIGC 在音乐和音频制作领域的相关技术较为成熟，可以生成音乐作品、音效、播客内容，用于音乐创作软件和自动配音工具，甚至合成逼真的人声，如语音克隆，将人声 1 替换为人声 2。还可应用于文本生成特定场景语音，如数字人播报、语音客服等。此外，可基于文本描述、图片内容理解生成场景化音频、乐曲等。

（3）图像生成：绘画创作，生成各种风格的艺术作品、插图、设计图样，如通过 Stable Diffusion、Midjourney 等工具创作独一无二的视觉艺术作品。根据使用场景，可分为图像编辑修改与图像自主生成。图像编辑修改可应用于图像超分、图像修复、人脸替换、图像去水印、图像背景去除等。图像自主生成包括端到端的生成，如真实图像生成卡通图像、参照图像生成绘画图像、真实图像生成素描图像、文本生成图像等。

（4）视频生成：与图像生成在原理上相似，主要分为视频编辑与视频自主生成。视频编辑可应用于视频超分（视频画质增强）、视频修复（老电影上色、画质修复）、视频画面剪辑（识别画面内容，自动场景剪辑）。视频自主生成可应用于图像生成视频（给定参照图像，生成一段动态视频）、文本生成视频（给定一段描述性文本，生成内容相符的视频），能够自动生成短视频、广告、电影预告片等内容，包括剪辑、特效应用、智能编排，以及根据剧本生成动态画面。

（5）代码生成：根据功能描述自动生成或优化编程代码，帮助开发者提高工作效率，减少错误，加速软件开发流程。

（6）游戏开发：在游戏产业中，AIGC 可用于角色设计、场景生成、游戏测试，以及增强NPC（非玩家控制角色）的交互智能化，提升游戏体验和开发效率。

（7）金融行业：应用于风险评估、交易策略制定、投资决策支持、个性化金融服务推荐、智能客服等领域，但应同时注意数据安全和隐私保护。

（8）医疗健康：在疾病预测、辅助诊断、个性化治疗方案推荐、药物发现与研发等方面发挥作用，通过学习医疗大数据提供更精准的医疗服务。

（9）电商零售：实现个性化商品推荐、智能客服、基于用户行为的广告投放、物流优化等，提升顾客体验，提高销售效率。

（10）社交网络：开发聊天机器人、语音识别、内容审核、情绪分析等功能，优化用户交流体验，提高平台内容质量和安全性。

（11）教育与培训：生成定制化学习材料、智能辅导、课程内容创作，以及交互式学习体验的设计，以满足不同学习者的需求。

这些应用场景展示了 AIGC 技术在促进内容创作、提高工作效率、增强用户体验等方面的巨大潜力，同时也预示着在 Web3.0 和元宇宙时代，AIGC 将成为内容生成和创意传播的重要驱动力。

3.4.2　Web 3.0

中心化网络已经帮助数十亿人融入互联网，并在其上创建了稳定的、可靠的基础设施。与此同时，少数中心化巨头几乎垄断了互联网，甚至可以为所欲为。

Web 3.0 是摆脱这一困境的方案。不同于科技巨头垄断的传统互联网，Web 3.0 采用去中心化，由所有用户构建、运营和拥有。Web 3.0 将权力赋予个人而非公司。

1. Web 的发展

今天大多数人所熟知的互联网与最初的想象有很大不同。

Web 1.0：只读（1990—2004 年）。1989 年，在日内瓦的欧洲核子研究中心，蒂姆·伯纳斯-李忙于开发后来成为万维网的协议。他的想法是创建一种开放的、去中心化协议，在地球上任何角落都能实现信息共享。蒂姆·伯纳斯-李创造的第一个万维网雏形现在被称为"Web 1.0"，它主要是由公司拥有的静态网站组成，用户之间的互动几乎为零——个人很少创造内容，因而被称为只读网络（见图 3-5）。

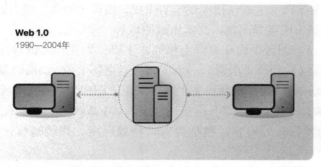

图 3-5　客户端服务器架构，代表 Web 1.0

Web 2.0：能读能写（2004 年至今）。随着社交媒体平台的出现，Web 2.0 时期于 2004 年开启。网络不再是只读的，它演变成读写网络（见图 3-6）。互联网公司除了向用户提供内容，还开始提供平台来共享用户生产的内容，并参与用户间的交互。随着越来越多的人上网，少数互联网巨头开始掌控网络上海量的流量和价值。Web 2.0 还催生了广告驱动的盈利模式。虽然用户可以创作内容，但他们并不拥有内容或可以通过将内容变现来获益。

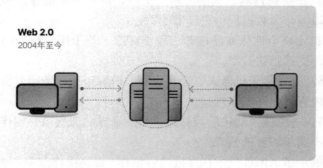

图 3-6　客户端服务器架构，代表 Web 2.0

Web 3.0：能读-能写-能拥有。2014 年以太坊推出后不久，以太坊联合创始人加文·伍德就提出了 Web 3.0 的概念。他为许多早期加密技术采用者所面临的问题，即互联网需要过多的信任，提供了一种解决方案（见图 3-7）。也就是说，今天人们所知道和使用的大部分网络服务都依赖于对少数私人公司的信任，期待他们能以公众的最佳利益行事。

Web 3.0 是互联网演进的一个设想阶段，它代表了互联网技术和服务的下一个重大变革。Web 3.0 旨在创建一个更加公平、透明和用户友好的互联网环境，其中用户不仅是内容的消费者，更是自己数字生活的主宰者。

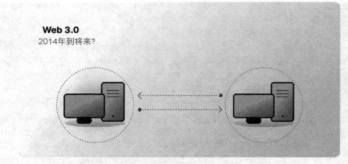

图 3-7　去中心化节点架构，代表 Web 3.0

2．Web 3.0 的关键特征

与前两代互联网相比，Web 3.0 有以下几个关键特征。

（1）去中心化：Web 3.0 的核心在于其去中心化的特性，这主要是通过区块链技术实现的。在 Web 3.0 中，信息和数据不再集中存储于少数几个大型服务器或"中心"，而是分布在网络的众多节点上。这种结构减少了对单一实体的依赖，增加了系统的透明度和安全性。

（2）用户控制和所有权：用户能够在 Web 3.0 中拥有并控制自己的数据和数字资产。通过使用加密货币、非同质化代币（NFTs）等，用户能够证明他们对数字内容的所有权，并有可能从中获得收益。这意味着权力从传统的平台所有者转移到了内容创作者和消费者手中。

（3）语义网：虽然早期关于 Web 3.0 的讨论中经常提及"语义网"，这是一个让机器可以理解和解析数据的网络，但在当前 Web 3.0 的讨论中，这个概念并不是重点。现在的 Web 3.0 更多强调的是去中心化和数据自主权。

（4）增强隐私和安全：Web 3.0 通过加密技术和分散的数据存储，旨在增强用户隐私保护，减少数据泄露和滥用的风险。

（5）互操作性和开放标准：Web 3.0 鼓励不同平台和服务之间的无缝集成，使得用户可以跨平台携带数据、身份和资产，提高了互联网的灵活性和效率。

（6）与新兴技术的融合：Web 3.0 与元宇宙、人工智能、物联网（IoT）等技术的结合，预示着一个更加沉浸式、智能化和互联的数字未来。

3.4.3　元宇宙

术语"元宇宙"被用来描述一个集体虚拟共享空间，它通过数字技术将现实世界与虚拟世界深度融合，创造一个具有持续存在性、可以实时交互的三维虚拟环境（见图 3-8）。"元宇宙"概念超越了传统的电子游戏或虚拟现实应用，旨在成为一个全面运行的经济体和社会体系，用户在其中不仅可以进行娱乐和社交，还能进行工作、交易、学习和内容创造等活动。

元宇宙的关键特点如下。

（1）沉浸式体验：利用增强现实（AR）、虚拟现实（VR）以及未来可能的感官模拟技术，为用户提供仿佛置身于真实世界般的感受。

（2）持久性与实时性：元宇宙作为一个持续存在的虚拟世界，不受现实世界时间或地点的限制，且能实时反映用户的活动和变化。

（3）开放性与互操作性：元宇宙支持各种平台和设备访问，允许用户带着他们的虚拟资产从一个虚拟空间转移到另一个，可以保持数字身份和物品的一致性。

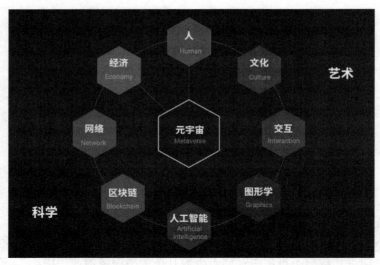

图 3-8　元宇宙涉足的空间

（4）经济系统：内置经济模型，用户可以创造、购买、出售数字商品和服务，甚至可以有自己的货币和金融系统，如使用区块链技术和加密货币。

（5）社交存在：用户可以通过虚拟化身（Avatar）在元宇宙中建立社交联系，参与社区活动，形成虚拟社会结构和文化。

（6）用户生成内容：鼓励用户创造自己的内容和体验，从艺术品到游戏，再到教育课程，每个人都能成为创造者和贡献者。

尽管元宇宙仍处于发展初期，但它预示着互联网的下一个进化阶段，可能会深刻改变人们的生活方式、工作模式和社交互动。

3.5　AIGC 常用工具（平台）

AIGC 的工具种类繁多，涵盖了文本、图像、音频、视频等多个应用领域。一些常用的 AIGC 工具在各自的领域内因创新性和实用性而受到欢迎，这些工具持续拓展内容创作的边界。如果能选择合适自己的工具，可以极大地提高创作效率和创新能力。不过，值得注意的是，由于技术快速发展，新的工具和服务不断涌现，建议加大对技术发展动态的关注。下面介绍各应用领域一些常用的 AIGC 工具（平台）。

1. 文本生成

（1）ChatGPT（OpenAI）：强大的聊天机器人，能够进行多轮对话、提供信息、创作故事和编写代码等。

（2）Notion AI：专注于提升笔记和文档编写的效率，利用 AI 辅助内容创作和组织。

（3）Character AI：允许用户与 AI 生成的虚拟人物进行互动对话，增加了人机交互的趣味性和深度。

2. 图像生成

（1）DALL-E：OpenAI 的图像生成模型，根据文本描述创造独特的图像和艺术作品。

（2）Stable Diffusion：开源的 AI 图像生成器，支持多种风格和类型的图像创作。

（3）Pixso AI：国产在线设计工具，集成了 AI 功能，可以帮助设计师快速生成和编辑设计元素。

3．音频生成

（1）MusicLM（Google）：能够生成具有连贯结构和特定风格的音乐片段。

（2）Amper Music：平台让用户通过简单的界面创建定制的音乐曲目，适合视频配乐等应用。

4．视频生成

（1）Runway Gen-2：支持基于文本到视频的生成，可创建具有特定主题或风格的短片。

（2）Reelskit：专为短视频创作者设计，利用 AI 快速生成吸引人的视频内容。

5．协同办公与创意辅助

（1）腾讯文涌、WPS 智能写作：提供智能化的写作辅助，包括语法检查、灵感激发等功能。

（2）Pixso：在线协同设计工具，不仅限于 AI 生成，还提供了全面的设计协作功能。

6．其他领域

（1）讯飞听见：语音转文字服务，适用于会议记录、播客制作等。

（2）AIVA：创作古典音乐的 AI 平台，适用于电影配乐、广告背景音乐等。

3.6　AIGC 使用方法

扫码看视频

AIGC 的使用方法依赖于具体的应用场景和技术平台，具体步骤可以根据所使用的软件或平台的界面和指南有所不同，因此查阅相应平台的帮助文档和教程是有必要的。实际操作时，通常涉及的关键步骤如下。

步骤 1：选择合适的 AIGC 工具或平台。

（1）文本生成：如 OpenAI 的 GPT 系列模型、阿里云的通义千问等，这些模型可以生成文章、故事、诗歌、对话等。

（2）图像生成：如 DALL-E、Stable Diffusion、Midjourney 等，能够根据文本描述生成图片、插画或艺术作品。

（3）音乐与音频：Amper Music、AIVA 等平台能够生成定制的音乐片段或音效。

（4）视频生成：ByteDance 的 Reelskit 等工具，可以根据脚本和视觉风格要求生成短视频内容。

步骤 2：定义任务。明确要生成的内容类型、风格、主题等。例如，要生成一幅画，需要确定画的风格（如印象派、抽象艺术）、主题（如风景、人物）、颜色搭配等。

步骤 3：输入指令或参数。

（1）对于文本生成，通常需要输入提示或开头的几句话。

（2）对于图像生成，通常需要一段描述性的文本，告诉 AI 想要的画面内容。

（3）对于音乐和视频，除了文字描述，通常需要指定时长、情感倾向等。

步骤 4：调整设置与参数优化。大多数 AIGC 工具允许用户调整生成内容的细节，如创造性程度、分辨率、风格混合等。通过试错和参数微调，可以得到更满意的结果。

步骤 5：生成与审查。提交任务后，AIGC 会根据要求生成内容。生成完成后，检查内容是否符合预期，有时可能需要多次迭代调整以达到最佳效果。

步骤 6：使用与分发。一旦生成满意的内容，就可以根据需要使用，如发布在社交媒体、嵌入到项目中，或是进行进一步的编辑和加工。

此外，涉及的注意事项如下。

（1）版权与伦理：确保生成内容的使用符合版权法规，尊重原创，避免侵犯隐私或伦理界限。

（2）质量与偏见：尽管 AIGC 技术日益成熟，但生成内容可能仍存在质量波动或隐含偏见，使用时需谨慎评估。

（3）技术限制：理解并接受当前技术的局限性，即"不是所有的创意，都能完美实现"。

3.7 案例：国内 10 个 LLM 测评

国内的 IT 主流厂商基本上都研发和推出了自己的多功能 LLM（大语言模型）。针对各种各样的 LLM，为帮助用户进行选择，本节从 6 个维度来测评国内的 10 个 LLM。

3.7.1 模型选择

国内使用率比较高的通义千问、文心一言、KiMi 等 LLM 见表 3-1，通过日常生活、工作流程等方式来做对比。

表 3-1　国内 10 个 LLM 对比

序号	模型名称	主创公司	是否有智能体	模型类型	网页入口地址	说明
1	通义千问	阿里	有	LLM	tongyi.aliyun.com/qianwen/	全能 AI 助手——问答、生活、办公、个性智能体、丰富活动、趣味互动
2	文心一言	百度	有	LLM	yiyan.baidu.com/	与人对话互动、解答问题、协助创作，高效便捷地帮助人们获取信息、知识和灵感
3	KiMi	月之暗面	无	LLM 智能助手	kimi.moonsthot.cn/	信息整理与汇总、学习与研究、工作助手、语言翻译、角色扮演
4	豆包	字节	有	LLM	www.doubao.com/chat/	聊天机器人、写作助手、英语学习助手、多轮对话、信息获取、语音功能
5	讯飞星火	科大讯飞	无	LLM	xinghuo.xfyun.cn/	内容扩展能力、语言理解能力、知识问答能力、推理能力、多题型步骤级数学能力、代码理解与编写能力、对多元能力实现融合统一，对真实场景下的需求，具备提出问题、规划问题、解决问题的闭环能力
6	百小应	百川智能	无	LLM	ying.baichuan-ai.com/chat/	即时回答问题、速读文件、整理资料、辅助创作、多轮搜索、定向搜索、提问帮助、处理长篇内容、多模态交互、语音交互
7	智谱清言	清华系智谱华章	有	GLM	chatg/m.cn/	基于 GLM 模型开发，支持多轮对话，具备内容创作、信息归纳总结等能力
8	万知	零一万物	无	LLM	www.wanzhi.com/	文档阅读与创作、多模态交互、编程辅助
9	腾讯元宝	腾讯	有	LLM	hunyuan.tencent.com/	智能问答、AI 作图、网页总结、AI 搜索、文件解析、内容创作辅助、发现 AI 智能体
10	360 智脑	360	无	LLM	ai.360.com/	语言理解和生成、搜索引擎、智能硬件集成、图像识别、个性化推荐

3.7.2 分析规则

选择好模型后，分析这些模型的回答是否能按照这些规则输出相对稳定的回答，并对这些回答给出一个相对合理的分数。

（1）基本规则：由于已经上线的 LLM 属于相对完善的模型，所以根据模型的回答，分析后得出回答是否"不满足预期""符合预期"或"高于预期"。

- 不满足预期的标准为需求不满足（包括部分满足和部分不满足）、内容质量相关问题（包括内容不全面、语句前后不通、信息前后不一致、有危害性的信息、有一些不太符合要求的格式）。
- 高于预期的标准为语意正确、格式美观、没有危险有害偏激的信息、有提炼性的总结、有一些推理的过程等。

（2）评分标准（满分 10 分）

- 不满足预期。需求不满足的，比如回答与问题无关：0 分，有高危害信息内容：0 分，内容不全面：-1 分，语句前后不通顺：-1 分，信息前后不一致：-1 分，有偏见性的行为：-1 分，格式不符合：-1 分。
- 高于预期。语意正确：+1 分，格式分段/分点合理美观：+1 分，有提炼总结：+1 分，有推理过程等：+1 分。

3.7.3　调研维度

为了更直观地测试这些模型在实际场景下的表现，进行一次实验（实验结果仅供参考），主要从是否能够联网获取信息、知识理解、上传文本分析、文生图、逻辑推理、休闲问答（多轮对话能力）6 个方向进行研究分析。

（1）是否能够联网获取信息。在进行一系列测试之后，结果显示，除了百小应未能联网，其他所有模型都有联网功能，豆包、文心一言、万知在格式上也比较美观合理。豆包在需求满足之外还进行了问题拓展，所以分数较高。

（2）知识理解。在进行一系列测试之后，结果显示，所有模型均能回答出所提的问题，但是，智谱 AI 和万知可以在需求满足、分段分点回答和有总结的情况下，全面回答问题，所以分数较高。

（3）上传文本分析。在进行一系列测试之后，结果显示，除了讯飞星火、智谱 AI、万知和 360 智脑外基本都能满足需求，而 KiMi 逻辑清晰、分段分点回答、结尾有对全文的总结，所以分数较高。

（4）文生图。在进行一系列测试之后，结果显示，除了通义千问、文心一言、豆包和腾讯元宝外，其余模型均不能直接生成图片。

（5）逻辑推理。在进行一系列测试之后，结果显示，所有模型均能回答正确，通义千问、文心一言、讯飞星火、腾讯元宝的答案既满足需求答案正确，也有推理过程格式分段分点、有合理性，所以分数较高。

（6）休闲问答（多轮对话能力）。在进行一系列测试之后，结果显示，大多数模型都能满足需求，有一些模型自称人工智能，非常有人工智能感（违和感）。少数模型，比如文心一言、豆包等，与之对话让人感觉对面像是朋友，没有人工智能的距离感（无违和感），让人感觉很舒适，所以分数较高。

3.7.4　测评分析

测评分析结果见表 3-2（本次实验的结果仅供参考）。

表 3-2　国内主流 LLM 测评分析

序号	模型名称	模型类别	是否能联网	知识理解	上传文本分析	文生图	逻辑推理	休闲问答	平均分
1	通义千问	LLM	6	8	8	7	9	7	**7.5**
2	文心一言	LLM	8	8	7	8	9	9	**8.2**
3	KiMi	LLM 智能助手	7	8	9	0	8	7	**6.5**
4	豆包	LLM	9	7	8	6	7	9	**7.7**
5	讯飞星火	LLM	8	6	0	0	9	8	**5.2**
6	百小应	LLM	0	8	8	0	7	4	**4.5**
7	智谱 AI	GLM	7	9	0	0	8	8	**5.3**
8	万知	LLM	8	9	0	0	7	7	**5.2**
9	腾讯元宝	LLM	7	8	8	8	9	7	**7.8**
10	360 智脑	LLM	7	8	0	0	7	5	**4.5**

由表可见，总排名为：文心一言（8.2）、腾讯元宝（7.8）、豆包（7.7）、通义千问（7.5）、KiMi（6.5）、智谱 AI（5.3）、讯飞星火（5.2）、万知（5.2）、百小应（4.5）、360 智脑（4.5）。排名均为研究者对 LLM 的主观判断，仅供参考。

【作业】

1．AIGC 是指利用人工智能技术，特别是机器学习、深度学习等方法，自动生成各种形式的内容，其核心优势在于其能够基于大量的（　　　）模式，自动创作新的内容。

    A．分散拆解　　　　B．深度挖掘　　　　C．数据学习　　　　D．复杂计算

2．应用 AGIC 的关键步骤包括（　　　）和后期优化。通过这些过程，AI 系统能够理解特定主题、风格或用户偏好，进而生成符合要求的内容。

    ① 数据收集　　　② 科学计算　　　③ 模型训练　　　④ 内容生成

    A．①②④　　　　B．①③④　　　　C．①②③　　　　D．②③④

3．与传统的判别式人工智能相比，（　　　）更注重于创造和生成，而非简单的分类和识别，它专注于学习现有数据集的模式并基于这些模式创造新的、之前未存在的内容。

    A．GPU　　　　　B．LLM　　　　　C．AGI　　　　　D．GAI

4．GAI 技术通过深度学习网络，如（　　　）等，使得机器能够模仿创造性过程，生成各种类型的内容。

    ① KiMi　　　　② VAEs　　　　③ GANs　　　　④ Transformer

    A．②③④　　　　B．①②③　　　　C．①②④　　　　D．①③④

5．GAI 的核心能力在于（　　　）和补全信息。而 AIGC 则更侧重于描述由 GAI 技术所产出的实际成果，即具体创造出的作品内容本身。

    ① 创造　　　　② 抽象　　　　③ 预测　　　　④ 转换

    A．①②④　　　　B．①③④　　　　C．①②③　　　　D．②③④

6．（　　　）是底层的技术框架和方法，而（　　　）是这些技术应用的结果，体现了技术在实际场景中的应用价值和社会影响，两者之间存在一种从技术到产品的逻辑联系。

　　A．AGI，LLM　　　B．LLM，AGI　　　C．GAI，AIGC　　　D．AIGC，GAI

7．从（　　）到（　　），再到（　　），可以看到内容创作方式的巨大变革和进步。

　　① 用户生成内容　　　　　　　　② 人工智能生成内容

　　③ 专业生成内容　　　　　　　　④ 数据生成内容

　　A．①③②　　　　B．②③④　　　　C．①②④　　　　D．①③④

8．内容孪生主要分为内容增强与转译，前者即对数字内容（　　）等，转译即对数字内容转换如翻译等。

　　① 修复　　　　　② 去噪　　　　　③ 细节增强　　　　④ 内容递归

　　A．①③④　　　　B．①②④　　　　C．②③④　　　　D．①②③

9．内容孪生的应用主要有（　　）等。后者是指利用光学及其相关光学知识，根据已知图像信息恢复图像细节和其他数据信息的过程。

　　① 文本分解　　　② 语言转字幕　　③ 文本转语音　　④ 图像超分

　　A．①②③　　　　B．②③④　　　　C．①②④　　　　D．①③④

10．对于人工智能而言，真正的"智能"不仅要求能够处理形式，更重要的是要能够理解（　　）背后的深层内容。只有这样，人工智能才能做出具有智能水平的决策。

　　① 数据　　　　　② 信息　　　　　③ 知识　　　　　④ 理念

　　A．①③④　　　　B．①②④　　　　C．②③④　　　　D．①②③

11．人工智能系统需要具备一种类似于人类的认知能力，并且重要的是能够将这些信息与相应领域的（　　）进行深度融合，从而实现对数据的真正理解。

　　A．程序集　　　　B．函数集　　　　C．知识库　　　　D．数据库

12．AIGC 多模态生成技术是指能够（　　）跨越多种数据形式（如文本、图像、音频、视频等）的能力，即多种模态之间可以组合搭配，进行模态间的转换生成。

　　① 搜集　　　　　② 处理　　　　　③ 理解　　　　　④ 生成

　　A．②③④　　　　B．①②③　　　　C．①②④　　　　D．①③④

13．多模态生成技术的关键技术点包括（　　）以及注意力机制与 Transformer 架构。

　　① 多模态嵌入　　　　　　　　　② 跨模态交互学习

　　③ 网格计算　　　　　　　　　　④ 多任务学习

　　A．①③④　　　　B．①②④　　　　C．①②③　　　　D．②③④

14．AIGC 技术具有强大的创造性和自动化能力，丰富的应用场景展示了这项技术在（　　）等方面的巨大潜力，同时也预示着在 Web3.0 和元宇宙时代，AIGC 将成为内容生成和创意传播的重要驱动力。

　　① 促进内容创作　　　　　　　　② 提高工作效率

　　③ 增强用户体验　　　　　　　　④ 减少信息存储

　　A．①③④　　　　B．①②④　　　　C．②③④　　　　D．①②③

15．不同于科技巨头垄断的传统互联网，（　　）采用去中心化，由所有用户构建、运营和拥有，将权力赋予个人而非公司。

　　A．Web 2025　　　B．Web 2.0　　　C．Web 3.0　　　D．Web 4.0

16．1989 年由蒂姆·伯纳斯-李创造的第一个万维网雏形现在被称为"Web 1.0"，它主要是由公司拥有的静态网站组成，用户之间的互动几乎为零，因而被称为（　　）。

　　　　A．只读网络　　　　B．能读能写　　　　C．只读-能拥有　　D．能读-能写-能拥有

　　17．与前两代互联网相比，Web 3.0 的关键特征包括（　　　）、增强隐私和安全、互操作性和开放标准以及与新兴技术的融合。

　　　　① 统一设置　　　　② 语义网　　　　③ 去中心化　　　　④ 用户控制和所有权

　　　　A．①③④　　　　B．①②④　　　　C．①②③　　　　D．②③④

　　18．术语"（　　　）"被用来描述一个集体虚拟共享空间，它通过数字技术将现实世界与虚拟世界深度融合，创造一个具有持续存在性、可以实时交互的三维虚拟环境。

　　　　A．虚拟现实　　　　B．元宇宙　　　　C．增强现实　　　　D．混合现实

　　19．"元宇宙"旨在成为一个全面运行的经济体和社会体系，用户在其中不仅可以进行娱乐和社交，还能进行工作、交易、学习和内容创造等活动，其关键特点包括（　　　）。

　　　　① 沉浸式体验　　　　　　　　② 持久性与实时性

　　　　③ 虚拟性与魔幻性　　　　　　④ 开放性与互操作性

　　　　A．①②④　　　　B．①③④　　　　C．①②③　　　　D．②③④

　　20．AIGC 的使用方法依赖于具体的应用场景和技术平台，查阅相应平台的帮助文档和教程是有必要的。在实际操作时，通常涉及的注意事项包括（　　　）。

　　　　① 算力溢出　　　　② 版权与伦理　　　　③ 质量与偏见　　　　④ 技术限制

　　　　A．①③④　　　　B．①②④　　　　C．①②③　　　　D．②③④

【研究性学习】熟悉国内主流 LLM

　　本章 3.7 节通过模型选择、制定分析规则、确定调研维度和执行测评分析，测评了国内的 10 个 LLM 产品。请参照这一节的知识内容，自主选择至少 5 个你所喜欢或者市场主流的 LLM，系统地完成你的大语言模型产品的测评报告。

　　你选择的 LLM 产品有：

　　① _____

　　② _____

　　③ _____

　　④ _____

　　⑤ _____

　　请将你完成的测评报告粘贴如下：

　　————————————————　你的测评报告　————————————————

　　1. 实验总结

　　_____

　　_____

　　2. 实验评价（教师）

　　_____

　　_____

第4章 智 能 体

随着计算能力的提升和大数据的出现，人工智能有了显著的发展。深度学习和机器学习技术的突破使人工智能在视觉识别、语言处理等领域取得了惊人的成就，随之兴起的智能体（Agent）标志着人工智能从单纯的任务执行者转变为能够代表或协助人类做出决策的智能实体，它们在理解和预测人类意图、提高决策质量等方面发挥着越来越重要的作用。

智能体是人工智能领域中的一个重要概念，它指的是一个能自主活动的软件或者硬件实体。任何能够思考并可以与环境交互的独立实体都可以抽象为智能体。LLM 在人工智能应用领域的重大突破，给智能体带来了新的发展机会。像 ChatGPT 这样的基于 Transformer 架构的 LLM，成为智能体装备的拥有广泛任务能力的"大脑"，从推理、规划和决策到行动都使智能体展现出前所未有的能力。基于 LLM 的智能体将广泛且深刻地影响人们生活工作的方式，由于可以更好地理解和应对复杂多变的现实世界场景，具备更强的智能和自适应能力，因此，智能体被认为是通往 AGI 的必经之路。

4.1 什么是智能体

智能体指通过传感器感知环境并通过执行器作用于该环境的事物（见图 4-1）。通过检查智能体、环境以及它们之间的耦合，观察到某些智能体比其他智能体表现得更好，可以自然而然地引出理性智能体的概念，即行为尽可能好。智能体的行为取决于环境的性质，环境可以是一切，甚至是整个宇宙。实际上，设计智能体时关心的只是宇宙中影响智能体感知以及受智能体动作影响的某一部分的状态。

扫码看视频

图 4-1   智能体通过传感器和执行器与环境交互

人工智能通常通过结果来评估智能体的行为。当智能体进入环境时，它会根据接受的感知产生一个动作序列，这会导致环境经历一系列的状态。如果序列是理想的，则表示智能体表现良好。这个概念由性能度量描述，评估任何给定环境状态的序列。

4.1.1 智能体的定义

"人类"智能体以眼睛、耳朵和其他器官作为传感器，以手、腿、声道等作为执行器。"机器人"智能体可能以摄像头和红外测距仪作为传感器，以各种电动机作为执行器。"软件"智能体接收文件内容、网络数据包和人工输入（如键盘/鼠标/触摸屏/语音）作为传感输入，并通过写入文件、发送网络数据包、显示信息或生成声音来对环境进行操作。

术语"感知"用来表示智能体传感器知觉的内容。一个智能体在任何给定时刻的动作选择，可能取决于其内置知识和迄今为止观察到的整个感知序列，而不是它未感知到的任何事物。从数学上讲，智能体的行为由智能体函数描述，该函数将任意给定的感知序列映射到一个动作。

可以想象，将描述任何给定智能体的智能体函数制成表格，对大多数智能体来说这个表格会非常大，事实上是无限的（除非限制所考虑的感知序列的长度），当然，该表只是该智能体的外部特征。在内部，智能体的智能体函数是一种抽象的数学描述，而智能体程序则是一个可以在某些物理系统中运行的具体实现。

举一个简单的例子——真空吸尘器。在一个由方格组成的世界中，有一个机器人真空吸尘器智能体，其中的方格可能是脏的，也可能是干净的。考虑只有两个方格（方格 A 和方格 B）的情况，真空吸尘器智能体可以感知它在哪个方格中，以及方格是否干净。从方格 A 开始，智能体可选的操作包括向右移动、向左移动、吸尘或什么都不做，通常机器人采用"向前旋转轮子"和"向后旋转轮子"这样的动作。这样一个非常简单的智能体函数可以是：如果当前方格是脏的，就吸尘；否则，移动到另一个方格。

4.1.2 性能度量

人类有适用于自身的理性概念，它与成功选择产生环境状态序列的行动有关，而这些环境状态序列从人类的角度来看是可取的。机器则没有自己的欲望和偏好，至少在最初阶段，性能度量是在机器设计者或者机器受众的头脑中。一些智能体设计具有性能度量的显式表示，但它也可能是完全隐式的。智能体尽管会做正确的事情，但它并不知道这是为什么。

有时，正确地制定性能度量可能非常困难。例如，考虑真空吸尘器智能体，我们可能会用单个 8h（小时）班次中清理的灰尘量来度量其性能。然而，一个理性的智能体可以通过清理灰尘，将其全部倾倒在地板上，然后再次清理，如此反复，从而最大化这一性能度量值。更合适的性能度量是奖励拥有干净地板的智能体。例如，在每个时间步中，每个干净方格可以获得 1 分（可能会对耗电和产生的噪声进行惩罚）。作为一般规则，更好的做法是根据一个人在环境中真正想要实现的目标，而不是根据一个人认为智能体应该如何表现来设计性能度量。

即使避免了明显的缺陷，一些棘手的问题仍然存在。例如，"干净地板"的概念是基于一段时间内的平均整洁度。然而，两个不同的智能体可以达到相同的平均整洁度，其中一个智能体工作始终保持一般水平，而另一个智能体是在短时间工作效率很高，但需要长时间的休息。哪种工作方式更可取，实际上还是一个具有深远影响的哲学问题。

4.1.3 智能体的理性

通常，智能体的理性取决于以下 4 个方面：

（1）定义成功标准的性能度量。

（2）智能体对环境的先验知识。

（3）智能体可以执行的动作。

（4）智能体到目前为止的感知序列。

于是，将理性智能体定义为：**对于每个可能的感知序列，给定感知序列提供的证据和智能体所拥有的任何先验知识，理性智能体应该选择一个期望最大化其性能度量的动作。**

"全知"的智能体能预知其行动的实际结果并据此采取行动，但在现实中，全知是不可能的，理性不等同于完美。理性使期望性能最大化，而完美使实际性能最大化。不要求完美不仅是对智能体公平的问题，关键是，如果期望一个智能体只去事后证明是最好的行动，就不可能设计出一个符合规范的智能体。因此，对理性的定义并不需要全知，因为理性决策只取决于迄今为止的感知序列，还必须确保没有无意地允许智能体进行低智的行动。

理性智能体不仅要收集信息，还要尽可能多地从它的感知中学习。智能体的初始配置可以反映对环境的一些先验知识，并随着智能体获得经验而被修改和增强。在一些极端情况下，环境完全是先验已知的和完全可预测的，这时智能体只需正确地运行。当然，这样的智能体是脆弱的。

如果智能体在某种程度上依赖于其设计者的先验知识，而不是自身感知和学习过程，就认为该智能体缺乏自主性。一个理性智能体应该是自主的，它应该学习如何弥补部分或不正确的先验知识。

扫码看视频

4.1.4 AIGC 与智能体的联系

AIGC 和智能体看似不同，但它们之间实际上存在密切联系。它们在技术层面上有不同的侧重点，但在实际应用中往往相辅相成，共同推动着人工智能技术在内容生成与交互、决策支持、自动化创作与定制化服务，以及协同工作等领域的进步。

（1）内容生成与交互：智能体可以利用 AIGC 技术来生成更丰富的交互内容，如聊天机器人利用 AIGC 生成更自然的、更个性化的对话回复，以提升用户体验。

（2）决策支持：智能体在做决策时，可以利用 AIGC 生成的报告、分析或预测作为依据，这些内容的生成基于大量数据和复杂模型，帮助智能体做出更加准确和全面的判断。

（3）自动化创作与定制化服务：在个性化服务领域，智能体通过学习用户的偏好和行为模式，可以利用 AIGC 技术生成定制化的内容，如个性化新闻摘要、产品推荐、教育课程等，以满足用户个性化需求。

（4）协同工作：在某些复杂系统中，AIGC 作为智能体的一部分负责内容的创造和优化，而智能体负责决策、规划和执行，两者协同工作，共同完成更复杂的任务或提供更高级的服务。

AIGC 与智能体是人工智能领域两个相关但又有区别的概念，它们各自聚焦于不同的应用和功能。

智能体是人工智能系统的组成部分，用于在特定环境中自主或半自主地执行任务。智能体可以感知环境、做出决策、学习并根据反馈调整行为。它们通常具有目标导向性，能够与用户交互、解决问题、优化流程或执行复杂的任务。智能体的应用场景非常广泛，从简单的个人助理、聊天机器人到复杂的游戏 AI、自动化业务流程的机器人流程自动化（RPA）等。

4.2 环境的本质

构建理性智能体必须考虑任务环境，而理性智能体是此问题的"解决方案"。首先指定任务环境，然后展示任务环境的多种形式。任务环境的性质直接影响到智能体程序的恰当设计。

4.2.1 指定任务环境

在讨论简单吸尘器智能体的理性时，必须为其指定性能度量、环境以及智能体的执行器和传感器（即 PEAS，Performance、Environment、Actuator、Sensor）描述。设计智能体的第一步始终是尽可能完整地指定任务环境。

下面考虑一个更复杂的问题：自动驾驶出租车驾驶员的任务环境 PEAS 描述（见表 4-1）。

表 4-1　自动驾驶出租车驾驶员的任务环境的 PEAS 描述

智能体类型	性能度量	环境	执行器	传感器
自动驾驶出租车驾驶员	安全、速度快、合法、舒适、最大化利润、对其他道路用户的影响最小化	道路、其他交通工具、警察、行人、客户、天气	转向器、加速器、制动、信号、喇叭（扬声器）、显示、语音	摄像头、雷达、速度表、导航、传感器、加速度表、麦克风（送话器）、触摸屏

首先，对于自动驾驶追求的性能度量，理想的标准包括到达正确的目的地、尽量减少油耗和磨损、尽量减少行程时间或成本、尽量减少违反交通法规和对其他驾驶员的干扰、最大限度地提高安全性和乘客舒适度，以及最大化利润。显然，有一些目标是相互冲突的，需要权衡。

其次，出租车将面临什么样的驾驶环境？如必须能够在乡村车道、城市小巷以及多个车道的高速公路等各种道路上行驶。道路上有其他交通工具、行人、流浪动物、道路工程、警车和坑洼。出租车还必须与潜在以及实际的乘客互动。另外，还有一些可选项，如出租车可以选择在很少下雪的南方或者经常下雪的北方运营。显然，环境越受限，设计问题就越容易解决。

出租车的执行器包括可供驾驶员使用的器件，如通过加速器控制发动机以及控制转向和制动。此外，它还需要输出到显示屏或语音合成器，以便与驾驶员以及乘客进行对话，或许还需要某种方式与其他车辆进行礼貌的或其他方式的沟通。

出租车的传感器包括一个或多个摄像头以便观察，以及激光雷达和超声波传感器以便检测其他车辆和障碍物的距离。为了避免超速罚单，出租车应该有一个速度表，而为了正确控制车辆（特别是在弯道上），还应该有一个加速度表。要确定车辆的机械状态，需要发动机、燃油和电气系统的传感器常规阵列。像许多人类驾驶者一样，它可能需要获取导航信号，以避免迷路。最后，乘客需要触摸屏或语音输入才能说明目的地。

表 4-2 中简要列举了一些其他智能体类型的基本 PEAS 元素，包括物理环境和虚拟环境。需要注意的是，虚拟任务环境可能与"真实"世界一样复杂。例如，在拍卖和转售网站上进行交易的软件智能体，它为数百万其他用户和数十亿对象提供交易业务。

表 4-2　智能体类型及其 PEAS 描述的示例

智能体类型	性能度量	环境	执行器	传感器
医学诊断系统	治愈患者、降低费用	患者、医院、工作人员	用于问题、测试、诊断、治疗的显示	用于症状和检验结果的各种输入
卫星图像分析系统	正确分类对象和地形	轨道卫星、下行链路、天气	场景分类显示器	高分辨率数字照相机

（续）

智能体类型	性能度量	环境	执行器	传感器
零件选取机器人	零件在正确箱中的比例	零件输送带、箱子	有关节的手臂和手	摄像头、触觉和关节角度传感器
提炼厂控制器	纯度、产量、安全	提炼厂、原料、操作员	阀门、泵、加热器、搅拌器、显示器	温度、气压、流量、化学等传感器
交互英语教师	学生的考试分数	一组学生、考试机构	用于练习、反馈、发言的显示器	键盘输入、语音

4.2.2 任务环境的属性

人工智能中可能出现的任务环境范围非常广泛，可以确定少量的维度，并根据这些维度对任务环境进行分类。这些维度在很大程度上决定了恰当的智能体设计以及智能体实现的主要技术系列的适用性，可以首先列出维度，然后分析任务环境，阐明思路。主要的维度如下。

（1）**完全可观测与部分可观测**：如果能让智能体的传感器在每个时间点都能访问环境的完整状态，那么就称任务环境是完全可观测的。如果传感器检测到与动作选择相关的所有方面，那么任务环境就是有效的、完全可观测的，而这里的"相关"又取决于性能度量标准。完全可观测的环境很容易处理，因为智能体不需要维护任何内部状态来追踪世界。由于传感器噪声大且不准确，或者由于传感器数据中缺少部分状态，环境可能部分可观测。例如，只有一个局部灰尘传感器的真空吸尘器无法判断其他方格是否有灰尘，自动驾驶出租车无法感知其他驾驶员的想法。如果智能体根本没有传感器，那么环境是不可观测的，在这种情况下，智能体的困境可能是无解的，但智能体的目标仍然可以实现。

（2）**单智能体与多智能体**：单智能体与多智能体环境之间的区别似乎足够简单。例如，独自解决纵横字谜的智能体显然处于单智能体环境中，而下国际象棋的智能体则处于二智能体环境中。然而，这里也有一些微妙的问题，如已经描述了如何将一个实体视为智能体，但没有解释哪些实体必须视为智能体。智能体 A（如出租车驾驶员）是否必须将对象 B（如另一辆车）视为智能体，还是可以仅将其视为根据物理定律运行的对象，类似于海滩上的波浪或随风飘动的树叶？

多智能体设计问题与单智能体有较大差异。例如，在多智能体环境中，通信通常作为一种理性行为出现：在某些竞争环境中，随机行为是理性的，因为它避免了一些可预测的陷阱。

（3）**确定性与非确定性**：如果环境的下一个状态完全由当前状态和智能体执行的动作决定，那么就称环境是确定性的，否则是非确定性的。原则上，在完全可观测的确定性环境中，智能体不需要担心非确定性。然而，如果环境是部分可观测的，那么它可能是非确定性的。

大多数真实情况非常复杂，以至于不可能追踪所有未观测到的方面，实际上必须将其视为非确定性的。出租车驾驶行为显然是非确定性的，因为无法准确地预测交通行为，如轮胎可能会意外爆胎，发动机可能会在没有警告的情况下失灵等。又比如，虽然所描述的真空吸尘器环境是确定性的，但可能存在非确定性因素，如随机出现的灰尘和不可靠的吸力机制等。

注意，"随机"与"非确定性"不同。如果环境模型显式地处理概率（如"明天的降雨可能性为25%"），那么它是"随机"的；如果可能性没有被量化，那么它是"非确定性"的（如"明天有可能下雨"）。

（4）**回合式与序贯**：许多分类任务是回合式的。例如，在装配流水线上检测缺陷零件的智能体，它需要根据当前零件做出每个决策，而无须考虑以前的决策，且当前的决策并不影响下一个零件是否有缺陷。在回合式任务环境中，智能体的经验被划分为原子式回合，每接收一个感知，就执行单个动作。重要的是，下一回合并不依赖于前几回合采取了哪些动作。但是，在序贯环境中，当前决策可能会影响未来所有决策。国际象棋和出租车驾驶是序贯的，在这两种情况下，短期行为可能会产生长期影响。回合式环境下的智能体不需要提前思考，所以要比序贯环境简单很多。

（5）**静态与动态**：如果环境在智能体思考时发生了变化，就称该智能体的环境是动态的，否则是静态的。静态环境容易处理，因为智能体在决定某个操作时不需要一直关注世界，也不需要担心时间的流逝。但是，动态环境会不断地询问智能体想要采取什么行动，如果它还没有决定，那就什么都不做。如果环境本身不会随着时间的推移而改变，但智能体的性能分数会改变，就称环境是半动态的。驾驶出租车显然是动态的，因为驾驶算法在计划下一步该做什么时，其他车辆和出租车本身也在不断移动；而在用时钟计时的情况下，国际象棋是半动态的，而填字游戏是静态的。

（6）**离散与连续**：离散与连续之间的区别适用于环境的状态、处理时间的方式以及智能体的感知和动作。例如，国际象棋环境具有有限数量的不同状态（不包括时钟），国际象棋也有一组离散的感知和动作。驾驶出租车是一个连续状态和连续时间的问题，出租车和其他车辆的速度与位置是一系列连续的值，并随着时间平稳地变化，出租车的驾驶动作也是连续的（转向角等）。严格来说，来自数字照相机的输入是离散的，但通常被视为表示连续变化的强度和位置。

（7）**已知与未知**：已知与未知之间的区别是指智能体（或设计者）对环境"物理定律"的认知状态。在已知环境中，所有行动的结果（如果环境是非确定性的，则对应结果的概率）都是既定的。显然，如果环境未知，智能体将不得不了解它是如何工作的，才能做出正确的决策。

最困难的情况是部分可观测、多智能体、非确定性、序贯、动态、连续且未知的。表4-3列出许多熟悉环境的可变化属性。例如，将患者的患病过程作为智能体建模并不适合，所以将医疗诊断任务列为单智能体，但是医疗诊断系统还可能会应对顽固的病人和多疑的工作人员，因此环境具有多智能体的方面。此外，如果将任务设想为根据症状列表进行诊断，那么医疗诊断是回合式的；如果任务包括一系列测试、评估治疗进展、处理多个患者等，那么就是序贯的。

表 4-3　任务环境的例子及其特征

任务环境	可观测	智能体	确定性	回合式	动静态	离散性
填字游戏	完全	单	确定性		静态	
限时国际象棋	完全	单	确定性		半动态	离散
扑克	部分	多		序贯	静态	
西洋双陆棋	完全	多	非确定性	序贯	静态	
驾驶出租车	部分				动态	
医疗诊断	部分		非确定性		动态	
图片分析	完全	单	确定性	回合式	半动态	连续
零件选取机器人		单		回合式	半动态	连续
提炼厂控制器	部分	单	非确定性	序贯	动态	
交互英语教师	部分	多	非确定性	序贯	动态	离散

4.3 智能体的结构

人工智能的工作是设计一个智能体程序实现智能体函数，即从感知到动作的映射。假设该程序将运行在某种具有物理传感器和执行器的计算设备上，则称之为智能体架构：

智能体=架构+程序

智能体的关键组成如图 4-2 所示。显然，选择的程序必须适合相应的架构。如果程序打算推荐步行这样的动作，那么对应的架构最好有腿。架构可能只是一台普通个人计算机，也可能是一辆带有多台车载计算机、摄像头和其他传感器的机器人汽车。通常，架构使程序可以使用来自传感器的感知，然后运行程序，并将程序生成的动作选择反馈给执行器。

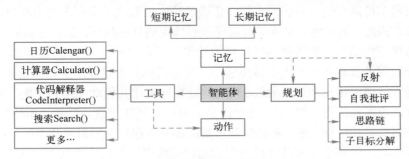

图 4-2　智能体的关键组成

4.3.1 智能体程序

通常考虑的智能体程序都有相同的框架：将当前感知作为传感器的输入，并将动作返回给执行器。而智能体程序框架还有其他选择，例如，可以让智能体程序作为与环境异步运行的协程。每个这样的协程都有一个输入端口和一个输出端口，并由一个循环组成，该循环读取输入端口的感知，并将动作写到输出端口。

注意智能体程序（将当前感知作为输入）和智能体函数（可能依赖整个感知历史）之间的差异。因为环境中没有其他可用信息，所以智能体程序别无选择，只能将当前感知作为输入。如果智能体的动作需要依赖于整个感知序列，那么智能体必须记住整个感知历史。

人工智能面临的关键挑战是找出编写程序的方法，尽可能从一个小程序而不是从一个大表中产生理性行为。有 4 种基本的智能体程序，它们体现了几乎所有智能系统的基本原理，每种智能体程序以特定的方式组合特定的组件来产生动作。

（1）**简单反射型智能体**。最简单的智能体，根据当前感知选择动作，忽略感知历史的其余部分。

（2）**基于模型的反射型智能体**。处理部分可观测性的最有效方法是让智能体追踪它现在观测不到的部分世界。也就是说，智能体应该维护某种依赖于感知历史的内部状态，从而反映当前状态的一些未观测到的方面。例如刹车（制动）问题，内部状态范围不仅限于摄像头拍摄图像的前一帧，还要让智能体能够检测车辆边缘的两个红灯何时同时亮起或熄灭。对于其他驾驶任务，如变道，如果智能体无法同时看到其他车辆，则需要追踪它们的位置。

随着时间的推移，更新这些内部状态信息需要在智能体程序中以某种形式编码两种知识。首先，需要一些关于世界如何随时间变化的信息，这些信息大致可以分为两部分：智能体行为的影响和世界如何独立于智能体而发展。例如，当智能体顺时针转动方向盘时，汽车会右转；而下雨时，汽车的摄像头会被淋湿。这种关于"世界如何运转"的知识（无论是在简单的布尔电路中，还是在完整的科学理论中实现）被称为世界的转移模型。

其次，需要一些关于世界状态如何反映在智能体感知中的信息。例如，当前面的汽车开始刹车时，前向摄像头的图像中会出现一个或多个亮起的红色区域；当摄像头被淋湿时，图像中会出现水滴状物体并部分遮挡道路。这种知识称为传感器模型。

转移模型和传感器模型结合在一起，让智能体能够在传感器受限的情况下尽可能地跟踪世界的状态。使用此类模型的智能体称为基于模型的智能体。

（3）**基于目标的智能体**。即使了解了环境的现状，也并不总是能决定做什么。例如，在一个路口，出租车可以左转、右转或直行，正确的决定还取决于出租车要去哪里。换句话说，除了当前状态的描述，智能体还需要某种描述理想情况的目标信息，如设定目的地。智能体程序可以将其与模型相结合，并选择实现目标的动作。

（4）**基于效用的智能体**。在大多数环境中，仅靠目标并不足以产生高质量的行为。例如，许多动作序列都能使出租车到达目的地，但有些动作序列比其他动作序列更快、更安全、更可靠或者更便宜，也即称为更"快乐"。这个时候，目标只是在"快乐"和"不快乐"状态之间提供了一个粗略的二元区别。更一般的性能度量应该允许根据不同世界状态的"快乐"程度来对智能体进行比较，经济学家和计算机科学家通常用**效用**这个词来代替"快乐"。

我们已经看到，外部性能度量会给任何给定的环境状态序列打分，因此它可以很容易地区分到达出租车目的地所采取的更可取和更不可取的方式。智能体的**效用函数**本质上是性能度量的内部化。如果内部效用函数和外部性能度量一致，那么根据外部性能度量选择动作，以使其效用最大化的智能体是理性的。

4.3.2　学习型智能体

在图灵早期的著名论文中，曾经考虑了手动编程实现智能机器的想法。他估计了这可能需要的工作量，并得出结论，"似乎需要一些更快捷的方法"。他提出的方法是构造学习型机器，然后教会它们。在人工智能的许多领域，这是目前创建最先进系统的首选方法。任何类型的智能体（基于模型、基于目标、基于效用等）都可以构建（或不构建）成学习型智能体。

学习还有另一个优势：它让智能体能够在最初未知的环境中运作，并变得比其最初的能力更强。学习型智能体可分为 4 个概念组件（见图 4-3），其中，"性能元素"框表示之前认为的整个智能体程序，"学习元素"框可以修改该程序以提升其性能。最重要的区别在于负责提升的学习元素和负责选择外部行动的性能元素。性能元素接受感知并决定动作，学习元素使用来自评估者对智能体表现的反馈，并以此确定应该如何修改性能元素以在未来做得更好。

学习元素的设计在很大程度上取决于性能元素的设计。当设计者试图设计一个学习某种能力的智能体时，第一个问题是"一旦智能体学会了如何做，它将使用什么样的性能元素？"给定性能元素的设计，就可以构造学习机制来改进智能体的每个部分。

评估者告诉学习元素：智能体在固定性能标准方面的表现如何。评估者是必要的，因为感知本身并不会指示智能体是否成功。例如，国际象棋程序可能会收到一个感知，提示它已将死对手，但它需要一个性能标准来知道这是否是一件好事。从概念上讲，应该把性能标准看作完全在智能体之外，智能体不能修改性能标准以适应自己的行为。

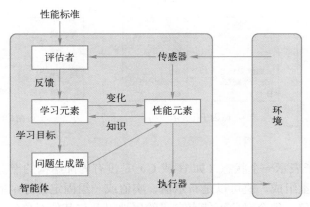

图 4-3　通用学习型智能体

　　学习型智能体的最后一个组件是问题生成器。它负责建议动作，这些动作将获得全新和信息丰富的经验。如果性能元素完全根据自己的方式，它会继续选择已知最好的动作。但如果智能体愿意进行一些探索，虽然在短期内可能会做一些不太理想的动作，但从长远来看，它可能会发现更好的动作。问题生成器的工作是建议这些探索性行动，这也是科学家在进行实验时所做的。例如，伽利略并不认为从比萨斜塔顶端扔石头本身有价值，他并不是想要打碎石头或改造不幸行人的大脑，他的目的是通过确定更好的物体运动理论来改造自己的大脑。

　　学习元素可以对智能体图中显示的任何"知识"组件进行更改。最简单的情况是直接从感知序列学习。观察环境状态可以让智能体了解"我的动作做了什么"以及"世界如何演变"以响应其动作。例如，如果自动驾驶出租车在湿滑路面上行驶时进行一定程度的刹车，那么它很快就会发现实际减速了多少，以及它是否滑出路面。问题生成器可能会识别出模型中需要改进的某些部分，并建议进行实验，如在不同条件下的不同路面上尝试刹车。

　　无论外部性能标准如何，改进基于模型的智能体的组件，使其更好地符合现实总是一个好主意。从计算的角度来看，在某些情况下简单但稍微不准确的模型比完美但极其复杂的模型更好。当智能体试图学习反射组件或效用函数时，需要外部标准的信息。从某种意义上说，性能标准将传入感知的一部分区分为奖励或惩罚，以提供对智能体行为质量的直接反馈。

　　更一般地说，人类的选择可以提供有关人类偏好的信息。例如，假设出租车不知道人类通常不喜欢噪声，于是决定不停地按喇叭以确保行人知道它即将到来。随之而来的人类行为，如盖住耳朵、说脏话甚至可能剪断喇叭上的电线，将为智能体提供更新其效用函数的证据。

　　总之，智能体有各种组件，这些组件可以在智能体程序中以多种方式表示，因此学习方法之间似乎存在很大差异。智能体中的学习可以概括为对智能体的各个组件进行修改的过程，使各组件与可用的反馈信息更接近，从而提升智能体的整体性能。

4.3.3　智能体组件的工作

　　智能体程序由各种组件组成，组件表示了智能体所处环境的各种处理方式。可以通过一个复杂性和表达能力不断增加的方式来描述，即原子表示、因子化表示和结构化表示。例如，考虑一个特定的智能体组件，处理"我的动作会导致什么"。这个组件描述了采取动作的结果可能在环境中引起的变化（见图 4-4）。

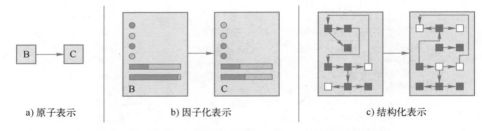

图 4-4　表示状态及其转移的三种方法

图 4-4a 中，原子表示一个状态（如 B 或 C）是没有内部结构的黑盒；图 4-4b 中因子化表示状态由属性值向量组成，值可以是布尔值、实值或一组固定符号中的一个；图 4-4c 中结构化表示状态包括对象，每个对象可能有自己的属性以及与其他对象的关系。

原子表示中，世界的每一个状态都是不可分割的，它没有内部结构。考虑这样一个任务：通过城市序列找到一条从某个国家的一端到另一端的行车路线。为了解决这个问题，将世界状态简化为所处城市的名称就足够了，这就是单一知识原子，也是一个"黑盒"，唯一可分辨的属性是与另一个黑盒相同或不同。搜索和博弈中的标准算法、隐马尔可夫模型以及马尔可夫决策过程都基于原子表示。

因子化表示将每个状态拆分为一组固定的变量或属性，每个变量或属性都可以有一个值。考虑驾驶问题，即需要关注的不仅是一个城市或另一个城市的原子位置，可能还需要关注油箱中的汽油量、当前的导航坐标、油量警示灯是否工作、通行费、收音机频道等。两个不同的原子状态没有任何共同点（只是不同的黑盒），但两个不同的因子化状态可以共享某些属性（如位于某个导航位置），而其他属性不同（如有大量汽油或没有汽油），这使得研究如何将一种状态转换为另一种状态变得更加容易。人工智能的许多重要领域都基于因子化表示，包括约束满足算法、命题逻辑、规划、贝叶斯网络以及各种机器学习算法。

此外，还需要将世界理解为存在着相互关联的事物，而不仅是具有值的变量。例如，我们可能注意到前面有一辆卡车正在倒车进入一个奶牛场的车道，但一头奶牛挡住了卡车的路，这时就需要**结构化表示**，可以明确描述诸如奶牛和卡车之类的对象及其各种不同的关系。结构化表示是关系数据库和一阶逻辑、一阶概率模型和大部分自然语言理解的基础。事实上，人类用自然语言表达的大部分内容都与对象及其关系有关。

4.4　构建 LLM 智能体

尽管能力出色，但 LLM 还只是被动的工具，它们依赖简单的执行过程，无法直接当作智能体使用。智能体机制具有主动性，特别是在与环境的交互、主动决策和执行各种任务等方面。另外，智能体通过挖掘 LLM 的潜在优势，可以进一步增强决策制定。特别是使用人工、环境或模型来提供反馈，使得智能体可以具备更深思熟虑和自适应的问题解决机制，超越 LLM 现有技术的局限。可以说，智能体是真正释放 LLM 潜能的关键，它能为 LLM 核心提供强大的行动能力；另一方面，LLM 能提供智能体所需的强大引擎。可以说，LLM 和智能体可以互补且相互成就。

智能体根据设定的目标，确定好需要履行的特定角色，自主观测感知环境，根据获得的环境状态信息，检索历史记忆以及相关知识，通过推理规划分解任务并确定行动策略，并反馈作用于环境，以达成目标。在这个过程中，智能体持续学习，以像人类一样不断进化。基于 LLM 构建一个智能体，能充分地利用 LLM 的各种能力，驱动不同的组成单元（见图 4-5）。

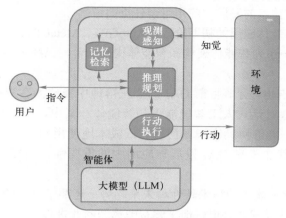

图 4-5　基于 LLM 的智能体应用

智能体本身包括观测感知模块、记忆检索、推理规划和行动执行等模块。它呈现强大能力的关键在于系统形成反馈闭环，使得智能体可以持续地迭代学习，不断地获得新知识和能力。反馈除了来自环境外，还可以来自人类和语言模型。智能体不断积累必要的经验来增强改进自己，以显著提高规划能力并产生新的行为，以越来越适应环境并符合常识，更加圆满地完成任务。

在执行任务过程中的不同阶段，基于 LLM 的智能体通过提示等方式与 LLM 交互，获得必要的资源和相关结果。

4.5　智能体驱动的商业模式

全球技术研究与咨询机构 Gartner 有一项调查显示，GAI 已是组织中部署的第一大人工智能解决方案。这份调查完成于 2023 年第四季度。调查数据显示，来自美国、德国和英国的 644 名受访者中，有 29% 表示他们已经部署并正在使用 GAI，这使得 GAI 成为部署最多的人工智能解决方案。GAI 被发现比其他解决方案更常见，如图形技术、优化算法、基于规则的系统、自然语言处理和其他类型的机器学习。

调查还发现，利用嵌入现有应用程序（如 Microsoft 的 Copilot for 365 或 Adobe Firefly）的 GAI 是实现 GAI 用例的最佳方式，34% 的受访者表示这是他们使用 GAI 的主要方法。这比其他选项更常见，例如使用提示工程定制 GAI 模型（25%）、训练或微调定制的 GAI 模型（21%），或使用独立的 GAI 工具，如 ChatGPT 或 Gemini（19%）。

基于以上数据，Gartner 高级总监分析师莱纳尔·拉莫斯认为，GAI 正在成为企业中人工智能扩展的催化剂，为人工智能领导者创造了一个机会窗口，但也考验他们是否能够利用这一时机并大规模提供价值。

作为实现 GAI 用例的最佳方式，将 GAI 技术嵌入现有应用程序，也体现于 Gartner 的 GAI

技术成熟曲线报告中。其中的"技术成熟度在两年之内的 GAI 应用"和"技术成熟度在 2～5 年之间的增强软件工程",已经将这个应用趋势体现得明明白白。

在 GAI 技术成熟曲线报告中,还提到了自治代理。作为智能体的主体存在,自治代理的技术成熟在 5～10 年,技术的发展与应用可谓任重而道远。

即便当前还处于智能体应用的初期阶段,AutoGPT、MetaGPT、AutoGen、GPTs、Coze、文心智能体、Dify 等一系列智能体架构和智能体构建平台,已经彰显了它的蓬勃生机与无穷潜力。

Gartner 的调研报告也显示,目前 GAI 商业化落地中需要为客户提供四种关键能力:合成数据、个性化能力、对话式人工智能能力和智能体。其中,智能体已经成为一个越来越不可或缺的技术能力,能够协助客户低门槛、低成本地使用 GAI。智能体成为 GAI 的四大关键能力之一,足见其在未来 GAI 发展与应用中的重要性,当然也预示着更广阔的市场空间。

因此,不但要了解智能体的技术特性与未来趋势,还要了解它的商业属性。下面,通过介绍智能体的 11 种商业模式,来更好地了解智能体的商业进程。

4.5.1 软件即服务

软件即服务(SaaS)模式是一种现代的软件交付模式,它允许用户通过互联网访问和使用基于云的软件应用程序。在这种模式下,智能体以在线服务的形式提供,极大地简化了客户的使用过程。用户无须进行复杂的本地软件安装和维护,只需通过订阅服务或根据实际使用量支付费用,即可享受到人工智能带来的便利和智能。

智能体在 SaaS 模式中扮演着重要角色,它们通常是多功能的智能助手,能够根据用户的需求执行各种任务。例如,在基于云的客户关系管理(CRM)系统中,智能体可以自动化数据输入,减少手动输入的错误和时间消耗。它们还能够通过分析历史销售数据来提供销售预测,帮助企业更好地理解市场趋势和客户需求,从而制定更有效的销售策略。

此外,智能体还能够优化营销活动,通过分析客户行为和偏好,为企业提供精准的营销建议。这些智能助手可以自动调整营销策略,确保营销活动的目标受众和内容更加精准,提高营销效果和投资回报率。

SaaS 模式可以面向用户,可以面向企业,也可以两者兼之。不管面向哪类客户,都可以提供免费增值模式。智能体提供基本功能的免费版本,更高级的功能和能力则通过付费订阅获得,并允许用户在购买前试用智能体。

SaaS 模式的智能体服务通常具有高度的可扩展性和灵活性。随着企业需求的增长,服务可以轻松扩展以满足更大的工作负载,而无须进行昂贵的硬件升级。同时,智能体可以快速适应不断变化的市场环境和技术进步,确保企业始终处于竞争优势地位。

安全性也是 SaaS 模式中智能体服务的关键考虑因素。服务提供商通常会采取先进的安全措施来保护用户数据和隐私,包括数据加密、访问控制和定期安全审计。

SaaS 模式下的智能体服务能够为企业提供一个高效、灵活且安全的解决方案,帮助企业实现自动化、智能化的运营,提高工作效率和决策质量。随着人工智能技术的不断发展,智能体将在 SaaS 模式中发挥越来越重要的作用,推动企业数字化转型和创新发展。

4.5.2 智能体即服务

智能体即服务（AaaS）是一种新兴的云计算服务模式，它将智能体作为一项服务通过云平台提供给用户。这种模式允许用户基于自身的具体需求和预算，选择订阅服务或按实际使用量支付费用，从而实现对人工智能能力的按需获取和灵活使用。

AaaS 模式的核心优势在于其高度的灵活性和可伸缩性。由于智能体通常托管在远程服务器上，并依托于强大的云计算资源，所以用户可以轻松扩展或缩减服务，以应对业务需求的波动。这种按需付费的模式极大降低了企业使用人工智能技术的门槛，即使是小型企业也能享受到先进的人工智能服务。

在 AaaS 模式下，企业可以利用智能体来自动化各种业务流程，如客户服务、数据分析、市场研究、风险管理等。例如，客服智能体可以提供 7×24h 的不间断服务，处理客户咨询和投诉，提高客户满意度；分析智能体可以挖掘大量数据，揭示业务洞察，辅助决策制定；市场研究智能体可以帮助企业快速收集和分析市场信息，优化营销策略。

AaaS 模式还支持快速部署和持续更新。企业无须担心软件的安装、配置和升级问题，因为服务提供商会负责这些技术细节。同时，随着人工智能技术的不断进步，智能体的能力也在不断提升，确保企业始终能够使用到最新的、最强大的人工智能能力。

AaaS 模式能够为企业提供一种灵活的、高效的、成本可控的人工智能使用方式，帮助企业快速实现数字化转型和智能化升级。随着人工智能技术的不断发展和云计算资源的日益丰富，AaaS 模式有望成为企业获取人工智能能力的首选方式，推动企业创新和增长。

4.5.3 LLM 即服务

LLM 即服务（MaaS）代表了一种创新的云计算服务模式，它将先进的机器学习模型以服务的形式提供给企业用户。MaaS 模式的核心在于简化了机器学习模型的集成和应用过程，使得不具备深厚数据科学背景的开发人员也能够轻松调用强大的模型，从而实现复杂的数据分析和处理任务。

MaaS 模式的实施，为企业提供了一种高效的、智能的数据分析和决策支持手段。通过MaaS，企业能够利用最新的 LLM 来优化其业务流程，提升服务质量，增强市场竞争力。这种服务模式不仅降低了技术门槛，还大幅减少了企业在机器学习研发和部署上的时间与成本投入。

在 MaaS 模式下，LLM 可以作为一种技术手段，进行精细化调整，以适应不同行业或领域的特定需求。例如，通过训练模型识别特定行业的术语和概念，MaaS 可以帮助企业在法律、医疗、金融等领域提供更加精准的自然语言处理服务。

MaaS 还能推动人工智能技术的普及和发展。它使得更多的中小企业和个人开发者能够接触并利用到最前沿的人工智能技术，从而激发创新，推动智能化转型。MaaS 提供商通常会负责模型的持续更新和维护，确保用户能够获得最佳的性能和最新的功能。

智能体在 MaaS 模式中扮演着重要角色。它们不仅作为 LLM 的交互界面，提供自然语言理解和生成的能力，还作为整体解决方案的一部分，帮助企业实现自动化的业务流程和智能决策。智能体可以根据用户的指令执行任务，如自动化报告生成、客户服务、内容推荐等，极大地提升了工作效率和用户体验。

MaaS 模式通过将 LLM 以服务的形式提供，不仅降低了企业使用人工智能技术的门槛，还推动了人工智能技术的广泛应用和创新发展。随着人工智能技术的不断进步，MaaS 模式有望成为企业实现智能化转型的重要途径。

4.5.4　机器人即服务

机器人即服务（RaaS）正逐渐成为企业自动化和智能化转型的有力工具。这种服务模式通过将机器人技术与云计算、人工智能、机器人和自动化等先进技术相结合，为企业提供了一种灵活的、低成本的解决方案。企业无须自行购买昂贵的机器人硬件，而是通过租借、代运营或仓配一体化智能仓储服务等方式，按需使用机器人技术来完成各种任务，如智能仓储、自动化生产、客户服务等。

RaaS 模式的最大优势在于其降低了企业在资金和能力上的门槛。中小企业甚至初创企业都能够利用这一模式，轻松实现业务流程的自动化和智能化，而无须承担高昂的前期投资和维护成本。这种模式还具有高度的可扩展性，企业可以根据业务需求的变化，快速调整机器人服务的规模和范围。

RaaS 模式的另一个重要优势是提高了运营效率和减少了人力成本。机器人可以不知疲倦地工作，极大提高了生产效率和服务质量。同时，机器人可以承担重复性高、风险性大或环境恶劣的工作，减轻了员工的负担，降低了人力成本。

此外，RaaS 模式还推动了企业的智能化升级。通过使用机器人技术，企业可以收集和分析大量数据，优化生产流程，提高决策质量。机器人还可以通过机器学习不断自我优化，提高工作性能和适应性。

尽管智能体仍处于早期发展阶段，但已经出现了许多类智能体的机器人构建平台，如Coze、天工 Sky Agents 等。这些平台为用户提供了丰富的工具和资源，帮助他们构建和定制各种机器人，以满足特定的业务需求。用户可以在这些平台上构建自己的机器人，或者选择使用平台上官方或第三方开发者已经构建的机器人，这极大加快了机器人应用的开发和部署速度。

随着技术的不断进步和市场的逐渐成熟，RaaS 模式有望成为企业自动化和智能化转型的重要途径。通过利用 RaaS，企业可以更快地响应市场变化，提高竞争力，实现可持续发展。同时，RaaS 模式也为机器人技术的创新和应用提供了更广阔的空间，推动了整个行业的发展和进步。

4.5.5　智能体商店

OpenAI 推出的 GPT Store，率先开启了智能体商店模式，开创了智能体新的应用方式。GPT Store 的构想类似于苹果的 Apple Store，但它是一个专门提供基于生成式预训练Transformer（GPT）模型服务的虚拟商店。这个平台不仅销售各种 GPT 模型，还提供了丰富的服务和资源，使用户能够根据自己的特定需求定制和优化人工智能解决方案。

在 GPT Store 中，用户可以浏览和选择不同功能的 GPT 模型，这些模型可能擅长文本生成、语言翻译、问题解答或其他特定任务。用户可以根据自己的应用场景，如教育、医疗、金融等，选择最合适的模型。GPT Store 还提供了一系列的工具和资源，帮助用户对选定的模型进行进一步的训练和调优，以提升模型的性能和适应性。

GPT Store 的商业模式基于提供 GPT 模型及相关工具的服务,通过在线商店的形式向用户销售。这种模式的优势在于其灵活性和便捷性,用户可以根据自己的需求和预算,选择购买模型和服务。对于 OpenAI 而言,这种模式不仅开辟了新的收入来源,也扩大了其在人工智能领域的影响力。

GPT 技术的不断进步,使得 GPT Store 的商业模式也在不断创新。未来,GPT Store 可能会推出更多定制化的解决方案,如特定行业的人工智能模型、高级 API 服务、在线教育工具等,以满足用户日益多样化的需求。此外,GPT Store 还可能通过引入第三方开发者和服务提供商,进一步丰富其服务内容和提升用户体验。

此外,智能体商店模式也是一种通过共创方式推进人工智能业务的模式。例如,飞书和钉钉等软件充分发挥 LLM 的通用能力,从而实现盈利。还有 Coze、文心智能体、天工 SkyAgents、智谱清言、腾讯元器、Dify 等智能体构建平台也属于这种模式。

智能体商店模式的成功,已经吸引了许多智能体构建平台的关注。这些平台通过提供智能体商店,不仅能够为用户提供更多的人工智能应用选择,还能够促进平台内的应用创新和生态建设。

总体来看,智能体商店模式为人工智能技术的商业化提供了新的思路和途径。它通过提供灵活的、便捷的服务,降低了用户使用人工智能技术的门槛,同时也为企业带来了新的商业机会。随着技术的不断发展和市场的成熟,智能体商店模式有望成为智能体应用的主流模式,推动人工智能技术的创新和应用。

4.5.6 消费者服务

消费者服务模式是一种针对广大终端用户的商业模式,它通过整合人工智能技术,尤其是智能体,来提供定制化和个性化的消费者体验。这种模式的核心在于无缝集成和个性化服务,以满足用户的多样化需求。

在这种模式下,智能助理设备(如亚马逊的 Alexa 或谷歌助手)扮演着重要角色。这些设备通过语音交互为用户提供便捷的信息查询、日程管理、家居控制等服务。随着技术的进步,这些智能助理正变得更加智能,能够理解复杂的指令,提供更加人性化的服务。

智能家居控制系统也是消费者服务模式的重要组成部分。通过集成智能体,智能家居系统能够学习用户的行为模式,自动调整家庭环境,如灯光、温度、安全系统等,以提升居住的舒适度和安全性。这些系统可以通过手机应用或语音命令进行控制,为用户提供了极大的便利。

为了实现这些服务,企业通常会采用多种盈利方式。硬件销售是最直接的收入来源,用户购买智能设备从而享受服务。应用内购买提供了额外的收入来源,用户可以在应用内购买增值服务或虚拟商品。此外,一些服务可能会结合广告模式,通过展示相关广告来创造收益。

智能体越来越多地用于客户服务,以处理常规查询和支持任务,这也催生了一种自动化客户服务。企业可以根据交互量或通过固定订阅费支付等服务,减少对人工客户服务代表的需求,并提高服务可用性。

值得注意的是,客户端侧 LLM 部署带来的混合人工智能技术,将进一步提升智能体的性能和响应速度。这种技术允许人工智能模型在用户的设备上运行,减少了对云端服务器的依赖,降低了延迟,提高了隐私保护,将使得智能体应用更加迅速和高效,可以为用户提供更加流畅的体验。

消费者服务模式通过融合智能体技术，能够为用户提供无缝和个性化的体验，并通过硬件销售、应用内购买和广告等多种方式实现盈利。随着混合人工智能技术的引入，这种模式将进一步提高智能体应用的效率和普及度，推动人工智能技术的商业化和消费者化。

4.5.7　企业解决方案

企业解决方案模式是一种面向特定行业或企业的人工智能服务方法，它侧重于解决复杂的业务挑战或优化关键的业务流程。这种模式下，智能体提供商提供的不仅是通用的技术产品，而是深入理解客户业务需求后，提供定制化智能解决方案。

在这种模式中，人工智能提供商首先与企业紧密合作，详细了解其业务流程、痛点和目标。通过这一过程，提供商能够设计出符合企业特定需求的智能体，如为制造业设计的供应链优化系统，或为医疗行业定制的预防性维护系统。这些智能体能够深入企业的核心业务，提供精准的数据分析、流程优化和决策支持。

定制化的人工智能解决方案往往涉及一次性的项目启动费用，以及可能的周期性服务费用，用于覆盖模型的训练、部署、维护和升级。这种服务模式为企业带来了显著的价值，包括提高效率、降低成本和增强竞争力，并帮助企业在市场中保持领先地位。

例如，在制造业中，智能体可以监控生产线上的各种参数，预测设备故障，减少停机时间，优化库存管理，从而实现更高效的生产计划；在金融行业，智能体能够分析市场趋势，评估风险，自动化交易决策，提高投资回报。

此外，智能体在企业解决方案中的应用还包括客户服务自动化、个性化营销策略、智能合同分析等。通过自然语言处理和机器学习技术，智能体能够提供个性化的客户体验，自动化常规的客服任务，同时在营销活动中实现更精准的目标定位。

智能体企业解决方案，可以是某款工具、软件、平台或者服务，通过联合技术、产品、服务等生态构建起整体解决方案。比如钉钉的 AI 助理解决方案，就是基于人工智能 PaaS 系统提供了 LLM 调用、专有模型训练和企业应用接入的底层 PaaS 能力。企业可以基于这个平台创建符合需求的 AI 助理，如招聘、财务等，而个人用户则可以快速创建个性化助手，如助力工作、旅游等。

企业解决方案模式通过提供定制化的智能体服务，帮助企业解决特定的业务挑战，优化关键流程，实现业务目标。企业解决方案模式的成功实施，需要提供商具备深厚的行业知识和技术专长。这种模式将越来越受到企业的欢迎，因为它能够为企业带来可量化的商业利益，并推动企业的数字化转型。

4.5.8　按需平台

按需平台模式提供了一种灵活且高效的人工智能服务获取方式，尤其适合需要快速集成人工智能能力而无须自行研发的企业或开发者。这种模式允许用户根据自己的具体需求，从平台上选择并使用包括智能体在内的各种人工智能服务。

在这种模式下，平台提供了一系列 API 服务，覆盖了从文本分析、语音转文本、图像识别到自然语言处理等多种人工智能功能。这些服务通常以 API 的形式封装了复杂的人工智能算法和模型，使得用户可以轻松地在自己的应用程序中实现人工智能功能，而无须深入了解背后的技术细节。

例如，文本分析 API 可以帮助企业进行自动化内容审核、情感分析或主题分类；语音转文本 API 可以支持语音交互应用的开发；图像识别 API 则可以用于自动化图像分类、对象检测等任务。这些 API 服务的易用性和多样性，极大地扩展了人工智能技术的应用范围。

计费模式是按需平台模式的另一个关键特点。用户只需根据自己的使用量支付费用，通常是按照 API 调用的次数或处理的数据量来计费。这种按用量计费的模式，使得企业可以更好地控制成本，避免在不经常使用的情况下支付高额的固定费用。

Google Cloud Vision 和 IBM Watson 是按需平台模式的典型例子。Google Cloud Vision 提供了强大的图像识别服务，而 IBM Watson 则提供了包括自然语言理解、语音识别在内的多种人工智能服务。这些服务的用户遍布全球，涵盖了从初创企业到大型企业。

随着应用市场的扩大，广大平台可能会提供更多的人工智能服务，覆盖更多的行业和应用场景。同时，也可能通过引入更先进的人工智能模型和算法，提高服务的性能和准确性。

按需平台模式将为企业和开发者提供一种快速、灵活且成本效益高的人工智能服务获取方式。随着人工智能技术的不断发展，按需平台模式有望成为人工智能服务市场的主流，推动人工智能技术的广泛应用和创新。

4.5.9　数据和分析

数据和分析模式是一种以数据为核心的商业智能服务，它专注于提供深入的市场洞察、客户行为分析以及其他关键数据点的分析服务。这种模式对于希望基于数据做出更明智业务决策的企业来说至关重要。

在这种模式下，技术提供商通常会推出一系列数据类的智能体服务，这些服务能够处理和分析大量数据，提取有价值的信息和趋势。企业可以根据自己的需求直接使用这些标准化的智能体服务，或者要求提供商提供定制化的解决方案，以满足特定的业务需求。

例如，一些智能体采用数据即服务模式（DaaS），处理和分析大型数据集以提供可操作的见解。这些数据驱动的智能体能够分析市场趋势，预测行业发展方向，帮助企业把握市场机会。通过对客户行为的深入分析，智能体可以揭示消费者的需求和偏好，从而指导企业改进产品设计，优化产品功能，以更好地满足市场需求。

智能体还能够分析客户服务过程中产生的数据，帮助企业识别服务中的不足之处，提升客户服务质量。通过这些数据洞察，企业可以制定更加精准的营销战略，提高营销活动的转化率和 ROI（投资回报率）。

为了保护企业的数据安全和隐私，服务提供商通常会采取严格的数据管理和安全措施，确保客户数据的安全和保密。同时，服务提供商也会遵守相关的数据保护法规和标准，避免数据泄露和滥用的风险。

随着大数据和人工智能技术的不断发展，数据和分析模式的应用范围将越来越广泛。企业将越来越依赖这些服务来获取数据洞察，优化业务流程，提升竞争力。服务提供商也将继续创新，提供更加智能、高效和安全的数据与分析服务，帮助企业实现数据驱动的决策和增长。

4.5.10　技术许可

技术许可模式是一种知识产权的商业化途径，这种模式为企业提供了一种获取和应用前沿人工智能技术的方式，而无须投入大量资源自行研发。

在技术许可模式中，提供商与被授权公司之间会签订许可协议，明确授权的范围、期限、费用结构和双方的权利与义务。为了保护双方的利益，许可协议中通常会包含保密条款、技术改进的归属权、技术支持和更新的条款等。此外，协议还可能涉及技术培训、市场推广支持、质量保证等方面内容。这种模式的优势在于其灵活性和风险分担。技术提供商能够通过授权费和使用费获得收入，将技术推广到更广泛的市场；被授权公司则能够利用现有的技术加速产品开发，减少研发成本和时间。技术许可模式还允许被授权公司根据市场需求和自身战略调整技术应用的方向与深度。

技术许可模式在人工智能领域尤其具有吸引力，因为人工智能技术的快速发展和广泛应用为技术提供商及被授权公司提供了巨大的商机。人工智能公司也可以与其他企业建立合作或许可协议。这些合作允许将人工智能技术整合到现有产品或服务中，通过许可费用或利润分成产生收入。随着人工智能技术的不断进步，技术许可模式有望成为推动人工智能创新和商业化的重要途径。

4.5.11　众包和协作

众包和协作模式是一种结合了人工智能与人类劳动力的创新工作机制，它通过智能体来优化和分配任务给网络上的人类工作者。这种模式在多个领域展现出其独特的价值和效率，包括数据清洗、内容审核、数据标注等。

在众包平台中，智能体扮演着任务分配和流程管理的核心角色。它们利用先进的算法来分析任务需求，智能匹配最合适的工作者，并确保任务分配的公平性和效率。智能体还能够监控任务进度，实时跟踪工作者的工作表现，从而确保任务按时完成且质量达标。

众包和协作模式的计费通常基于完成任务的数量和复杂度，这种灵活的定价方式吸引了全球范围内的工作者参与。同时，这种模式也为企业提供了一个成本效益高的解决方案，以应对劳动力市场的变化和业务需求的波动。

随着技术的进步和全球化的发展，众包和协作模式将继续扩展其应用范围，智能体将在更多领域发挥作用，推动企业创新和行业变革。通过优化任务分配和管理流程，这种模式将进一步提高工作效率，为企业和工作者创造更多价值。

在探索了智能体的 11 种商业模式之后，可以看到这些模式是如何相互交织，共同推动着人工智能技术的商业化和创新。从传统的技术许可到现代的按需平台模式，每一种商业模式都以其独特的方式满足了市场需求，为企业提供了增长和适应变化的策略。

随着技术的不断进步和市场需求的不断演变，智能体的商业模式将继续发展和演变。企业需要保持灵活性，适应这些变化，同时不断创新，以保持竞争优势。

【作业】

1. 智能体是人工智能领域中一个很重要的概念，它是指能（　　）的软件或者硬件实体，任何能够思考并可以同环境交互的独立实体都可以抽象为智能体。

　　　A．独立计算　　　　B．关联处理　　　　C．自主活动　　　　D．受控移动

2. 基于 Transformer 架构的 LLM 成为智能体装备的拥有广泛任务能力的"大脑"，从（　　）到行动都使智能体展现出前所未有的能力。

① 推理　　　　② 规划　　　　③ 分析　　　　④ 决策

A. ①②④　　　　B. ①③④　　　　C. ①②③　　　　D. ②③④

3. 通过（　　）感知环境并通过（　　）作用于该环境的事物都可以被视为智能体。

A. 执行器，传感器　　　　　　　　B. 传感器，执行器

C. 分析器，控制器　　　　　　　　D. 控制器，分析器

4. 术语（　　）用来表示智能体的传感器知觉的内容。一般而言，一个智能体在任何给定时刻的动作选择，可能取决于其内置知识和迄今为止观察到的整个信息序列。

A. 感知　　　　B. 视线　　　　C. 关联　　　　D. 体验

5. 在内部，人工智能体的（　　）将由（　　）实现，区别这两种观点很重要，前者是一种抽象的数学描述，而后者是一个具体的实现，可以在某些物理系统中运行。

A. 执行器，服务器　　　　　　　　B. 服务器，执行器

C. 智能体程序，智能体函数　　　　D. 智能体函数，智能体程序

6. 事实上，机器没有自己的欲望和偏好，至少在最初阶段，（　　）是在机器设计者的头脑中或者是在机器受众的头脑中。

A. 感知条件　　　　B. 视觉效果　　　　C. 性能度量　　　　D. 体验感受

7. 对智能体来说，任何时候，理性取决于对智能体定义成功标准的性能度量以及（　　）4 个方面。

① 在物质方面的积累　　　　　　② 对环境的先验知识

③ 可以执行的动作　　　　　　　④ 到目前为止的感知序列。

A. ①②③　　　　B. ②③④　　　　C. ①②④　　　　D. ①③④

8. 在设计智能体时，第一步始终是尽可能完整地指定任务环境，它（PEAS）包括传感器以及（　　）。

① 性能　　　　② 环境　　　　③ 函数　　　　④ 执行器

A. ①②④　　　　B. ①③④　　　　C. ①②③　　　　D. ②③④

9. 如果智能体的传感器能让它在每个时间点都能访问环境的完整状态，那么就称任务环境是（　　）的。

A. 有限可观测　　　　B. 非可观测　　　　C. 有效可观测　　　　D. 完全可观测

10. 在（　　）环境中，通信通常作为一种理性行为出现：在某些竞争环境中，随机行为是理性的，因为它避免了一些可预测的陷阱。

A. 单智能体　　　　B. 多智能体　　　　C. 复合智能体　　　　D. 离线智能体

11. 如果环境的下一个状态完全由当前状态和智能体执行的动作决定，那么就称环境是（　　）。

A. 静态的　　　　B. 动态的　　　　C. 确定性的　　　　D. 非确定性的

12. 假设某程序将运行在具有物理传感器和执行器的计算设备上，就称之为（　　）。通常，架构使程序可以使用来自传感器的感知，然后运行程序，并将程序生成的动作反馈给执行器。

A. 智能体架构　　　　B. 自动系统　　　　C. 执行装置　　　　D. 智能系统

13. 因为环境中没有其他可用信息，所以智能体程序别无选择，只能将（　　）作为输入。

A. 智能架构　　　　B. 智能函数　　　　C. 感知历史　　　　D. 当前感知

14. 有简单反射型智能体和基于（　　）反射型智能体等基本的智能体程序，它们体现了几乎所有智能系统的基本原理，每种智能体程序以特定的方式组合特定的组件来产生动作。

　　① 模型的　　　② 目标的　　　③ 成本的　　　④ 效用的

　　A. ①③④　　　B. ①②④　　　C. ①②③　　　D. ②③④

15. 转移模型和传感器模型结合在一起，让智能体能够在传感器受限的情况下尽可能地跟踪世界的状态。使用此类模型的智能体称为基于（　　）的智能体。

　　A. 成本　　　　B. 效用　　　　C. 模型　　　　D. 目标

16. 任何类型的智能体都可以构建成学习型的，其优势在于让智能体能够在最初未知的环境中运作，并变得比其最初的能力更强。学习型智能体可分为（　　）和评估者 4 个概念组件。

　　① 成本元素　　② 性能元素　　③ 学习元素　　④ 问题生成器

　　A. ①③④　　　B. ①②④　　　C. ①②③　　　D. ②③④

17. 智能体通过挖掘 LLM 的潜在优势，可以进一步增强决策制定，特别是使用（　　）来提供反馈，使得智能体可以具备自适应的问题解决机制，超越 LLM 现有技术的局限。

　　① 函数　　　　② 人工　　　　③ 环境　　　　④ 模型

　　A. ②③④　　　B. ①②③　　　C. ①②④　　　D. ①③④

18. 一方面，智能体是真正释放 LLM 潜能的关键，它能为 LLM 核心提供强大的（　　）；而另一方面，LLM 能提供智能体所需要的（　　）。

　　A. 物质资金，物理能量　　　　　　B. 行动能力，强大引擎

　　C. 强大引擎，行动能力　　　　　　D. 物理能量，物质资金

19. 智能体根据（　　）确定需要履行的特定角色，自主观测感知环境，根据获得的环境状态信息，检索历史记忆以及相关知识，通过推理规划分解任务并确定行动策略，并反馈作用于环境，以达成目标。

　　A. 自主选择　　B. 随机动作　　C. 角色要求　　D. 设定的目标

20. 智能体本身包括观测感知模块、（　　）等模块。它呈现强大能力的关键在于系统形成反馈闭环，使得智能体可以持续地迭代学习，不断地获得新知识和能力。

　　① 记忆检索　　② 科学计算　　③ 推理规划　　④ 行动执行

　　A. ②③④　　　B. ①②③　　　C. ①③④　　　D. ①②④

【研究性学习】人形机器人创业独角兽 Figure AI

2024 年初，刚成立不到两年的机器人初创公司 Figure AI 就宣布获得融资，成为机器人领域的又一家独角兽。其背后的投资者包括 OpenAI、微软、英伟达和亚马逊创始人杰夫·贝佐斯。

Figure AI 成立于 2022 年，创立不到一年就发布了旗下第一款产品 Figure 01——一个会走路的人形机器人（见图 4-6）。2024 年 2 月 20 日，在 Figure 01 最新进展的视频里，这个机器人已经学会搬箱子（见图 4-7），并运送到传送带上，但目前速度只有人类的 16.7%。

这家公司的目标是开发自主通用型人形机器人，代替人类做不受欢迎或危险的工作。"我们公司的征程将需要几十年的时间，"该公司称，"我们面临着很高的风险和极低的成功机会。

然而，如果我们成功了，我们有可能对人类产生积极影响，并建立地球上最大的公司。"一个只能执行特定任务的机器人，现在市面上已经出现，但一个可以服务数百万种任务的人形机器人，还只存在于科幻作品中，而这就是 Figure 的目标。

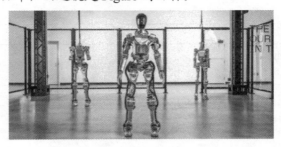

图 4-6　会走路的人形机器人 Figure 01

图 4-7　人形机器人 Figure 01 搬箱子

据 Figure AI 创始人布雷特·阿德考克介绍，在系统硬件上，现在团队的任务是开发拥有人类机体能力的硬件，机体能力根据运动范围、有效负载、扭矩、运输成本和速度衡量，并将通过快速的开发周期持续改进。他声称："希望我们是首批将一种真正有用且可以进行商业活动的人形机器人引入市场的团队之一。"

Figure AI 计划使用机器人的传感器数据训练自己的视觉语言模型，以改善语义理解和高级行为。Figure 01 学会做咖啡时，公司称其背后引入了端到端神经网络，机器人学会自己纠正错误，训练时长为 10h。Figure AI 确定了机器人在制造、航运和物流、仓储以及零售等领域面临劳动力短缺的行业中的应用。"公司的目标是将人形机器人投入到劳动力中，我们相信仓库中的结构化、重复性和经常危险的任务是一个巨大的潜在首次应用。"

有了人工智能的加持，人形机器人离摆脱华而不实的噱头演示或许尚有距离，但相较昨日，更多资金、幻想家和实践者正在涌入这一领域。

1．实验目的

（1）理解智能体这个重要概念。

（2）了解 LLM 对于智能体的作用及其相互关系。

（3）熟悉投入数十年发展人形机器人的现实意义。熟悉当前主要的人形机器人产品。

2．实验内容与步骤

（1）请仔细阅读本章课文，熟悉智能体的概念，了解 LLM 对于发展人形机器人的现实意义。

（2）请通过网络搜索，进一步了解当前人形机器人发展的成果，并简单综述和记录。

答:

3. 实验总结

4. 实验评价（教师）

第 5 章　提示工程与技巧

LLM 正在发展成为像水、电一样的人工智能基础设施。预训练 LLM 这种艰巨的任务通常是由少数技术实力强、财力雄厚的公司去做，而大多数人则会成为其用户。人们已经运用各种技术来从这些 LLM 系统中提取所需的输出，其中的一些方法会改变模型的行为来更好地贴近期望，而另一些方法则侧重于增强查询 LLM 的方式，以提取更精确和更有关联的信息。提示、微调和检索增强生成等技术是其中应用最广泛的。

选择提示工程、微调工程还是检索增强生成方法，取决于应用项目的具体要求、可用资源和期望的结果。每种方法都有其独特的优势和局限性。提示是易用且经济高效的，但提供的定制能力较少；微调以更高的成本和复杂性提供充分的可定制性；检索增强生成实现了某种平衡，提供最新且与特定领域相关的信息，复杂度适中。

5.1　提示工程的定义

一种新的职位"提示工程师"登上了人工智能公司的职业需求页面。"提示工程"这个术语其实是在近几年才被创造出来的，它是促使 LLM 取得更好结果的艺术和科学。这些 LLM 可用于所有类型的语言任务，从起草电子邮件和文档到总结或分类文本都能适用。

本质上，提示是指向 LLM 提供输入的方法，是与任何 LLM 交互的基本方式（见图 5-1）。用户可以把提示看作是给模型提供的指令，当使用提示时，会告诉模型希望它会反馈什么样的信息。这种方法像是学习如何提出正确的问题以获得最佳答案的方法。但是，用户能从中获得的东西是有限的，这是因为模型只能反馈它从训练中获知的内容。

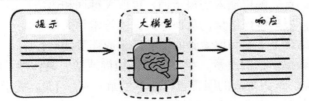

图 5-1　提示是 LLM 的基本交互方式

LLM 的提示工程是一种策略，它关注提示词的开发和优化，用于引导 LLM 生成高质量的、符合预期的输出，帮助用户将语言模型用于各种应用场景和研究领域。掌握提示工程相关技能可以帮助用户更好地了解 LLM 的能力和局限性。研究人员可利用提示工程来提高 LLM 处理复杂任务场景的能力，如问答和算术推理能力以及 LLM 的安全性。开发人员可通过提示工程设计和实现与 LLM 或其他生态工具的交互和高效接轨，借助专业领域知识和外部工具来增强 LLM 的能力。随着 LLM 参数量的剧增和功能的日益强大，如何有效地与这些模型交互以获取有用的信息或创造性的内容变得尤为重要。提示工程的主要作用如下。

（1）设计有效提示：这是指构造问题或指令的方式，目的是最大化模型的响应质量。包括选择合适的词汇、句式结构，甚至创造上下文环境，以激发模型展示其最佳性能。例如，通过构建问题—回答对，精心设计的提示可以引导模型输出特定类型的内容，如创意写作、代码编写、专业建议等。

（2）领域知识嵌入：为提高模型在特定领域的表现，提示工程可能会融入该领域的专业知识。这有助于模型更好地理解和生成与该领域相关的高质量内容，如在化学、生物学或法律等专业领域。

（3）提示优化与迭代：通过不同的提示策略，评估模型输出的质量，并据此调整提示，以达到最优效果。这可能包括 A/B 测试、迭代改进以及使用自动化工具来寻找最有效的提示形式。

（4）减少偏见与提高一致性：LLM 可能承载了训练数据中的偏见，提示工程也致力于设计减少偏见的提示，以及确保模型输出的一致性和可预测性。这可能涉及制定公平性原则，以及使用特定的提示来测试和校正模型的偏见。

（5）利用提示模板和示例：开发一套提示模板和示例，可以作为引导模型输出的起点。这些模板可以根据不同的应用场景进行定制，帮助用户快速上手并获得期望的结果。

（6）模型交互的界面设计：为了让非技术人员也能高效使用 LLM，提示工程还包括设计直观易用的用户界面，让用户能够轻松输入提示、调整设置并查看模型的响应。

5.2　提示的原理

LLM 通过运用大量的文本数据进行训练，学习语言的结构和模式。例如，人工智能语言模型 GPT 通过对海量数据的分析，学会了如何在不同语境下生成连贯和有意义的文本。用户在使用 LLM 时，系统依赖于提示词提供的上下文信息，提示词越清晰、越具体，系统越能理解用户的意图。

当用户输入提示词后，人工智能系统会通过以下步骤生成回答。

（1）解析提示词：首先解析输入的提示词，提取关键词和语境。

（2）检索知识库：根据解析结果，从训练数据中检索相关信息。

（3）生成文本：结合上下文和检索到的信息，生成连贯的回答。

上述每一步都依赖提示词的质量。如果提示词模糊或缺乏具体性，则人工智能的解析和检索过程就会受到影响，最终生成的回答也可能不尽如人意。可见，提示扮演着至关重要的角色。它不仅是用户与人工智能模型交互的桥梁，更是一种全新的"编程语言"，用户通过精心设计的提示来指导人工智能模型产生特定的输出，执行各种任务。

提示任务的范围非常广泛，从简单问答、文本生成到复杂的逻辑推理、数学计算和创意写作等。与传统的编程语言相比，提示通常更加即时和互动。用户可以直接在人工智能模型的接口中输入提示，并立即看到结果，而无须经过编译或长时间的运行过程。

作为 AGI 时代的"软件工程"，提示工程涉及如何设计、优化和管理提示内容，以确保人工智能模型能够准确、高效地执行用户的指令（见图 5-2）。

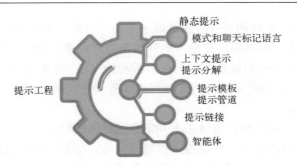

图 5-2 提示工程的内容

（1）设计：提示设计需要仔细选择词汇、构造清晰的句子结构，并考虑上下文信息，确保人工智能模型能够准确理解用户的意图并产生符合预期的输出。

（2）优化：优化提示可能涉及调整词汇选择、改变句子结构或添加额外的上下文信息，以提高人工智能模型的性能和准确性。这可能需要多次尝试和迭代，以达到最佳效果。

（3）管理：随着 AGI 应用的不断增长和复杂化，管理大量的提示内容变得至关重要。这包括组织、存储和检索提示，以便在需要时能够快速找到并使用它们。同时，还需要定期更新和维护这些提示，以适应人工智能模型的改进和变化的需求。

5.2.1 提示词的分类

提示词是用户输入的指令或问题，用来引导人工智能生成相应的回答。提示词可以分为系统提示和用户提示两大类（见表 5-1），理解两者的区别有助于更有效地引导人工智能生成所需的回答。

（1）系统提示：这是人工智能模型内部使用的提示，通常用于指导模型执行特定任务。系统提示可以确保人工智能在不同用户交互中保持一致的语气和结构，提升用户体验。这些提示通常由人工智能开发者或工程师预先设计，用来规范和优化人工智能的工作方式。

表 5-1 系统提示和用户提示

	系统提示	用户提示
设定者	人工智能开发者或工程师	终端用户
灵活性	通常预定义，灵活性较差	用户可随时修改，灵活性好
适用范围	广泛，适用于多种任务	具体，针对特定问题或任务
作用	规范和优化人工智能的整体行为与输出	直接引导人工智能生成具体回答

系统提示的特点如下。

① 预定义：系统提示通常在模型训练或部署时就已经设定好，用户无法直接修改。

② 广泛适用：这些提示适用于多种任务，帮助人工智能在不同场景下保持一致的表现。

③ 行为规范：系统提示可以设定人工智能的语气、风格和具体行为规范，确保输出的稳定性和质量。

例如：

● 指导模型回答问题："在回答用户问题时，请保持专业和礼貌的语气，并提供尽可能详细的信息。"

- 设定输出格式："生成的回答应包含以下结构：引言、主要内容和总结。"

（2）用户提示：这是由终端用户输入的具体指令或问题，用来引导人工智能生成特定的回答。通过用户提示，用户可以精准地控制人工智能的输出，使其更符合个人需求和特定情境。用户提示的灵活性和多样性使得它们能够针对具体需求进行定制。

用户提示的特点如下。

① 灵活多变：用户可以根据具体需求和场景随时修改提示词。

② 具体性强：用户提示通常针对特定问题或任务，提供详细的背景信息和要求。

③ 直接交互：用户提示是用户与人工智能系统互动的直接方式，决定了 AIGC 内容的具体方向和质量。

例如：

- 询问具体信息："你能详细介绍一下人工智能在医疗领域的应用吗？"
- 要求特定格式："请用 500 字解释气候变化的原因、影响和应对措施。"

5.2.2 提示构成

一个完整的提示应该包含清晰的指示、相关上下文、有助于理解的示例、明确的输入以及期望的输出格式描述。

（1）指示：是对任务的明确描述，相当于给模型下达了一个命令或请求，它告诉模型应该做什么，是任务执行的基础。

（2）上下文：是与任务相关的背景信息，有助于模型更好地理解当前任务所处的环境或情境。在多轮交互中，上下文尤其重要，因为它提供了对话的连贯性和历史信息。

（3）示例：是给出一个或多个具体示例，用于演示任务的执行方式或所需输出的格式。这种方法在机器学习中被称为示范学习，已被证明对提高输出正确性有帮助。

（4）输入：是任务的具体数据或信息，它是模型需要处理的内容。在提示中，输入应该被清晰地标识出来，以便模型能够准确地识别和处理。

（5）输出格式：是模型根据输入和指示生成的结果。提示中，通常会描述输出格式，以便后续模块能够自动解析模型的输出结果。常见的输出格式包括结构化数据格式，如 JSON、XML 等。

5.2.3 提示调优

提示调优是一个人与机器协同的过程，需要明确需求、注重细节以及灵活应用技巧，以实现最佳交互效果。

（1）人的视角：明确需求。

- 核心点：确保清晰、具体地传达自己的意图。
- 策略：简化复杂需求，分解为模型易理解的指令。

（2）机器的视角：注重细节。

- 核心点：机器缺乏人类直觉，需详细提供信息和上下文。
- 策略：精确选择词汇和结构，避免歧义，提供完整线索。

（3）模型的视角：灵活应用技巧。

- 核心点：不同的模型和情境需要有不同的提示表达方式。

● 策略：通过实践找到最佳词汇、结构和技巧，适应模型特性。

5.3　提示工程技术

扫码看视频

一个好的提示词应该能够帮助使用者明确人工智能的任务、提供必要的背景信息以及限定回答的范围和深度，应该遵循的原则如下。

（1）明确性：提示词应清晰明确，避免模糊不清的问题。

（2）简洁性：尽量保持提示词简洁明了，避免过于复杂的句子结构。

（3）具体性：提供具体的背景信息和期望的回答方向，减少歧义。

（4）连贯性：在多轮对话中，提示词应保持前后一致，确保对话连贯性。

提示输入通常是一组描述如何执行所需任务的指令。例如，要使用 ChatGPT 根据职位描述起草求职信，可以使用以下提示：

"您是一位申请以下职位的申请人。写一封求职信，解释为什么您非常适合该职位。"

这看上去很容易，但研究人员发现，LLM 提供的结果在很大程度上取决于给出的具体提示。所以，虽然解释清楚一项任务（如写求职信）似乎很简单，但简单的调整（如措辞和格式）会极大影响用户收到的模型输出。

提示工程从根本上来说是不断做实验来改变提示内容，以了解提示的变化对模型生成内容的影响，因此不需要高级的技术背景，而只需一点好奇心和创造力。此外，每个使用 LLM 的用户都可以而且应当成为一名提示工程师。最基本的原因是，提示工程将为 LLM 的输出带来更好的结果，即使只使用了一些基本技术，也可以显著提高许多常见任务的性能。

由于提示工程的效果很大程度上取决于模型的原始学习水平，所以它可能并不总能提供所需要的最新或最具体的信息。当处理的是一般性的主题时，或当只需要一个快速答案而不需要太多细节时，提示工程效果最好。

提示工程的主要优点如下。

（1）易于使用：不需要高级技术技能，因此可供广大受众使用。

（2）成本效益：由于它使用预先训练好的模型，与微调相比，其所涉及的计算成本极低。

（3）灵活性：用户可以快速调整提示以探索各种输出，而无须重新训练模型。

提示工程的主要缺点如下。

（1）不一致：模型响应的质量和相关性可能因提示的措辞而有很大差异。

（2）有限的定制能力：定制模型响应的能力受限于用户制作有效提示的创造力和技巧。

（3）对模型知识的依赖：输出局限于模型在初始训练期间学到的内容上，这使得它对于高度专业化或最新的信息需求来说效果不佳。

5.3.1　链式思考提示

链式思考提示（Chain-of-Thought，CoT，又称思维链提示）是一种注重和引导逐步推理的方法。通过将多步骤问题分解为若干中间步骤，构建一系列有序的、相互关联的思考步骤，使模型能够更深入地理解问题，并生成结构化的、逻辑清晰的回答（见图 5-3），使 LLM 能够解决零样本或少样本提示无法解决的复杂推理任务。

标准提示

模型输入

问：罗杰有5个网球。他又买了2罐网球。每个罐子有3个网球。他现在有多少个网球？

答：答案是11。

问：自助餐厅有23个苹果。如果他们用20个做午餐，再买6个，他们现在有多少个苹果？

模型输出

答：答案是27。

链式思考提示

模型输入

问：罗杰有5个网球。他又买了2罐网球。每个罐子有3个网球。他现在有多少个网球？

答：罗杰一开始有5个球。2罐每罐3个网球，共有6个网球。5+6=11。答案是11。

问：自助餐厅有23个苹果。如果他们用20个做午餐，再买6个，他们有多少个苹果？

模型输出

答：自助餐厅最初有23个苹果。他们用20个来做午餐。所以他们有23-20=3。他们又买了6个苹果。所以他们有3+6=9。答案是9。 ✓

图 5-3　链式思考提示示例

链式思考提示的特点如下。

（1）有序性：要求将问题分解为一系列有序的步骤，每个步骤都建立在前一个步骤的基础上，形成一条清晰的思考链条。

（2）关联性：每个思考步骤之间必须存在紧密的逻辑联系，以确保整个思考过程的连贯性和一致性。

（3）逐步推理：模型在每个步骤中只关注当前的问题和相关信息，通过逐步推理的方式逐步逼近最终答案。

所谓"零样本提示"是指通过提示向 LLM 授予一项任务，而该模型之前未曾见过该任务的数据。即使没有任何示例，LLM 也能够通过简单的提示正确执行多步骤推理任务，而这是以前通过少样本提示方法无法做到的。CoT 提示法对于多步骤推理问题、受益于中间解释的任务或只用简单的标准提示技术不足以完成的任务来说是一种有用的技术。

5.3.2　生成知识提示

生成知识提示是一种强调知识生成的方法，通过构建特定的提示语句，引导模型从已有的知识库中提取、整合并生成新的、有用的知识或信息内容。

生成知识提示的特点如下。

（1）创新性：旨在产生新的、原创性的知识内容，而非简单地复述或重组已有信息。

（2）引导性：通过精心设计的提示语句，模型被引导去探索、发现并与已有知识进行交互，从而生成新的见解或信息。

（3）知识整合：该过程涉及对多个来源、多种类型的知识进行融合和整合，以形成更全面的、深入的理解。

5.3.3　少样本提示

在针对文本的各种语言任务中，几乎总能通过一些示例，或者说"少样本提示"来提高性能。少样本提示方法一开始会针对文本的语言任务附加几个期望的输出示例来提高性能。

事实上，提供示例可以显著提高模型完成任务的能力。与其他机器学习模型不同，LLM能够执行它们尚未训练过的各种任务。每种方法都有其自身的局限性，虽然少样本提示对于许多任务来说是有效的，但在解决更复杂的推理任务时它往往会力不从心。

5.3.4　自一致提示

自一致提示是一种由谷歌研究人员引入的、建立在 CoT 基础上的提示技术，这种方法旨在为 LLM 提供多种推理路径，并在生成的响应中选择最一致的答案。与 CoT 结合使用时，自一致提示方法会更强大，并可以提高复杂推理任务的性能。

自一致提示方法的三个步骤如下。

（1）使用 CoT 提示语言模型。

（2）从语言模型中采样一组不同的推理路径。

（3）边缘化推理路径以聚合最终答案，并选择最一致的答案。

来看一个分析电子邮件的示例。假设一家软件咨询公司每天收到数百封电子邮件，但通常大多数都是促销内容或垃圾邮件，他们希望将电子邮件分类为重要或不重要两类。

您好！

我相信这封电子邮件会让您感到满意。我们目前正面临严峻挑战，鉴于您在软件工程方面的成功记录，相信您的专业知识可以提供宝贵见解和建议，以有助于解决此问题。

能否在您方便的时候尽早安排一次会议，来讨论细节并探讨我们如何合作以应对这一挑战？

非常感谢您对此事的及时关注。

此致，

赵大刚

现在，将此电子邮件放入提示中，并要求 LLM "将上述电子邮件分类为重要或不重要，因为它与软件咨询公司相关。让我们一步一步思考。" 然后，可以使用这个提示来生成多个响应，从中选择最一致的响应。

响应：电子邮件明确提到组织内部面临严峻挑战，这表明了此事的重要性。我会将这封电子邮件归类为 "重要"。

响应：电子邮件提到组织内部面临严峻挑战，但他们没有描述问题或挑战。我会将这封电子邮件归类为 "不重要"。

响应：虽然没有明确说明，但电子邮件的语气和要求立即关注的请求表明了一种紧迫感，强调了及时回应的重要性。我会将这封电子邮件归类为 "重要"。

通过探索多种路径，LLM 很可能得出正确或很有意义的响应。此外，它可能有助于抵消模型或其训练数据中可能固有的偏差。虽然自一致提示方法在单独使用 CoT 方法没有效果时显示出改善的结果，但对于需要探索或战略前瞻性的任务来说，它还是不够的。

5.3.5　思维树提示

思维树提示（ToT）是一个超越 CoT 的激励框架，鼓励模型探索多种想法作为使用 LLM 解决更广泛问题的中间步骤。将复杂思维过程通过树状结构清晰展现，并逐级分解主题或问题，形成具有逻辑层次和关联性的思维节点，从而帮助用户更清晰地组织和表达思考过程（见图 5-4）。该技术要求 LLM 在每个级别上考虑多个解决方案，鼓励模型不断评估其结果，规范其决策过程，并增强其对所选解决方案的信心。换句话说，它通过生成中间步骤和潜在的解决方案来形成动态决策，然后对其进行评估以确定它们是否走在正确的道路上。

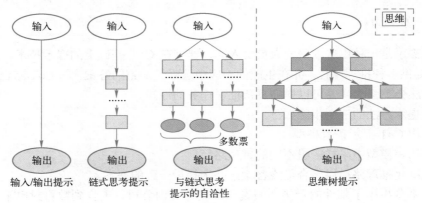

图 5-4　思维树提示

思维树提示的核心特点如下。

（1）层次性：将思考过程分解为多个层次，每个层次代表不同的思维深度和广度。

（2）关联性：各思维节点之间逻辑联系紧密，形成一个相互关联、互为支撑的思维网络。

（3）可视化：通过将思维过程以树状图的形式展现，增强了思考过程的可视化和直观性。

例如，如果任务是创建一个业务策略，LLM 首先为该策略生成多个潜在的初始步骤，然后，当生成初始想法时，可以让模型对每一个想法根据输入的提示来进行自我评价。在这里，LLM 将评估每个想法或步骤与待解决问题的目标的契合程度。该评估阶段可能会对每个想法进行排名，或者在适当的情况下打分。然后，被评估为不太有用或不太合适的想法可以被丢弃，并且可以扩展剩余的想法。在这个框架中继续类似的自我批评和排名过程，直到做出最终决定。这种技术允许 LLM 同时评估和追求多条路径。

以下是利用 ToT 框架的一个简化版本的分步过程。

第 1 阶段：头脑风暴——要求 LLM 在考虑各种因素的同时，产生三个或更多选项。

第 2 阶段：评估——要求 LLM 通过评估其利弊来客观地评估每个选项的潜在成功概率。

第 3 阶段：扩展——要求 LLM 更深入地研究合适的想法，完善它们，并想象它们在现实世界中的影响。

第 4 阶段：决策——要求 LLM 根据生成的评估和场景，对每个解决方案进行排名或评分。

对于需要涉及搜索类型的工作、填字游戏甚至创意写作的问题类型，ToT 框架的性能相比 CoT 有很大提高。然而，它需要多次提示和多个迭代才能得出最终答案。

5.4　提示学习和语境学习

在指令微调 LLM 方法之前，如何高效地使用预训练好的基础语言模型是人们关注的热点。由此，提示学习和语境学习成为其中的两个核心概念，它们在模型的训练和应用中扮演着关键角色。

提示学习通过提供任务导向的框架，帮助模型理解预期的输出形式；语境学习则确保模型能够根据具体的上下文信息，生成既符合提示要求又贴合上下文的高质量内容。提示学习和语境学习在 LLM 中相辅相成，使得 LLM 能够在多样化的应用场景中展现出强大的理解和生成能力。

5.4.1　提示学习

提示学习是一种策略，通过给模型提供精心设计的提示或指令来引导模型产生更准确的、更具针对性的输出。这种技术尤其在预训练和微调阶段的大规模语言模型中展现出了巨大潜力。其基本思想是，不直接要求模型生成答案，而是先给模型一个"提示"或者"模板"，使其理解所需完成的任务类型和格式，然后在此基础上生成答案。例如，如果想要一个模型生成关于环保的文章开头，可以使用这样的提示："随着世界面临日益严峻的环境挑战，至关重要的是……"，模型会在这个提示的基础上继续生成内容。通过这种方式，提示学习能够帮助模型更好地理解任务意图，提高生成内容的质量和相关性。

与传统的微调方法不同，提示学习直接利用在大量原始文本上进行预训练的语言模型，通过定义新的提示函数，使该模型能够执行小样本甚至零样本学习，以适应仅有少量标注或没有标注数据的新场景，从而适应下游各种任务。提示学习通常不需要参数更新，但由于涉及的检索和推断方法多种多样，不同模型、数据集和任务有不同的预处理要求，其实施十分复杂。

使用提示学习完成预测任务的流程非常简洁，如图 5-5 所示，原始输入 x 经过一个模板，被修改成一个带有一些未填充槽的文本提示 x'，再将这段提示输入语言模型，语言模型即以概率的方式写入模板中待填充的信息，然后根据模型的输出导出最终的预测标签 $\hat{z}$。使用提示学习完成预测的整个过程可以描述为 3 个阶段：提示添加、答案搜索和答案映射。

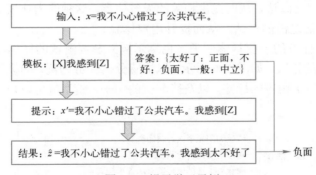

图 5-5　提示学习示例

步骤 1：提示添加。借助特定模板，将原始的文本和额外添加的提示拼接起来，一并输入到语言模型中。例如，在情感分类任务中，根据任务的特性可以构建如下含有两个插槽的模板：

"[X]我感到[Z]"

其中，[X]插槽中填入待分类的原始句子，[Z]插槽中是需要语言模型生成的答案。假如原始文本为：

x=我不小心错过了公共汽车。

通过此模板，整段提示将被拼接为：

x'=我不小心错过了公共汽车。我感到[Z]

步骤 2：答案搜索。将构建好的提示整体输入语言模型后，需要找出语言模型对[Z]预测得分最高的文本 $\hat{z}$。根据任务特性，事先定义预测结果 z 的答案空间为 Z。在简单的生成任务中，答案空间可以涵盖整个语言，而在一些分类任务中，答案空间可以是一些限定的词语，例如：

$$Z=\{\text{"太好了"},\text{"好"},\text{"一般"},\text{"不好"},\text{"糟糕"}\}$$

这些词语可以分别映射到该任务的最终标签上。将给定提示为 x' 而模型输出为 z 的过程记录为函数，对于每个答案空间中的候选答案，分别计算模型输出它的概率，从而找到模型对[Z]插槽预测得分最高的输出 $\hat{z}$。

步骤 3：答案映射。得到的模型输出 $\hat{z}$ 并不一定就是最终的标签。在分类任务中，还需要将模型的输出与最终的标签做映射。而这些映射规则是人为制定的，例如，将"太好了""好"映射为"正面"标签，将"不好""糟糕"映射为"负面"标签，将"一般"映射为"中立"标签。

提示学习方法易于理解且效果显著，提示工程、答案工程、多提示学习方法、基于提示的训练策略等已经成为从提示学习衍生出的新的研究方向。

5.4.2 语境学习

语境学习，也称上下文学习，是指模型在处理输入时，能够基于上下文信息做出更加合理和准确的响应。在自然语言处理中，上下文对于理解句子的意义至关重要。LLM 通过深度学习机制，能够捕捉到词语之间的依赖关系和长距离的上下文联系，从而在给定的语境中生成或推断出最合适的词汇、短语或句子。例如，在对话系统中，当用户提到"我昨天去了海边"，接下来当模型接收到"那里的天气怎么样？"这样的后续询问时，它能够基于之前的对话内容理解到"那里"指的就是海边，从而提供相关的天气信息。这种能力让模型的交流更加自然流畅，仿佛能理解并记忆之前的对话，从而提升用户体验。

向模型输入特定任务的一些具体例子（也称示例）及要测试的样例，模型可以根据给定的示例续写测试样例的答案。如图 5-6 所示，以情感分类任务为例，向模型中输入一些带有情感极性的句子、每个句子相应的标签，以及待测试的句子，模型就可以自然地续写出它的情感极性为"正面"。

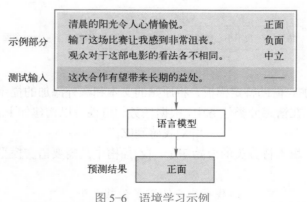

图 5-6　语境学习示例

语境学习可以看作提示学习的一个子类，其中示例是提示的一部分。语境学习的关键思想是从类比中学习，整个过程并不需要对模型进行参数更新，仅执行前向的推理即可。LLM 可以通过语境学习执行许多复杂的推理任务。

　　语境学习作为 LLM 的一种新的范式,具有许多独特优势。首先,其示例是用自然语言编写的,提供了一个可解释的界面来与 LLM 进行交互。其次,不同于以往的监督训练,语境学习本身无须参数更新,可以极大降低使 LLM 适应新任务的计算成本。在语境学习中,示例标签的正确性(输入和输出的对应关系)并不是有效的关键因素,起到更重要作用的是样本配对的格式、输入和输出分布等。此外,语境学习的性能对特定设置很敏感,包括提示模板、上下文内示例的选择及示例的顺序。

　　如何通过语境学习方法更好地激活 LLM 已有的知识成为一个新的研究方向。

5.5　提示词写作技巧

　　在 AIGC 的应用中,决定对话质量的,除了 LLM 本身的能力差异,还在于用户的提示词技巧。好的技巧往往能给出更高质量的回答。

5.5.1　提示词框架推荐

　　下面来介绍一些常用的提示词框架。这些框架不仅能帮助更好地组织和表达需求,还能大幅提高 AIGC 的质量。

　　1. ICIO 框架

　　ICIO 框架指的是指令、背景信息、输入数据和输出引导。

　　(1)指令(Instruction):它是框架的核心,用于明确人工智能需执行的任务。编写指令时,应简明扼要,确保人工智能可以准确把握任务目标及要求。

　　(2)背景信息(Context):包括任务背景、目的、受众、范围、扮演角色等,有助于人工智能理解任务并生成响应。

　　(3)输入数据(Input Data):告知模型需要处理的数据,非必需,若任务无须特定的输入数据,则可省略。

　　(4)输出引导(Output Indicator):告知模型输出结果的类型或风格等,如指定所需语气(如正式、随意、信息性、说服性等)、定义格式或结构(如论文、要点、大纲、对话等)、指定约束条件(如字数或字符数限制等)、要求包含引用或来源以支持信息等。

　　ICIO 框架示例如图 5-7 所示。

Instruction
请生成一份关于最新社交媒体营销趋势的报告。

Context
这份报告将用于下个月的公司战略会议,受众为公司高层管理人员和市场营销团队成员。报告的目的是帮助公司了解当前的社交媒体营销趋势,以便制定新的市场营销策略。

Input Data
请参考 2023 年和 2024 年的最新社交媒体使用数据和营销研究报告,包括主要社交媒体平台的用户增长、热门内容类型、广告效果及用户参与度数据。

Output Indicator
-报告应使用正式语气,包含以下几个部分:引言、主要趋势分析、平台比较、案例研究和结论。

-每个部分应详细解释趋势背后的原因,并包含相关的数据支持。

-报告应不超过 2000 字,并在结论部分提出 3 到 5 个具体的市场营销建议。

图 5-7　ICIO 框架示例

2. CO-STAR 框架

CO-STAR 框架指的是上下文、目标、风格、语气、受众和回复。

（1）上下文（Context）：提供任务的上下文信息，有助于 LLM 了解正在讨论的具体情景，确保其答复具有相关性。

（2）目标（Objective）：明确希望 LLM 执行的任务是什么，有助于 LLM 把回答的重点放在实现这一具体目标上。

（3）风格（Style）：明确希望 LLM 使用的写作风格，可以是鲁迅、余华等某个名人的写作风格，也可以是某个行业的某个专家，如商业分析专家或首席执行官。

（4）语气（Tone）：确定回复的态度，可确保 LLM 的回复符合所需的情感或情绪背景，如正式的、幽默的、具有说服力的等。

（5）受众（Audience）：确定回复的对象，根据受众（如初学者、儿童等）量身定制 LLM 的回复，确保其在所需的语境中是恰当的、可以理解的。

（6）回复（Response）：明确回复格式，确保 LLM 按照下游任务所需的准确格式输出。例如，列表、JSON、专业报告等。

CO-STAR 框架示例如图 5-8 所示。

```
## Context
我们正在为教育科技公司的官网撰写一篇文章，主题是"AI在教育中的应用"。这篇文章将作为公司对外
宣传的一部分，展示我们在教育技术领域的创新和成果。

## Objective
撰写一篇详细的文章，介绍AI技术在教育中的具体应用，包括自适应学习系统、智能辅导系统和教育数
据分析等方面。

## Style
使用专业的写作风格，参考学术论文的格式和结构，但保持通俗易懂，确保内容既有深度又能吸引广泛
读者。

## Tone:
语气应正式且具有说服力，展示我们的专业知识和对教育科技的前沿理解。

## Audience
目标读者为教育行业的专业人士，包括教育技术专家、学校管理者和教育政策制定者。他们对教育技术
有一定了解，但可能对AI在教育中的具体应用不太熟悉。

## Response
-文章应包含以下部分：引言、AI在教育中的应用案例、各应用案例的详细解释、AI对教育的影响、结
论与未来展望。
-每部分应包含小标题，文章总长度控制在3000字左右。
```

图 5-8 CO-STAR 框架示例

3. CRISPE 框架

CRISPE 框架指的是能力、角色、见解、声明、个性和实验。

（1）能力（Capacity）和角色（Role）：指示 LLM 应扮演什么角色，具备什么能力。

（2）见解（Insight）：提供请求的、背景和上下文。

（3）声明（Statement）：要求 LLM 做什么。

（4）个性（Personality）：希望 LLM 以何种风格、个性或方式回应。

（5）实验（Experiment）：请求 LLM 回复多个示例。

CRISPE 框架示例如图 5-9 所示。

```
## Capacity and Role
你是一名市场营销专家，具备丰富的品牌推广经验。

## Insight
我们的公司即将发布一款新产品，这款产品具有创新的功能，可以显著提升用户体验。发布材料需要能够引起目标受众的兴趣，并清晰传达产品的核心卖点。

## Statement
请为这款新产品生成一份宣传材料，内容包括产品的独特功能、目标市场、用户受益以及产品发布的日期和地点。

## Personality
希望宣传材料采用热情洋溢且富有感染力的语气，展现出品牌的创新精神和对用户的重视。

## Experiment
请为我提供三个不同风格的宣传材料示例：一种适用于社交媒体发布、一种适用于公司官网、一种适用于新闻发布会演讲。
```

图 5-9　CRISPE 框架示例

5.5.2　提示词实践技巧

在实践过程中，有一些技巧可以帮助我们获得人工智能的更好回答。通过这些技巧，可以极大提升与人工智能模型互动的效果，生成更精准和符合需求的内容。每个技巧都有其独特的应用场景，结合实际案例进行操作，会让提示词更加有针对性和实用性。

（1）结构化提示词。提示词的结构完整性极大地影响模型回答的质量。一个结构化的提示词应包括以下要素：角色、背景、目标、技能、约束、工作流、输出要求、示例和初始化等。参考前述的框架（如 ICIO、CO-STAR、CRISPE），可以确保提示词覆盖所有必要的信息。

（2）加分隔符。在提示词中合理添加分隔符（如“‘”），可以准确区分指令和待处理的内容，避免模型解读提示词时出现困扰。

例如：

- 指令和待处理的内容混淆

你：　　翻译成英文：翻译下面这段话。

LLM：　请提供您想要翻译的文本，我会帮您把它翻译成英文。

- 分隔符区分指令和内容

你：　　请将后文中“‘”和“’”中间的文本翻译成英文：“‘翻译下面这段话’”。

LLM：　翻译下面这段话：Transtate the following paragraph.

（3）提供示例。通过示例可以帮助人工智能更好地理解用户的意图，避免歧义，更精确地控制模型的输出（见图 5-10）。

```
## 任务
请撰写一篇关于人工智能在医疗领域的应用的文章。

## 要求
请参照下述示例，生成类似结构和风格的文章。

## 示例
以下是我们之前撰写的一篇关于区块链在金融领域应用的文章：
“区块链技术正在革新金融行业，通过去中心化账本和智能合约，金融交易将变得更加透明和安全。一个显著的案例是瑞士的SIX交易所，它使用区块链技术进行实时结算和清算，减少了交易成本并提高了效率……”
```

图 5-10　提供示例

（4）根据回答不断调整要求。在人工智能生成初步结果后，可以根据需要进行调整和优化。通过反馈引导和规范模型的输出，以更好地符合预期（见图 5-11）。

初始提示词：请撰写一篇关于人工智能在医疗领域应用的文章，重点介绍技术原理和实际应用。

生成结果后反馈：请在文章中增加一些具体的案例，例如AI如何辅助医生诊断疾病，如何进行个性化治疗等。

图 5-11　调整要求

（5）分步骤提示。指导模型一步步输出信息，确保模型与意图匹配。分步骤提示可以使复杂任务更易于管理（见图 5-12）。

步骤1：请列出人工智能在医疗领域的三个主要应用方向。
步骤2：对于每个应用方向，请分别详细解释其技术原理。
步骤3：请提供每个应用方向的实际案例，并解释其带来的益处。
步骤4：请总结人工智能在医疗领域的总体影响和未来前景。

图 5-12　分步骤提示

（6）检查用户输入信息完整性。在提示词中设定必须给出的一些关键信息，如果用户没有提供，模型可以主动询问并补充完整（见图 5-13）。

Role: 善于写作的人工智能专家

Objective: 撰写一篇关于人工智能在医疗领域应用的文章。
如果用户未提供应用的具体领域，请向用户提问："请具体说明您想了解的AI在医疗领域的哪个应用方向？如诊断、治疗、医疗管理等。"

图 5-13　检查用户输入信息完整性

（7）让人工智能帮助优化提示词。可以请求人工智能帮助我们优化提示词，使其更简洁和有效。例如，KiMi+有提示词专家助手，Coze 也有自动优化提示词的功能。

【作业】

1. LLM 正在发展成为人工智能的一项基础设施。对一般用户来说，掌握用好 LLM 的技术更加重要。用好 LLM 的两个层次是（　　）。

①　掌握提示工程　　　　　　　　②　执行 LLM 的预训练任务
③　做好 LLM 的微调　　　　　　　④　严格测试 LLM 技术产品
A．①③　　　　　　B．②④　　　　　　C．①②　　　　　　D．③④

2. 选择（　　），这取决于应用项目的具体要求、可用资源和期望的结果。每种方法都有其独特的优势和局限性。

①　质量工程　　　②　提示工程　　　③　微调工程　　　④　检索增强生成方法
A．①③④　　　　B．①②④　　　　C．②③④　　　　D．①②③

3. "（　　）"是促使 LLM 取得更好结果的艺术和科学。这些 LLM 可用于所有类型的语言任务，从起草电子邮件和文档到总结或分类文本都能适用。

A．质量工程　　　B．提示工程　　　C．微调工程　　　D．检索工程

4. 在提示工程中，（　　）是指构造问题或指令的方式，目的是最大化模型的响应质量。

包括选择合适的词汇、句式结构，甚至创造上下文环境，以激发模型展示其最佳性能。

  A．领域知识嵌入   B．减少偏见与提高一致性

  C．提示优化与迭代   D．设计有效提示

 5．在提示工程中，（   ）是指为提高模型在特定领域的表现，提示工程可能会融入该领域的专业知识。这有助于模型更好地理解和生成与该领域相关的高质量内容。

  A．领域知识嵌入   B．减少偏见与提高一致性

  C．提示优化与迭代   D．设计有效提示

 6．在提示工程中，（   ）是指通过不同的提示策略，评估模型输出质量，并据此调整提示以达到最优效果。这可能包括 A/B 测试、迭代改进以及使用工具来寻找最有效的提示形式。

  A．领域知识嵌入   B．减少偏见与提高一致性

  C．提示优化与迭代   D．设计有效提示

 7．在提示工程中，（   ）是指由于 LLM 可能继承训练数据中的偏见，为此需要减少偏见提示，确保模型输出的一致性和可预测性。这可能涉及制定公平性原则。

  A．领域知识嵌入   B．减少偏见与提高一致性

  C．提示优化与迭代   D．设计有效提示

 8．（   ）扮演着至关重要的角色，它不仅是用户与人工智能模型交互的桥梁，更是一种全新的"编程语言"，用户通过它来指导人工智能模型产生特定的输出，执行各种任务。

  A．编程   B．检索   C．微调   D．提示

 9．作为 AGI 时代的"软件工程"，提示工程涉及如何（   ）提示内容，以确保人工智能模型能够准确、高效地执行用户的指令。

  ① 设计   ② 优化   ③ 管理   ④ 计算

  A．①②③   B．②③④   C．①②④   D．①③④

 10．一个完整提示的构成应该包含（   ）以及有助于理解的示例和期望的输出格式描述。

  ① 清晰的指示   ② 相关上下文   ③ 明确的输入   ④ 可视化描述

  A．①③④   B．①②④   C．①②③   D．②③④

 11．提示调优是一个人与机器协同的过程，需要（   ），以实现最佳交互效果。

  ① 明确需求   ② 自动编程   ③ 注重细节   ④ 应用技巧

  A．①②④   B．①③④   C．①②③   D．②③④

 12．研究人员发现，LLM 提供的结果在很大程度上取决于给出的（   ）。所以，虽然解释清楚一项任务似乎很简单，但简单的调整会极大影响用户收到的模型输出。

  A．图片分辨率   B．词汇数量   C．质量指标   D．具体提示

 13．提示工程从根本上来说是不断做实验改变提示内容，以了解提示的变化对模型生成内容的影响，因此不需要高级的技术背景，而只需一点（   ）即可。

  ① 好奇心   ② 忍耐力   ③ 创造力   ④ 执行力

  A．①③   B．②④   C．①②   D．③④

 14．由于提示工程的效果很大程度上取决于模型的原始学习水平，所以它可能并不总能提供所需的最新或最具体的信息。当处理的是（   ）时，或不需要太多细节时，提示工程最好用。

  ① 精确答案 ② 一般性主题 ③ 快速答案 ④ 丰富细节

  A．①③   B．②④   C．②③   D．①④

  15．（ ）提示是一种注重和引导逐步推理的方法。通过将多步骤问题分解为若干中间步骤，构建一系列有序的、相互关联的思考步骤，使模型能够解决复杂推理任务。

    A．生成知识 B．思维树   C．自一致   D．链式思考

  16．（ ）提示是一种强调知识生成的方法，通过构建特定的提示语句，引导模型从已有的知识库中提取、整合并生成新的、有用的知识或信息内容。

    A．生成知识 B．思维树   C．自一致   D．链式思考

  17．（ ）提示是一种建立在 CoT 基础上的提示技术，这种方法旨在为 LLM 提供多种推理路径，并在生成的响应中选择最一致的答案。与 CoT 结合使用时，这种方法会更强大。

    A．生成知识 B．思维树   C．自一致   D．链式思考

  18．（ ）提示是一个超越 CoT 的激励框架，鼓励模型探索多种想法作为使用 LLM 解决更广泛问题的中间步骤。将复杂思维过程通过树状结构清晰展现，逐级分解主题或问题。

    A．生成知识 B．思维树   C．自一致   D．链式思考

  19．（ ）是一种策略，其基本思想是，不直接要求模型生成答案，而是先给模型一个"提示"或者"模板"，使其理解所需完成的任务类型和格式，然后在此基础上生成答案。

    A．语境学习 B．自主学习   C．自一致   D．提示学习

  20．（ ）是指模型在处理输入时，能够基于上下文信息做出更加合理和准确的响应。LLM 通过深度学习机制，能够捕捉词语间依赖关系和长距离的上下文联系。

    A．语境学习 B．自主学习   C．自一致   D．提示学习

【研究性学习】练习撰写提示词

  提示扮演着至关重要的角色，它不仅是用户与人工智能模型交互的桥梁，更是一种全新的"编程语言"。请在熟悉本章课文内容的基础上，仔细体会本章 5.5 节提出的一些提示词写作技巧，并根据以下内容，尝试练习撰写提示词，熟悉提示词的编写方法，提高应用 LLM 的效率。

  （1）从简单开始。在设计提示时，记住这是一个迭代过程，需要大量实验来获得最佳结果。使用像 OpenAI 或 Cohere 这样的简单平台是一个很好的起点。

  可以从简单提示开始，随着目标获得更好的结果，不断添加更多的元素和上下文。在此过程中对提示进行版本控制至关重要。例子中的具体性、简洁性和简明性通常会带来更好的结果。

  当有一个涉及许多不同子任务的大的任务时，可以尝试将任务分解为更简单的子任务，并随着获得更好的结果而不断构建。这避免了在提示设计过程一开始就添加过多的复杂性。

  （2）指令。可以使用命令来指示模型执行各种简单任务，如"写入""分类""总结""翻译""排序"等，从而为各种简单任务设计有效的提示。

  需要进行大量的实验，以查看哪种方法最有效。可以尝试使用不同的关键字、上下文和数据来尝试不同的指令，看看哪种方法最适合特定的用例和任务。通常情况下，上下文与要执

行的任务越具体和相关，效果也就越好。

也有人建议将指令放在提示开头，用一些清晰的分隔符（如"###"）来分隔指令和上下文。

例如：

提示：

###指令###将以下文本翻译成西班牙语：文本："hello!"

（3）具体性。对希望模型执行的指令和任务，提示越具体和详细，结果也就越好。当有所期望的结果或生成样式时，这一点尤为重要。没有特定的词元或关键字也会导致更好的结果。更重要的是具有良好的格式和描述性提示。实际上，在提示中提供示例非常有效，可以以特定格式获得所需的输出。

在设计提示时，还应考虑提示的长度，因为长度有限制。包含太多不必要的细节并不一定是一个好方法。这些细节应该是相关的，并有助于完成当前的任务。建议大量实验和迭代，以优化应用程序的提示。

例如，尝试从一段文本中提取特定信息的简单提示。

提示：

提取以下文本中的地名。所需格式：地点：<逗号分隔的公司名称列表>输入："虽然这些发展对研究人员来说是令人鼓舞的，但仍有许多谜团。里斯本未知的香帕利莫德中心的神经免疫学家 Henrique Veiga-Fernandes 说：'我们经常在大脑和我们在周围看到的效果之间有一个黑匣子。''如果我们想在治疗背景下使用它，我们实际上需要了解机制。'"

输出：

地点：里斯本，香帕利莫德中心

（4）避免不精确。在关于详细和格式改进的提示中，很容易陷入那些过于聪明的提示陷阱，从而可能创建不精确的描述。通常最好是具体和直接，非常类似于有效的沟通——越直接，信息传递就越有效。

例如，如果有兴趣了解提示工程的概念，可以尝试这样做：

提示：

解释提示工程的概念。保持解释简短，只有几句话，不要过度描述。

从上面的提示中不清楚要使用多少句话和什么样的风格，仍然可以通过上面的提示获得良好的响应，但更好的提示是非常具体、简洁和直接的。例如：

使用 2～3 句话向高中学生解释提示工程的概念。

（5）做还是不做？设计提示时的另一个技巧是避免说不要做什么，而是说要做什么。建议更具体化，并关注导致模型产生良好响应的细节。

以下是一个电影推荐聊天机器人的示例。

提示：

以下是向客户推荐电影的代理程序。代理负责从全球热门电影中推荐电影。它应该避免询问用户的偏好并避免询问个人信息。如果代理没有电影推荐，它应该回答："抱歉，今天找不到电影推荐。"

……

顾客：请根据我的兴趣推荐一部电影。

客服输出：

抱歉，我没有关于您感兴趣的任何信息。不过，这是目前全球热门的电影列表：[电影列表]。希望您能由此找到自己喜欢的电影！

1. 实验总结

---

2. 实验评价（教师）

第 6 章　AIGC 高效工作

AIGC 通过自动化、智能化的内容生成和处理能力，不仅极大地提高了工作效率，还为企业和个人带来了创新的可能，开启了办公和创作的新时代。此外，使用类似微软 Copilot 这样的工具，将 AIGC 功能集成到 Word、Excel、PowerPoint 等办公软件中，可以根据用户上下文提供个性化建议，辅助创作和编辑，提升个人工作效率。

6.1　AIGC 促进 OA 流程

扫码看视频

在 OA（办公自动化）领域，AIGC 技术的自动化、智能化解决方案正逐步渗透到各个环节，不仅显著提高了工作效率，还促进了工作方式的创新，为企业数字化转型和智能化升级提供了强大动力。在日常办公环境中，AIGC 可以集成到办公软件中，例如，通过 LLM 在 Word、Excel、PowerPoint 中的应用，帮助撰写报告、数据分析、制作演示文稿等，显著提升个人和团队的工作效率。

6.1.1　机器人流程自动化

机器人流程自动化（Robotic Process Automation，RPA）是以软件机器人及人工智能为基础的业务过程自动化科技，它是一种应用程序，通过模仿最终用户在计算机上的手动操作方式，使最终用户的手动操作流程自动化。

在传统的工作流程自动化技术工具中，是由程序员产生自动化任务的动作列表，并用内部的应用程序接口或是专用的脚本语言作为和后台系统之间的界面。RPA 系统会监视使用者在应用软件中的图形用户界面（GUI）所进行的工作，并直接在 GUI 上自动重复这些工作。因此，可以减少产品自动化的阻碍。

可见，RPA 工具在技术上类似 GUI 测试工具，会自动地和 GUI 互动，而且会由使用者先示范其流程，再用示范性编程来实现。RPA 工具允许资料在不同应用程序之间交换，例如，接收电子邮件可能包括接收付款单、取得其中资料，以及输入到簿记系统中。

通过集成 RPA 系统，AIGC 使得办公流程的执行更加智能化。例如，可以通过简单的聊天指令触发自动化流程，如文件归档、数据录入、报告生成等，极大减少了手动操作的时间和错误率。

6.1.2　AIGC 与 RPA 结合

AIGC 和 RPA 虽然属于不同的技术范畴，但它们在数字化转型和自动化工作中可以形成互补，共同提升工作效率和智能化水平。AIGC 和 RPA 的结合，还能通过智能化的内容生成和分析能力，提升企业的运营效率、决策质量和用户体验，推动工作方式的智能化转型。

AIGC 与 RPA 之间关系的几个关键点如下。

（1）内容自动化与个性化：AIGC 擅长自动生成各种形式的内容，如文本、图像、音频和视频，这为 RPA 在处理内容相关的业务流程时提供了丰富的素材和信息来源。例如，在营销自动化中，RPA 可以利用 AIGC 生成的个性化邮件内容，自动执行邮件营销活动。

（2）智能决策支持：利用大数据和机器学习算法，AIGC 能够自动分析大量企业数据，生成有价值的洞察和可视化报告，而 RPA 可以基于这些洞察自动执行后续的决策流程。例如，在财务分析中，AIGC 能够分析财务报表并生成预测报告，RPA 则根据报告自动调整预算分配或财务策略，从而为管理层提供及时的决策支持信息，加快决策过程并提升决策质量。

（3）工作流程优化：RPA 擅长处理规则明确的重复性任务，而 AIGC 可以在需要创造性或个性化处理的环节提供支持。两者结合，可以构建更加智能和灵活的工作流程，例如，在客户服务中，RPA 可以处理标准化查询，AIGC 则可以生成个性化回复或建议。

（4）数据处理与分析：AIGC 能够从海量数据中提取模式，生成分析报告；而 RPA 可以自动抓取数据、整理数据并触发 AIGC 进行分析，从而实现数据处理的闭环。例如，电商平台利用 RPA 收集用户行为数据，AIGC 则能够据此生成个性化推荐策略。

（5）交互式智能客户服务：在客户服务和企业内部场景中，RPA 驱动的聊天机器人可以集成 AIGC 技术，自动生成回复内容，从而提供更加人性化和智能化的交互体验，减轻人工客服负担，提供初步解决方案，甚至在某些情况下执行故障排除步骤，显著提升响应速度和服务质量。

（6）创意与设计自动化：在设计领域，AIGC 可以生成创意内容，如广告图、产品原型等；而 RPA 可以将这些内容自动部署到不同平台或集成到工作流程中，如自动更新网站内容、社交媒体发布等。

6.2　重新定义个人助理

AIGC 作为计算机日常个人助理的主要功能如下。

（1）日程管理与提醒：智能安排日程，自动发送提醒。

（2）个性化服务：根据用户喜好提供个性化建议，如餐饮推荐、服装搭配等。

AIGC 技术与个人助理的结合，正在重新定义个人工作和日常生活的便捷性。AIGC 技术使个人助理变得更加聪明、贴心和高效，它能够根据用户的具体情境和个性化需求，提供更加精准和有价值的服务，极大地丰富了个人助理的功能和应用场景。

AIGC 技术影响并提升个人助理能力的如下几个方面。

（1）自动邮件和信息回复：通过学习用户的写作风格和常用表达，AIGC 赋能的个人助理可以自动撰写电子邮件、短信或社交媒体回复，确保即使在用户忙碌或无法立即响应时，也能保持有效的沟通。

（2）辅助创作：对于有内容创作需求的用户，AIGC 可以提供创意激发、初稿生成、文案优化等服务，无论是写作、设计还是音乐创作，都能获得智能化的辅助支持。AIGC 个人助理能根据用户设定的主题和风格，辅助创作文章、报告、剧本或社交媒体内容。

（3）增强的自然语言理解、多语种交流和生成能力：借助于强大的自然语言处理能力，AIGC 个人助理能够流畅地理解多种语言，进行无障碍的跨语言沟通，这对于国际旅行、海外工作或个人学习尤其有用。AIGC 技术能够使个人助理更好地理解用户的意图（无论是语音还是文字输入），并能生成更加流畅、自然和个性化的回复。这种能力让对话体验更加接近真人交流，从而提升用户体验。

（4）情绪感知与情感支持：结合情感分析算法，AIGC 个人助理可以分析用户的情绪状态，能够提供适时的情感支持、心理疏导、压力缓解技巧或推荐放松活动，扮演着心理慰藉者的角色，如播放适合当前心情的音乐、推荐冥想练习等。

（5）智能家居控制与环境适应：结合物联网技术，AIGC 个人助理能够根据用户习惯和环境变化，智能调节家居设备，如灯光、温度、安防系统等，创造更加舒适的生活环境。

6.3 AIGC 赋能个人工作

AIGC 在赋能个人工作方面展现出了巨大的潜力，它通过自动化和智能化的工具显著提升了工作效率与创造力。AIGC 在不同领域赋能个人工作的实例如下。

（1）内容创作：对于作家、编辑、新媒体运营等职业，AIGC 可以辅助进行快速文案撰写、创意构思，甚至自动摘要和多语言翻译，提高内容产出的速度和多样性。例如，很多 LLM 工具都可以帮助个人快速生成文章草稿、社交媒体帖子或视频剧本。

（2）设计与视觉艺术：设计师和艺术家利用 AIGC 可以快速生成图像、视频内容或 3D 模型，用于网页设计、UI/UX 原型、NFT（非同质化代币）艺术品创作。这不仅加速了创意的可视化过程，还能够提供无限的设计变体可供选择。

（3）产品开发与工业设计：在产品设计初期，AIGC 能够协助完成市场调研、趋势分析，并生成初步设计方案，从而缩短设计周期。同时，人工智能还能辅助生成技术文档和需求规格说明书，提高研发团队的协作效率。

（4）新闻与媒体：新闻工作者可以通过 AIGC 技术快速整理数据、生成新闻摘要，甚至撰写基础报道，尤其在处理大量数据新闻和实时报道时更为有效。这使新闻工作者有更多时间专注于深度报道和新闻核查。

（5）数据分析与决策支持：无论是在市场营销、财务管理还是业务分析领域，AIGC 都能处理大量数据，快速生成报告和预测模型，为个人决策提供有力支持。

尽管 AIGC 带来了诸多优势，但也引发了关于创意自主性、版权以及对人类工作岗位影响的讨论。因此，在享受技术便利的同时，个人也需要不断提升自身的专业技能和创新能力，与 AIGC 技术相辅相成，共同实现更高效和创造性的产出。

6.3.1 弥补非专业知识

如果说现在的 AIGC 还不够成熟，还无法超越用户的专业领域，那么，它首先能提升的就是非专业领域，帮助消除个人的短板。例如，一位小企业家擅长的是管理和经营，那么 AIGC 技术可以帮助他解决很多没时间或没钱请人做的事情。又例如，企业家想做一个新品牌，现在就有一些可以自动创建 LOGO 的人工智能平台，可以快速地帮助他做出品牌的 VI（视觉识别）体系。

同样地，假设要写一份专业文案，现在也可以不用麻烦设计师来支持，用 AIGC 画图来验证文案，反馈也许更快。对于行政主管或者人力资源经理来说，有了 AIGC，就可以独立完成一些原先需要业务部门配合的工作；对于 4S 店的销售员来说，写文案也许难度较大，现在 AIGC 完全可以协助完成诸如直播脚本、新媒体内容等工作。

6.3.2　创作省时或验证

文本是所有广告内容创作的起点，文本正确代表方向正确，什么问题都好解决。最怕没想清楚就写，那就要反复去调整表达。不过，如果当前确实还没有想清楚，这时，人工智能给出的回答也许会超过一般的合作伙伴，起码可以快速验证到底能不能用。

例如，人工智能根据用户的需求写了一段视频旁白。乍一看也许觉得挺好，但通过真人或人工智能人声朗读时，总感觉"味儿不对"。这样用户就能立刻明白文案到底需要在哪里修改，要改成什么风格了。

一般的内容创作并不要求文案人员能"写诗"，而是要求能写出有诗意的好句子，而且还不能有刻意雕琢之感，要简单且留有想象的空间。所以，句子越短越难写，对于人工智能也不例外。反而是大量知识性的、推销式的、排比类的句子，人工智能比人类更会写。最常见的就是企业的公关新闻稿，只需给定具体主题和需要传达的信息，人工智能就能快速地生成任何想要的文案。

人工智能还可以模仿人类的语气来写内容，结合具体产品的特征训练模型，可以批量快速产生大量的仿生内容和直播脚本，节省营销执行的时间。

6.3.3　构思拒绝平庸

从文本到图片、视频生成的跨越，AIGC 是让很多广告人"害怕被颠覆"的重要原因。但由于 AIGC 的技术还不够成熟，图片的生产数量和质量都还不够稳定，目前还不能够完全取代人工，尤其是偏品牌运营的场景。例如，品牌的官方新媒体运营，对内容的创意性要求不高，但对内容准确性要求极高，而 AIGC 的技术还很难解决这一难点。

但是，在整合营销或体验营销领域，当品牌方要求使用创意为品牌增光添彩的时候，AIGC 就有比较大的发挥空间。例如，很多创意设计者都在积极拥抱 AIGC，不管是签约 AIGC 艺术家，或者自己孵化 AIGC 创意品牌，本质上都是对其原有服务的一次升级。

事实上，工具就是工具，有创意的人使用工具会更有创意，精益求精的人也可以多生成几个方案，但是并没有想法的人用起来也许会感到吃力不讨好。因此，如果觉得 AIGC 也实现不了最初的目的，就要果断地去寻找其他可替代的解决方案。

6.3.4　物料制作"最后一公里"

首先是音频的制作。目前市面上的人工智能配音平台，如剪映的声音克隆等功能，虽然提供了不少人工智能配音采样，但受限于标准化的语速和语气，只适用于短视频、模板化广告和电视播音领域。而且，这种人工智能配音效果太"普遍"，很难复用在商业广告中。专业配音演员的定制化配音，具有独一无二的艺术性，人工智能配音目前很难替代。

其次是图片物料的制作（见图 6-1）。人工智能出图的速度确实很快，但品质依然不能得到保证。它可以用来解决广告营销工作流程的一个环节，但如果想直接使用，还是需要人工的高度介入。

图 6-1　AIGC 生成的图片物料

尤其是人工智能图片会破坏品牌 LOGO 的原貌，这对品牌方来说是"致命伤"。如何通过人工修复 LOGO，也是跑完"最后一公里"的难题。

人工智能可以解决很多前期决策的问题。例如，设计师平时只要多注意积累，保存一些经典图片和对应提示词，就能在实际交付中随时抽调自己的素材参考库。这样，在前期与需求方沟通时，能打破很多沟通盲区，形成清晰明确的参照物，有效规避画风不像、风格跑偏的情况发生。

最后是视频的制作。Sora 等平台的出现，会对不少视频素材制作公司产生冲击，但离高品质的 AIGC 视频还有距离。一方面，广告片需要对真实产品进行呈现，目前人工智能视频平台一般还无法做到；另一方面，常规画面的质量还不够稳定，包括主体内容的连贯性、画面的结构与运动逻辑，单靠"文生视频"很难解决，还需要"文生图—图再生视频"去弥补，这无形中增加了一道生产环节。

6.4　案例：AIGC 助力 Excel 图形化技巧

在数据分析中，数据可视化扮演着至关重要的角色。作为一款常用工具，Excel 提供了丰富的图形展示功能。利用 AIGC，可以快速选择合适的图形类型，并进行专业的配置，从而使得数据展示更加吸引人且具有更好的效果（见图 6-2）。

图 6-2　AIGC 助力 Excel 图形化技巧

下面来介绍如何利用 AIGC 在 Excel 中完成数据的图形化展示,包括饼图和帕累托图的制作与设置技巧,为使用者提供清晰的思路、明确的行动方向以及具体的实操指导。

6.4.1　构建图形化思维与目标

Excel 中有多种图表类型可供选择,让用户能够根据数据和目的选择最合适的图表。如果不确定哪种图表最适合,可以单击"推荐的图表"按钮,让 Excel 自动推荐合适的图表类型,并预览它们的效果。

借助人工智能,可以更快地完成图表选择和可视化配置。人工智能能够帮助用户解决以下问题:

(1)想要通过图形可视化传达什么样的结论或信息(这是数据可视化的出发点)。

(2)应该选择什么样的图形能够有效地达成目标。

(3)如何配置图形,使得数据可视化更易读、信息表达更突出。

假设已经在 Excel 中生成了一份数据汇总表格(见表 6-1),想要通过可视化展示一些关键信息。在选择可视化方向之前,可以先听听人工智能的建议,看看它能否给出一些有价值的思路;然后再结合业务经验,确定最合适的展示方式。

表 6-1　商品销售额汇总

品类	访问量	销售量	销售额
食品酒水	1169007	8476	4784536
生活电器	999668	9860	586118
电视	1204302	3125	7721980
精品家纺	1462894	6013	439457
数码	985203	6485	1392518
厨卫大电	1212689	1530	1450999
钟表首饰	792193	4251	1454904
洗衣机	72554	7404	15540149

示例提示指令如下。

[Bing Copilot]:你有一份关于各个品类汇总后的访问量、销售量和销售额数据,准备通过图形展示一些数据结论,你打算怎么做?

Bing Copilot 根据提示指令,给出如下可视化建议。

根据当前网页的内容,你可以选择柱状图、饼图或散点图来展示不同品类的访问量、销售量和销售额之间的关系。例如:

柱状图可以直观地比较不同品类在某一指标上的表现,如精品家纺的访问量最高,而洗衣机的销售额最高。

饼图可以清楚地显示不同品类在总量上的占比,如食品酒水占总销售额的 14%,电视占总销售额的 23%。

散点图可以揭示两个指标之间的相关性,如访问量和销售量呈正相关,访问量和销售额呈负相关。

你可以使用 Excel 或 PowerPoint 等工具来制作这些图形,并添加一些文字说明来突出数据分析的要点。

通过人工智能的建议，可以粗略地理解数据之间的关系，并选择最合适的图表类型来展示数据，从而为数据分析更加直观和易懂提供基本方向。

6.4.2　聚焦业务价值与主题聚焦

虽然 AIGC 提供了一些基本方向，但还可以进一步提问，看看是否能够发现更多有意义的结论，并举一些例子来激发其创造力。

在相同的会话中，输入以下提示指令。

[Bing Copilot]：除了上述想法外，能否使用一些更复杂的图形，或者表达更复杂的结论呢？比如结合一些常用的分析理论（如二八定律、ABC 分层或者其他类似的理论、模型等）的图形展示。

Bing Copilot 根据提示指令，给出了以下更多可视化建议。

你好，这是 Bing。除了柱状图、饼图或散点图，还可以使用一些更复杂的图形来展示数据分析的结论，或者结合一些常用的分析理论来增强数据的解释力。例如：

帕累托图：这是一种用来展示二八定律的图形，可以帮助你找出影响结果的主要因素。例如，可以用帕累托图来分析哪些品类占了总销售额的 80%，或者哪些因素导致了访问量的下降。

ABC 分析法：这是一种基于二八定律的升级方法，可以将分析对象分为三类，分别是重点、次重点和非重点。例如，可以用 ABC 分析法来对库存商品进行分类，根据库存金额和商品数量来制定不同的管理策略。

其他理论或模型：根据你的数据分析目的和场景，还可以选择其他适合的理论或模型来辅助你的数据分析，如 SWOT 分析、波士顿矩阵、马斯洛需求层次理论等。

你可以使用 Excel 或 PowerPoint 等工具来制作这些图形，并添加一些文字说明来突出数据分析的要点。

通过以上建议，可以初步确定以下几个图形可视化的主题。

（1）利用饼图展示各个品类在总销售额中的占比，突出销售是促销活动的核心目标。

（2）利用帕累托图展示各个品类在总销售额中的累计贡献，识别出公司的核心品类。

6.4.3　Excel 饼图可视化

在确定了 AIGC 的可视化主题之后，需要进一步实施 Excel 图形可视化操作。

首先，让 AIGC 辅助完成饼图可视化制作。提示指令如下。

[Bing Copilot]：我想要在 Excel 中通过饼图来展示各个品类的销售额占比，以确定不同品类的销售贡献。请告诉我该如何专业、有效地设置饼图。

Bing Copilot 根据提示指令，详细陈述如何设置饼图；同时还提供了以下让图形更加专业的建议。

你好，这是 Bing。我可以帮助你在 Excel 中制作饼图。你可以按照以下步骤操作：

1. 在 Excel 里选中包含品类和销售额两列的数据表。

2. 在"插入"选项卡中，单击"饼图"按钮，然后从下拉菜单中选择你喜欢的饼图样式，如"2D 饼图"或"3D 饼图"。

3. Excel 会在数据表旁边生成一个饼图，你可以根据需要调整其位置和大小。

4. 为了让饼图更专业、有效，可以进行以下设置：

在"设计"选项卡中，单击"快速布局"，然后从弹出菜单中选择一个合适的布局样式，如"布局1"或"布局2"。这样可以为你的饼图添加清晰的标题和图例。

在"格式"选项卡中，单击"形状样式"，然后从弹出菜单中选择一个合适的颜色方案，如"彩色1"或"彩色2"。这样可以为你的饼图赋予美观的配色。

在饼图上右键单击，选择"添加数据标签"，然后再次右键单击，选择"格式数据标签"，在弹出窗口中勾选"百分比"。这样可以在你的饼图上显示每个品类的销售额占比，便于比较。

如果想突出某个品类，可以在饼图上单击相应部分，然后稍微向外拖动它。这样可以为你的饼图创建一个突出的效果。

在 AIGC 的引导下，并结合自身经验，完成了饼图的设置和展示（见图6-3）。

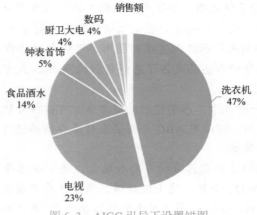

图 6-3   AIGC 引导下设置饼图

通过这些操作，可以更好地利用 AIGC 辅助完成 Excel 图形可视化，使数据更加直观、清晰地展现出来。

6.4.4　Excel 帕累托图可视化

接下来，将详细介绍如何通过 AIGC 辅助 Excel 制作帕累托图来展示销售额的累计贡献，以确定公司的核心经营品类。

按照类似的操作步骤，将如下提示指令输入 Bing Copilot。

[Bing Copilot]：我想要在 Excel 中通过帕累托图展示销售额累计贡献，以确定公司的核心经营品类。请告诉我该如何专业、有效地设置帕累托图。

Bing Copilot 根据提示指令，给出如下操作建议。

好的，我可以帮你在 Excel 中通过帕累托图展示销售额累计贡献，以确定公司的核心经营品类。请按照以下步骤操作：

1. 在 Excel 中选择你的数据表，包括品类和销售额两列。

2. 单击"数据"菜单，选择"排序"，然后按照销售额从大到小将你的数据排序。

3. 在你的数据表旁边，添加一列，命名为"累计销售额"，然后使用公式=SUM(B2:B9)计算每个品类的累计销售额。

4. 在你的数据表旁边，再添加一列，命名为"累计占比"，然后使用公式=C2/SUM(B2:B9)计算每个品类的累计占比。

5. 在 Excel 中选择你的数据表，包括品类、销售额和累计占比三列。

6. 单击"插入"菜单，单击"柱形图"按钮，然后选择"簇状柱形图"样式。

7. Excel 自动生成一个柱形图，并显示在数据表旁边。可以拖动或调整柱形图的位置和大小。

8. 为了让柱形图变成帕累托图，可以进行以下设置：

单击柱形图，单击"设计"菜单，选择"更改图表类型"，然后选择"组合"选项卡，然后将累计占比系列的图表类型改为"折线图"。

单击柱形图，单击"格式"菜单，选择"当前选中项"，然后选择"累计占比"系列，然后单击"格式数据"系列，然后将其绘制到次坐标轴上。

单击柱形图，单击"设计"菜单，选择"快速布局"，然后选择一个合适的布局样式，如"布局 9"。这样可以让你的帕累托图有清晰的标题和图例。

单击柱形图，单击"格式"菜单，选择"形状样式"，然后选择一个合适的颜色方案，如"彩色 1"或"彩色 2"。这样可以让你的帕累托图有美观的配色。

单击柱形图，单击"添加标签"按钮，选择"数据标签"，然后选择"数值"。这样可以让你的帕累托图显示每个品类的销售额和累计占比。

在 AIGC 的引导下，并结合自身经验，完成了帕累托图的设置和展示（见图 6-4）。

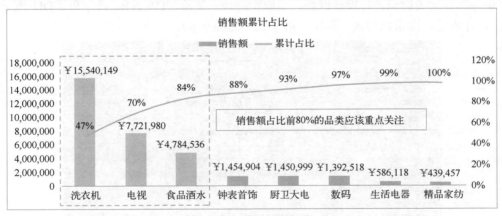

图 6-4　Excel 的帕累托图设置结果

通过以上操作，可以更加专业和高效地利用 AIGC 辅助完成 Excel 中帕累托图的制作，从而更直观地展示销售额的累计贡献，确定公司的核心经营品类。

此外，还可以尝试其他图形，但要注意人工智能可能会忽略一些图形设置技巧，反而影响可视化效果。例如，饼图应按降序排序，雷达图应做归一化处理，折线图应选择平滑线等。这些技巧有的是逻辑、原则、规律或经验，但 AIGC 只是辅助工具，用户要有积累和创新。

6.5　案例：AIGC 打造电商文案

百度优选是百度 2023 年 5 月推出的电商品牌（见图 6-5），致力于为用户提供高效、精准、专业的消费决策支持。为了在新品牌成长初期快速建立品牌认知，设计团队通过大促营销活动、行业生态大会等，多轮打造品牌心智，逐步强化消费者对百度优选的品牌感知。

图 6-5　百度优选

6.5.1　新品牌的建立

作为品牌的镜子，新品牌 LOGO 在设计层面上表达了全新的内核。通过围绕"购物""亲和""优选"三大关键词进行设计联想，提取购物袋、笑脸、U&YOU 优字母、DU 度字母图形进行设计表达，向用户传递"选购"的乐趣（见图 6-6）。

图 6-6　"购物""亲和""优选"三大关键词

经过 5 轮、70 多个设计方案探索，敲定最终图形方案，囊括百度品牌基因度字首字母 D、U、YOU 笑脸、优的 LOGO 方案应运而生。新 LOGO 色彩选用"优选红"，试图通过暖色系的正向引导，促进消费者购物欲及信任感的提升（见图 6-7）。

结合新品牌图形，设计团队围绕双十一、双十二、3.8、6.18 等重点大促活动，多轮打造品牌心智，长线强化用户的品牌认同感（见图 6-8）。

图 6-7　设计元素的选定

图 6-8　围绕活动强化认同感

　　下面以双十一大促活动为例，介绍在强化品牌认同感上的设计思考。

6.5.2　品牌心智概念设定

　　随着社会的发展和生活水平的不断提高，"夜经济"概念逐步兴起。为了持续满足用户夜间的购物需求，百度优选围绕人工智能创新方向，在双十一推出数字人直播"日不落计划"。通过 7×24h 数字人直播，为客户端用户提供更加便捷和灵活的购物体验。此外，结合搜索人工智能购物助手"智能导购"的专业推荐，提供更周到的服务，提升用户选购效率。

　　两款人工智能购物产品带来了新业态和新消费模式的变化，设计团队以此为切入点，围绕"造场景—节日化""造趋势—智能化""造品质—营销化""造记忆—品牌化"展开双十一品牌的心智概念设定（见图 6-9）。

图 6-9　心智概念设定

6.5.3　品牌心智刻入

结合四大品牌心智方向，设定设计关键词和元素，融入 3C 数码、食品酒水、服饰穿搭、美妆个护等重点品类元素，进行主视觉设计（见图 6-10）。

图 6-10　品牌心智刻入

（1）主视觉理念。主视觉围绕"夜经济"进行场景搭建，传递电商行业 24h 新业态，使用夜空礼花和商品环绕来营造节日化氛围；数字人带货和智能推荐新消费模式的概念融入，传递智能化电商新趋势；品牌符号和智能导购 IP 的持续曝光强化品牌化记忆；3D 化的高精设计展现品类元素的曝光，传递电商营销化感知（见图 6-11）。

（2）品类会场。在品类会场设计上，设计团队通过梳理发现有两大设计难点。

① 品类活动高频次：双十一期间共上线九大品类会场，素材量大且人力严重紧缺。

② 既要品牌感又要差异化：在九大品类会场差异化表达的诉求下，进行百度优选品牌的渗透。

结合以上难点，AIGC 可以解决我们面临的问题。首先，围绕品牌 LOGO 提取超级符号微笑曲线，通过图形的融入传递微笑服务的感知，强化品牌记忆的心智刻入。通过 AIGC 元素生成/设计产出最终版视觉方案，经过与人工设计对比，人工智能创意辅助单一活动页面设计的效能大幅提升。效能的快速提升使"素材量大、人力吃紧"的问题迎刃而解。

图 6-11　主视觉理念设计

　　围绕九大品类会场制定五套配色方案，通过色彩拉开视觉差异化，成套视觉方案在风格展现一致的基础上，运用 AIGC 批量产出（见图 6-12）。

图 6-12　五套配色方案

　　可见，人工智能创作为设计工作带来极大便捷，结合创意辅助的效能加持，80 多个品类组件沉淀至资产库，可以长远复利后续的运营设计工作。最后，围绕"搜索/商城/直播"三大场域、11 大玩法及重点资源位，进行了主视觉风格的全面覆盖，促成活动的统一展现（见图 6-13）。

图 6-13　主视觉风格的全面覆盖

【作业】

1. AIGC 通过自动化、智能化的内容生成和处理能力，赋能个人工作，实现高效办公，这主要表现在（　　）等方面。

① 提高内容创作效率　　　　　　② 提高成本，增加开支

③ 数据分析与决策支持　　　　　④ 个性化与定制化

A. ①②④　　　B. ①②③　　　C. ①③④　　　D. ②③④

2. 在日常办公环境中，AIGC 可以（　　）到办公软件中，如通过 LLM 在 Word、Excel、PowerPoint 中的应用，帮助撰写报告、数据分析、制作演示文稿等，显著提升工作效率。

A. 链接　　　B. 联合　　　C. 集成　　　D. 取代

3. （　　）是以软件机器人及人工智能为基础的业务过程自动化科技，它是一种应用程序，通过模仿最终用户在计算机的手动操作方式，使最终用户的手动操作流程自动化。

A. RPA　　　B. GUI　　　C. AGI　　　D. GAI

4. 在传统的工作流程自动化技术工具中，是由（　　）产生自动化任务的动作列表，并用内部的应用程序接口或是专用的脚本语言作为和后台系统之间的界面。

A. 硬件系统　　　B. 软件单元　　　C. 业务员　　　D. 程序员

5. 机器人流程自动化系统会监视使用者在应用软件中的（　　）所进行的工作，并且直接在其上自动重复这些工作。因此，可以减少产品自动化的阻碍。

A. RPA　　　B. GUI　　　C. AGI　　　D. GAI

6. 通过集成 RPA 系统，AIGC 使得办公流程的执行更加智能化。例如，可以通过简单的聊天指令来触发自动化流程，如（　　）等，极大减少了手动操作的时间，降低了错误率。

① 文件归档　　　② 生成代码　　　③ 数据录入　　　④ 报告生成

A. ②③④　　　B. ①②④　　　C. ①③④　　　D. ①②③

7. AIGC 和 RPA 虽然属于不同的（　　），但它们在数字化转型和自动化工作中可以形成互补，共同提升工作效率和智能化水平。

A. 体量大小　　　B. 复杂程度　　　C. 经济规模　　　D. 技术范畴

8. AIGC 和 RPA 的结合应用，能通过智能化的内容生成和分析能力，提升企业的（　　），推动工作方式的智能化转型。

① 运营效率　　　② 决策质量　　　③ 知名程度　　　④ 用户体验

A. ①③④　　　B. ①②③　　　C. ①②④　　　D. ②③④

9. AIGC 技术能够整理和归纳企业内部的知识库，（　　）。

① 自动创建、更新知识图谱　　　　② 改进计算机系统结构和操作系统

③ 帮助员工更快地找到所需信息　　④ 促进团队间的知识共享和创新合作

A. ①③④　　　B. ①②④　　　C. ①②③　　　D. ②③④

10. AIGC 支持的会议记录工具能够（　　），从而提升远程和混合办公环境下的沟通效率。

① 远程传输会议实况　　　　② 自动转录会议对话

③ 生成会议纪要和分析会议内容　　④ 提炼行动点

A. ①②③　　　B. ②③④　　　C. ①②④　　　D. ①③④

11．AIGC 在赋能个人工作方面展现出巨大的潜力，它通过自动化和智能化的工具显著提升了工作效率与创造力。AIGC 在不同领域赋能个人工作的一些实例包括（　　）。

　　① 内容创作　　　② 新闻媒体　　　③ 视觉艺术　　　④ 业务统计

　　A．①③④　　　　B．①②④　　　　C．②③④　　　　D．①②③

12．对于（　　）等职业，AIGC 可以辅助进行快速文案撰写、创意构思，甚至自动摘要和多语言翻译，提高内容产出的速度和多样性。

　　① 作家　　　　　② 编辑　　　　　③ 会计　　　　　④ 新媒体运营

　　A．②③④　　　　B．①②③　　　　C．①②④　　　　D．①③④

13．设计师和艺术家利用 AIGC 可以快速生成（　　），这不仅加速了创意的可视化过程，还能够提供无限的设计变体供选择。

　　① 图像内容　　　② 数据内容　　　③ 视频内容　　　④ 3D 模型

　　A．①③④　　　　B．①②④　　　　C．①②③　　　　D．②③④

14．在产品设计初期，AIGC 能够协助完成（　　），缩短设计周期。同时，还能辅助生成技术文档和需求规格说明书，提高研发团队的协作效率。

　　① 市场调研　　　② 趋势分析　　　③ 科学计算　　　④ 生成初步设计方案

　　A．①③④　　　　B．①②④　　　　C．①②③　　　　D．②③④

15．新闻工作者可以通过 AIGC 技术（　　），尤其在处理大量数据新闻和实时报道时更为有效。这使新闻工作者有更多时间专注于深度报道和新闻核查。

　　① 快速整理数据　　　　　　② 生成新闻摘要

　　③ 撰写基础报道　　　　　　④ 改进文字质量

　　A．①③④　　　　B．①②④　　　　C．②③④　　　　D．①②③

16．无论是在（　　）领域，AIGC 都能处理大量数据，快速生成报告和预测模型，为个人决策提供有力支持。

　　① 市场营销　　　② 财务管理　　　③ 业务分析　　　④ 科学计算

　　A．①③④　　　　B．①②④　　　　C．①②③　　　　D．②③④

17．尽管 AIGC 带来了诸多优势，但同时也引发了关于（　　）的讨论。因此，在享受技术便利的同时，个人也需要不断提升自身的专业技能和创新能力。

　　① 创意自主性　　② 版权　　　　　③ 营销规模　　　④ 对人类工作岗位影响

　　A．①②④　　　　B．①③④　　　　C．①②③　　　　D．②③④

18．如果说现在的 AIGC 还不够成熟，还无法超越用户的业务能力，那么，它首先能提升的就是（　　）领域，帮助消除个人的短板。

　　A．专业　　　　　B．非专业　　　　C．专门技能　　　D．领先

19．在整合营销或体验营销领域，当品牌方要求使用创意为品牌增光添彩的时候，AIGC 就有比较（　　）的发挥空间。

　　A．没必要　　　　B．有限　　　　　C．小　　　　　　D．大

20．目前市面上的人工智能配音平台，虽然提供了不少人工智能配音采样，但受限于标准化的语速和语气，只适用于（　　）领域，很难复用在商业广告中。

　　① 短视频　　　　② 电视播音　　　③ 电影译制　　　④ 模板化广告

　　A．②③④　　　　B．①②③　　　　C．①②④　　　　D．①③④

【研究性学习】熟悉讯飞公文写作工具——讯飞绘文

讯飞绘文（原星火内容运营大师）是科大讯飞推出的一款专为内容运营工作者打造的免费人工智能写作平台。

内容运营工作者是负责管理和优化在线平台或产品中所有内容相关活动的专业人士，其核心目标是通过高质量、有价值的内容吸引用户，增加用户参与度、提升用户留存率，并最终实现商业目标。他们的职责广泛，覆盖内容策略规划、内容创作与编辑、内容发布与更新、内容优化、内容营销以及数据分析等多个环节。

内容运营工作者的具体工作内容包括但不限于以下方面。

（1）内容策略规划：根据产品定位、用户画像及市场趋势，规划内容主题、格式、发布时间表等，以满足目标用户群体的需求。

（2）内容创作与编辑：撰写原创文章、制作视频、设计图文、录制播客等，同时对现有内容进行编辑和校对，确保内容质量、准确性和吸引力。

（3）内容发布与更新：通过网站、社交媒体、邮件、博客等多种渠道发布内容，并优化内容在搜索引擎的可见度，扩大内容的覆盖面。

（4）用户互动与社区管理：鼓励用户评论和分享，参与内容讨论，建立和维护积极健康的用户社区，增强用户黏性。

（5）数据分析与优化：运用数据分析工具监测内容表现，如浏览量、点击率、用户停留时间等，并据此调整内容策略，持续优化内容效果。

（6）内容营销：设计并执行内容营销计划，如举办线上活动、合作推广、内容广告等，以内容为载体促进品牌认知和产品销售。

内容运营工作者不同于传统的编辑，他们不仅要保证内容的创意与质量，还需具备一定的市场洞察力、数据分析能力和营销策略思维，能够在内容与用户、产品与市场之间架起桥梁，推动业务增长。基于讯飞星火认知大模型的强大人工智能创作能力，讯飞绘文平台支持热门选题推荐、海量选题生成、一键生成文章、一键排版、人工智能生成配图等功能，可结合热点、节日、文章、图片材料等，帮写作者释放创意，让内容创作更轻松。

讯飞绘文平台致力于为内容运营工作者打造一个可人机协同运营的工作平台，辅助完成内容运营过程中的信息收集整理、运营等重复性工作，让内容运营工作者能够专注高效，释放创意。

1. 实验目的

（1）了解 AIGC 助力高效办公自动化的基础知识，熟悉主流的大语言模型平台。

（2）熟悉科大讯飞的 AIGC 工作平台，掌握讯飞绘文平台的主要功能。

（3）借助讯飞绘文平台，尝试选择完成自己的 AIGC 作品。

2. 实验内容与步骤

（1）请仔细阅读本章课文，熟悉 AIGC 高效工作的课程知识。

（2）建议下载并注册安装后，登录讯飞绘文 AIGC 平台（见图 6-14），操作和熟悉讯飞绘文 AIGC 平台的各种功能。

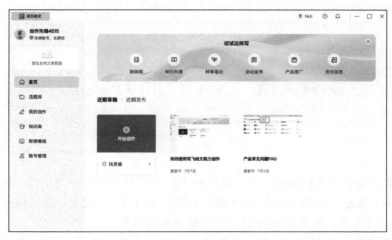

图 6-14　讯飞绘文 AIGC 平台

（3）在讯飞绘文平台下，选择某项功能并完成一组实践操作，得到一个成功的 AIGC 作品。

请记录：

你选择的讯飞绘文功能是：_____

请简单描述此项功能：

_____

请将你完成的作品报告粘贴如下：

———————————————————　你的作品报告　———————————————————

3. 实验总结

_____

4. 实验评价（教师）

_____

第 7 章　AIGC 助力学习

AIGC 技术有助于个人技能的提升，可以极大地丰富和个性化学习活动。例如，可以作为个性化学习工具，根据个人的学习进度和偏好来定制学习材料。此外，通过模拟场景和案例分析，人工智能可以为个人提供即时反馈，加速技能掌握过程。

如今越来越多的领域都在尝试将人工智能技术应用于开发过程。AIGC 能够帮助开发者提升开发效率、优化代码质量并实现智能编程。AIGC 用作开发辅助工具，可以理解代码的结构和意图，通过学习和模拟开发者的行为来提供智能化的开发支持，辅助完成代码的自动补全、错误检测、代码优化等任务，从而极大提升开发效率和代码质量。

7.1　AIGC 助力学习进步

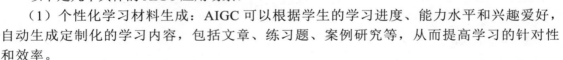

扫码看视频

AIGC 技术有助于个人技能的提升，它不仅能够提升学习效率，还能增加学习的趣味性和参与度，为教育领域带来革新。

以下是几个具体的 AIGC 应用场景。

（1）个性化学习材料生成：AIGC 可以根据学生的学习进度、能力水平和兴趣爱好，自动生成定制化的学习内容，包括文章、练习题、案例研究等，从而提高学习的针对性和效率。

（2）交互式学习体验：利用 AIGC 技术创建虚拟导师或助教，可以与学生进行对话式学习、解答疑问、提供即时反馈、增强学习互动性。这在语言学习、编程教学等领域尤其有效。

（3）智能评估与反馈：AIGC 可以自动批改作业，如作文、代码、数学题等，不仅可以给出正确答案，还能分析错误原因并提供改进建议，减轻教师负担，同时提升学生的学习效果。

（4）创意思维激发：利用 AIGC 生成创意写作提示、艺术设计灵感或科学实验设想，可以鼓励学生发挥想象力，探索未知领域，培养创新思维和问题解决能力。

（5）跨学科项目开发：AIGC 可以帮助生成跨学科的学习资源，如结合历史事件的数学问题、融合文学元素的科学实验等，促进学生综合运用多学科知识，提高综合素质。

（6）虚拟实验与模拟：在物理、化学、生物等实验性较强的学科中，AIGC 可以生成高度仿真的实验环境，让学生在虚拟世界中安全地进行实验操作，并加深理论理解。

（7）个性化学习路径规划：通过对学生学习数据的分析，AIGC 可以智能规划每个学生的最佳学习路径，推荐适合的学习资源和课程，确保学习的连续性和有效性。

（8）辅助特殊教育需求：对于有特殊学习需求的学生，AIGC 可以根据其特定要求生成适应性学习材料，如使用特定颜色方案、字体大小或者调整内容难度，以满足特殊的学习需求。

（9）多语言学习资源：AIGC 能快速生成多语种学习资料，可以帮助学生学习外语，或让非母语学生更容易地获取和理解学习内容，促进国际化教育交流。

7.2　人工智能教育工具（平台）

人工智能正重塑学生与教师的教学体验，通过个性化学习、提升可访问性、自动化管理工作流程等途径带来变革。下面，来介绍一些先进实用的人工智能教育工具。

7.2.1　QuillBot

QuillBot 是一款以先进释义和总结功能著称的强大的写作辅助工具（见图 7-1），专为提高学生的写作和研究技能而设计，帮助学生提高写作水平，同时维护学术诚信。

图 7-1　QuillBot 应用界面

QuillBot 的主要功能如下。

（1）释义分析功能：能够重写句子和段落，同时保留原始含义，帮助学生扩展词汇量并提高表达能力。

（2）抄袭检查器与学术诚信：QuillBot 的抄袭检查器可以扫描文本中的非原创内容，突出显示潜在的关注领域。这有助于确保学生的作品是原创的，并正确引用来源，从而避免意外抄袭。由此，学生可以确保其作品的原创性，维护学术诚信。

（3）多种写作模式：QuillBot 提供了多种写作模式，包括释义器、摘要器、语法检查器、合著者和引文生成器。QuillBot 在写作过程中提供实时建议，语法检查器实时反馈，自动识别并纠正语法错误，以确保学生写作的准确性和流畅性，帮助学生提高语法、句子结构和整体清晰度。这些工具集成在一起，可以在整个写作过程中为学生提供支持，完善其最终草稿。QuillBot 的实时反馈和多样化的写作工具可以帮助学生提高写作技能。

（4）翻译功能：QuillBot 支持 30 多种语言的无缝翻译，使学生能够从各种来源访问信息，满足研究和交流需求。

7.2.2　Owlift

　　Owlift 是一个教育平台（见图 7-2），旨在简化复杂的概念和想法，使其易于理解，即使是年幼的孩子也能理解。它利用人工智能技术将复杂的主题分解为易于理解的解释，以迎合不同对象的学习风格。

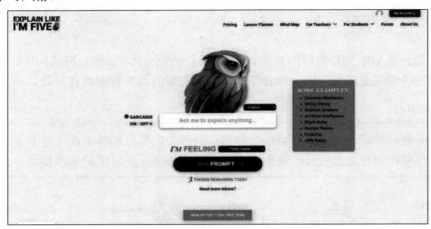

图 7-2　Owlift 应用界面

　　Owlift 的直观界面和互动功能，使用户能够轻松探索和理解广泛的主题。功能如下。

　　（1）个性化学习路径：Owlift 根据用户的学习风格和兴趣，提供定制化的学习路径。

　　（2）互动式学习工具：Owlift 通过互动式图表、动画和模拟，帮助用户更好地理解复杂概念。

　　（3）社区支持：Owlift 提供一个平台，让用户可以提问、分享知识和互相学习。

　　（4）多语言支持：为了满足全球用户的需求，Owlift 提供多种语言的解释和内容。

　　（5）可访问性：Owlift 确保平台对所有用户都是可访问的，包括有视觉或听力障碍的用户。

　　（6）实时反馈：Owlift 提供实时反馈机制，帮助用户了解自己的学习进度和理解程度。

　　（7）跨学科整合：Owlift 将不同学科的知识整合在一起，帮助用户看到概念之间的联系。

　　Owlift 的突出功能是人工智能问题生成器，它允许用户输入特定参数，如年级和主题，然后使用复杂的算法生成相关问题。

　　Owlift 的优点如下。

　　（1）最低复杂性：Owlift 使用人工智能将复杂的话题转化为简单易懂的解释，非常适合需要清晰理解的用户。

　　（2）参与乐趣和事实：Owlift 超越了教科书，提供引人入胜的内容，使学习变得有趣。它包括色彩丰富的插图、有趣的事实和解释，可以以一种让学生着迷的方式呈现。

　　（3）视觉辅助和示例：Owlift 使用视觉效果、插图和真实世界的例子，使概念更容易理解，即使是最复杂的想法也可以通过相关的示例来理解。

　　（4）互动学习：Owlift 通过测验和游戏等互动活动来个性化学习体验，让学生保持参与感并帮助他们巩固对概念的理解。

7.2.3　Grammarly

Grammarly 是一款基于云的写作助手，利用人工智能技术提升书面交流质量。它对教师和学生都具有极高的价值。教师可以利用 Grammarly 确保作业、讲座和反馈内容清晰、简洁且无误。同时，学生也能从 Grammarly 提供的实时语法、拼写和标点符号反馈中受益，从而更专注于推出自己的观点和论据，Grammarly 则帮助他们优化写作技巧。

作为一款在教育领域中独树一帜的人工智能工具，Grammarly 的功能远远超出了基本的语法和拼写检查。以下是 Grammarly 的主要功能和优点。

（1）实时反馈：Grammarly 能够提供实时的语法、拼写、标点和清晰度反馈，使学生能够及时发现并改正错误，这种用户友好的功能有助于学生掌握写作技巧，提高自信心。

（2）抄袭检查器：Grammarly 提供了抄袭检查器功能，可以扫描大量数据库，识别非原创内容。这有助于学生保持学术诚信，确保作品得到正确的引用，从而避免无意抄袭。

（3）词汇增强和风格建议：Grammarly 不仅检查基本的语法和拼写，还提供了改进词汇使用和句子风格的建议。这有助于学生扩大词汇量，提高写作表达能力，从而实现更有影响力的交流。

（4）跨平台和设备访问：Grammarly 与各种平台和设备无缝集成，可以作为浏览器扩展或桌面应用程序，甚至直接在 Word 中使用。这使得学生可以随时随地使用 Grammarly，提高写作效率。

7.2.4　Gradescope

Gradescope 是一款流行的工具，它利用人工智能驱动的手写识别技术，使教师能够快速准确地给简答题和填空题（包括手写回答）评分。通过在线自动化评分过程，Gradescope 节省了教师的时间，确保一致性，并降低评分错误的风险，为教师提供了一种全新的评估学生作业的方法。Gradescope 通过以下几个方面显著提升了评分过程的效率和质量。

（1）简化评分流程：Gradescope 简化了评分过程，使教师能够更轻松地管理和评估学生作业。

（2）提供深入见解：Gradescope 不仅简化评分，还为教师提供了关于学生学习情况的见解，帮助他们更好地了解学生的学习进展。

（3）利用人工智能技术：Gradescope 实现了辅助评分的快速、高效和一致性，减少了人为错误，提高了评分的准确性。Gradescope 通过自动化多项选择题评分和分组开放式问题的答案来简化评分过程，从而节省教师的时间。

（4）用户友好的设计：Gradescope 使教师能够轻松上手，减少在任务管理上的时间消耗。Gradescope 还提供文本转语音和屏幕阅读器，可供残疾学生使用。

（5）个性化反馈：通过节省出来的时间，教师可以更专注于为学生提供个性化反馈，帮助学生识别和克服学习中的障碍。Gradescope 允许教师轻松注释学生作业并提供具体反馈，还可以生成班级报告，以识别常见错误和需要改进的领域。

（6）促进深入理解：Gradescope 鼓励教师和学生之间根据材料进行更深入的讨论，从而促进学生对知识的深入理解。

（7）维护学术诚信：Gradescope 的人工智能技术可以分析提交的内容，检测剽窃并与其他来源进行比较，以维护公平的学习环境。

7.2.5　Fireflies.ai

Fireflies.ai 是一个人工智能驱动平台（见图 7-3），为录制对话提供转录、总结和分析服务。这个智能虚拟笔记器适合捕捉讲座、课堂讨论和小组项目，帮助用户更有效地学习和工作。

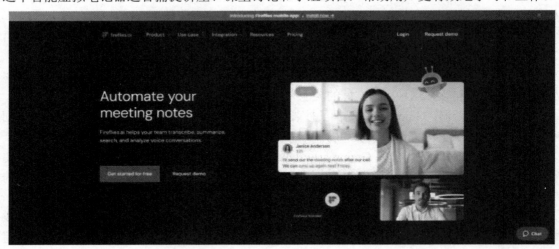

图 7-3　Fireflies.ai 应用界面

Fireflies.ai 与流行的在线学习环境中的视频会议工具无缝集成，可以确保每个课程细节都能得到保留。它不仅提供基本的录音和转录功能，还利用先进的人工智能技术来突出课堂上的关键要点、行动项目和重要概念。通过这种方式，学生可以轻松地回顾讲座的关键时刻，加深对内容的理解。同时还能减轻学生做笔记的负担，让他们能够更专注于积极参与课堂讨论，提高学习效果。

Fireflies.ai 在教育领域的独特优势在于其人工智能驱动的精华提炼工具。它能自动制作精炼的课堂摘要，凸显核心要点，对于错过课程或需重温特定主题的学生尤其有帮助。教师亦可利用这些摘要来制定学习指导或复习资料。

Fireflies.ai 的主要特性与优点如下。

（1）学习专注：Fireflies.ai 自动转录和总结讲座，使学生能够集中精力理解内容，而非忙于做笔记。

（2）个性化学习体验：Fireflies.ai 智能识别关键概念和专业术语，帮助学生聚焦于最关键的信息，尤其适合那些在提炼要点时遇到困难的学生。

（3）促进合作学习：学生可以通过分享笔记和摘要进行互动，激发协作和讨论，从而增强合作学习和知识检验。

（4）高效复习与查找：Fireflies.ai 提供便捷的笔记搜索功能，使学生可以快速定位特定信息，无论是备考还是回顾讲座细节，都能提供极大的便利。

7.2.6　Otter.ai

Otter.ai 是一款创新性的人工智能应用（见图 7-4），它能即时转录和整理语音记录，从而在课堂上极大地提升学习效率。学生无须忙于速记，而是能全神贯注于吸收知识和参与讨论。这款工具能自动识别并将讲座和讨论的内容转化为文字，同时附带有精确的时间戳和说话者标识。这样，学生可以方便地回顾重要环节、搜索特定词汇，甚至通过协作注释笔记来打造更丰富详细的学习资源。

图 7-4　Otter.ai 应用界面

教育领域中，Otter.ai 致力于提供与在线学习平台的流畅整合体验。通过与 Zoom 等视频会议软件的协作，它能实时转录教学内容，并将文字与视频同步展示。这样的功能极大地帮助了听力处理困难或者偏好视觉学习的学生。

Otter.ai 的核心优势如下。

（1）实时转录与智能笔记：在课程进行中，Otter.ai 可以即时转录讲话内容，让学生专注于理解和参与课堂，无须分心做笔记。同步的文本记录可以允许学生日后轻松回顾特定部分。

（2）快速搜索功能：告别烦琐的笔记查找。学生只需在转录的文字中输入关键词或短语，就能迅速定位到所需信息，无论是搜索关键概念、定义还是讲座引用。

（3）演讲者区分：在多演讲者环境中，如小组讨论或讲座，Otter.ai 能准确识别每个人的话语。清晰的演讲者标记让追踪对话和评估个人贡献变得简单，尤其在在线学习的复杂场景下更为实用。

（4）无缝平台集成：Otter.ai 与常见的视频会议工具（如 Zoom 和 Google Meet）兼容，确保学生能在熟悉的在线学习环境中直接转录课堂内容，以提升学习效率。

7.2.7　Google Scholar

Google Scholar 是一个专精于学术文献的智能搜索平台，深受学生和教师的喜爱。Google Scholar 凭借其强大的搜索功能脱颖而出，区别于常规搜索引擎，它的核心在于对学术出版物的精准检索，涵盖了如同行评审的论文、书籍、摘要等各类学术资源。因此，它对学生而言是进行研究论文查找的可靠助手，能帮助他们获取最新的学术见解，深化对复杂主题的理解。

通过精准定位，如关键词、作者、出版日期甚至引用的文献，能够进行极其细致的搜索，从而迅速获取最具相关性和最新性的信息，满足学生和教师的需求。

Google Scholar 的主要功能与优势如下。

（1）全面的学术搜寻：Google Scholar 涵盖庞大的学术资源库，包括同行评审的期刊、会议论文、学位论文和书籍等，使其成为寻找研究、项目和演讲资料的理想平台。

（2）智能引用追踪：Google Scholar 揭示了特定研究在时间线上的引用情况，帮助评估其影响力，并探索相关研究领域。

（3）研究工作流整合：Google Scholar 与多种学术工具和平台无缝集成，简化用户的研究过程，提供参考文献、引用数据及关联文章，显著提升了研究效率。用户可便捷地概览文献引用，快速理解文档结构，并直达学术资料的核心。

（4）无须付费：与众多收费的学术数据库不同，Google Scholar 完全免费，成为学生和教师不可或缺的宝贵资源。

7.2.8　Copy.ai

Copy.ai 是一款创新的人工智能写作工具（见图 7-5），旨在消除写作困扰，激发用户的创造力，生成多样化的文本内容。教师能借助其丰富的模板资源，制作出引人入胜的教案、演示文稿以及创新写作灵感。同时，学生可以利用这个工具来发掘论文主题，突破作业写作的瓶颈，以及体验各种写作风格。通过让用户自定义语调和风格，Copy.ai 为教育领域的每一个用户提供了高度个性化的写作解决方案。

借助 Copy.ai 的创新功能，教师能轻松生成包含核心要点、目标受众及风格建议的全面课程摘要，从而节省筹备教学的时间，可以将更多精力投入到创造有深度的、影响学生的内容上。

图 7-5　Copy.ai 应用界面

Copy.ai 的优点如下。

（1）激发灵感与突破写作困境：Copy.ai 提供丰富的写作模板和创意提示，帮助学生迅速开启写作旅程，激发潜在思路，从而专注深化个人见解。

（2）定制化内容创作：学生可自定义文本的语气和风格，确保作品符合特定任务要求或吸引目标读者，提升适应不同情境的沟通技巧。

（3）高级语言预测技术：基于先进的 GPT-3 语言预测模型，Copy.ai 能生成多样化的高质量内容，并随着使用逐步学习和优化用户的写作风格，提升内容的准确性和个性化。

（4）可靠的抄袭检测：Copy.ai 内置的抄袭检查工具确保了内容的原创性，尤其在学术环境中尤为重要。它让用户能够安心创作，避免意外抄袭。

7.2.9　Google Bard

Google Bard 是一款先进的 LLM，它借助海量的文本和编程资料库，能够生成多样化的文本内容、进行语言翻译、创作创新性的内容，并以轻松的方式解答疑问。教师可利用其特性，开发出互动式的学习资源，如制作测验、学习卡片，提供定制化的学生反馈，甚至构思创新的写作灵感或教学方案。

对于学生而言，Google Bard 是进行研究的理想助手，能帮助他们以新颖的视角深入理解概念，并即时获取写作指导。

Google Bard 也是教师的理想之选，它具备实时反馈功能，便于验证信息。想要探索人工智能的最新发展，只需向它提问即可。Bard 回答后，会看到一个小小的 "G" 标记，提示用户可以通过 Google 进行搜索核实。若信息高亮显示为绿色，意味着 Google 查到了与 Bard 回答相符的内容，有时还会附上相关链接，尽管不保证是直接来源。这样的自适应学习模式让学生能更高效地理解概念，同时教师也能对学生提供更有针对性的指导。

Google Bard 的优势如下。

（1）创新的内容创作：直接在 Google Workspace 制作引人入胜的测验、闪卡等学习资源，简化教师工作，同时提升学生的参与度。

（2）个性化学习体验：Google Bard 根据每个学生的需求和兴趣定制教学内容与活动，以增强学习效率和保持学生的学习热情。

（3）流畅的整合性：Google Bard 与常见的 Google 应用（如 Docs 和 Gmail）完美融合，让习惯使用这些工具的教师得心应手。

（4）包容性与多语言支持：Google Bard 提供文本转语音、语音输入等辅助工具，以满足不同学习方式的需求。同时，多语言功能确保了多元文化背景学习环境的兼容性。

7.3　输入法加持人工智能

2024 年 6 月 26 日，微信宣布其输入法迎来全新升级，正式上线基于混元大模型打造的 "一键人工智能问答" 功能，为用户提供智能交互体验。用户只需在微信聊天框中输入内容后添加一个 "=" 符号，便能迅速获得人工智能的智能回答。无论是查询信息、解答疑惑，还是进行聊天，该功能都可以迅速给出精准的回应。

7 月 1 日，腾讯旗下的搜狗输入法宣布人工智能功能上新，具备人工智能帮写、人工智能对话、快捷问答、人工智能宠物、人工智能自拍表情等多种功能。

"输入法+人工智能" 成为腾讯又一个落地的人工智能应用场景，是因为输入法是目前用户通过计算机交互最为常用的渠道，更是一个将人工智能渗透到千家万户的最有效途径。

事实上，只要脑机接口没有实现商业化，围绕着计算机建立的信息科学的体系里，键盘都会是最为重要的交互工具，输入法显然是绕不过去的重要一环。早先的五笔输入法被现在的搜狗输入法、百度输入法、讯飞输入法逐步取代，就是因为用户对输入效率的追求永无止境。

五笔输入法重码率低、录入速度快、便于盲打，曾在互联网普及的早期风靡一时。但五笔输入法的高效是建立在大量练习的基础上，重码率低就意味着想要打 1000 个汉字就要记熟 1000 组编码，但学习拼音输入法只需掌握 400 个汉语读音，即可打出所有的汉字。同时，云服务的加入更是让拼音输入法如虎添翼，在云同步词库的支持下，用户经常使用的词汇会迅速地被输入法推荐到更前面。

在人工智能介入之前，微信输入法和搜狗输入法也提供了诸如整句输入、联想输入、云联想等功能，但输入法并不能代替用户做决定。而人工智能搭配输入法带来的最大变化，就是降低了用户参与度，能够进一步解放用户双手。用户使用输入法是为了更快地将思想变成文字，而不是单纯体验打字的乐趣，输入法不断迭代的本质是逐渐降低用户输入内容的难度，从而提升用户的表达欲。互联网世界的最大问题就是表达能力稀缺，毕竟输出有趣或有价值的内容需要一定的知识体系来作为支撑。传统输入法做不到主动帮助用户将脑海里的想法转化，但有人工智能加持的输入法可能成为用户的"嘴替"。

例如，搜狗输入法的人工智能帮写功能提供了聊天润色、全能帮写、购物神评、演讲稿生成等 21 个指令，覆盖了日常聊天、种草笔记、撰写评论等 130 余种场景，可根据用户的关键词进行优化、改进和丰富信息，从而提高文本的表达效果，用简单词汇来概括自己的诉求显然已经不是什么难事。例如，所谓"种草"，是指被别人推荐商品从而有了购买欲，这是"宣传某种商品的优异品质以诱人购买"的行为，泛指"把一样事物推荐给另一个人，让另一个人喜欢这样事物"的过程。

相比 KiMi、ChatGPT 乃至混元助手等人工智能应用，人工智能加持下的输入法还能优化用户体验人工智能的步骤。例如，用户想要用 KiMi 来检查自己写的文章是否存在错别字或是有语句不通的情况，一般需要将内容复制到 KiMi 的对话框中。而有了人工智能输入法，直接在输入法的界面就能知道结果。

7.4 智能程序代码生成工具

在编程领域，AIGC 作为智能代码生成工具，能够辅助软件开发者自动完成一些编程任务，从而提高开发效率，减少重复劳动。这些工具通过学习海量的数据和模式，辅助人类创作者和开发者更加高效地完成工作，同时也强调了人机协作的重要性，因为最终的创意方向、逻辑判断和质量控制仍需要人类的智慧来把握。一些编程辅助工具如下。

（1）Kite：一款 AI 辅助编程工具，能够根据开发者正在编写的代码上下文，提供智能代码补全建议，从而减少手动编码的工作量。

（2）DeepCode：提供智能代码审查服务，不仅能指出潜在错误，还能提供修复建议，帮助开发者提升代码质量和安全性。

（3）Tabnine：一个跨平台的 AI 代码补全工具，支持多种编程语言，利用机器学习预测最可能的下一行代码，从而提高开发速度。

下面介绍一组人工智能编程助手工具。无论是经验丰富的开发者还是新上手的程序员，这些人工智能代码生成软件都可以帮助用户提高项目开发中的生产力和创造力，从而快速高效地进行编程开发。

7.4.1　GitHub Copilot

GitHub Copilot（见图 7-6）是由全球最大的程序员社区和代码托管平台 GitHub 联合 OpenAI 与微软 Azure 团队推出的 AI 编程助手，该工具基于 OpenAI Codex 大模型进行了改进和升级，集成在 Visual Studio Code、GitHub 等平台中，累计已被超过数百万个开发者和 2 万多个企业组织所使用。GitHub Copilot 支持和兼容多种语言与 IDE，可为开发者快速提供代码建议，帮助更快、更少地编写代码，并能根据注释和现有代码自动生成函数、实现算法甚至整个代码段。

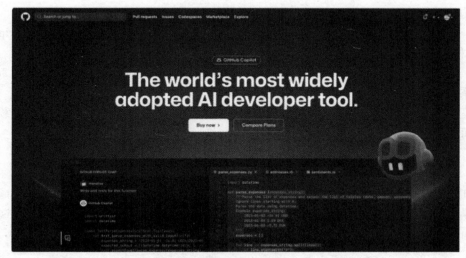

图 7-6　GitHub Copilot 主界面

（1）支持的编程语言。CitHub Copilot 支持 C、C++、C#、Go、Java、JavaScript、PHP、Python、Ruby、Scala 和 TypeScript 等主流编程语言。

（2）兼容的编辑器和 IDE。GitHub Copilot 支持和兼容 Visual Studio Code、NeoVim、VS Code、Azure Data Studio 与 JetBrains 旗下的系列 IDEs 和代码编辑器。

（3）产品价格。对于经过验证的学生、教师或流行开源项目的维护人员，GitHub Copilot 目前可免费使用。对普通用户，GitHub Copilot 提供 30 天的免费试用。免费试用结束后，个人用户 10 美元/月，订阅商业版每个用户 19 美元/月。

7.4.2　通义灵码

通义灵码是阿里巴巴团队推出的一款基于通义大模型的智能编程辅助工具，提供行级/函数级实时续写、自然语言生成代码、单元测试生成、代码注释生成、代码解释、研发智能问答、异常报错排查等能力，并针对阿里云 SDK/API 的使用场景调优，为开发者带来高效的、流畅的编码体验。

（1）支持的编程语言。通义灵码支持 Java、Python、Go、C、C++、JavaScript、TypeScript、PHP、Ruby、Rust、Scala 等主流编程语言。

（2）兼容的编辑器和 IDE。通义灵码兼容 Visual Studio Code、JetBrains IDEs 等主流编辑器和 IDE。

（3）产品价格。通义灵码目前是完全免费的，用户只需前往 IDE 下载对应的插件即可。

7.4.3 代码小浣熊

代码小浣熊 Raccoon 是由商汤科技推出的免费的人工智能编程助手，该工具由商汤科技自主研发的日日新大模型提供动力，不仅支持多种编程语言，还具备执行多种任务的能力，为开发者带来了较好的编程体验。代码小浣熊 Raccoon 集成了众多智能代码生成和辅助工具，覆盖了从软件需求分析、架构设计、代码编写到软件测试的整个开发周期。它能够满足开发者在代码编写、数据分析以及编程学习等多方面的需求，为编程工作提供全面的解决方案。

（1）支持的编程语言。代码小浣熊支持 Python、C#、C/C++、Java、Go、JavaScript、SQL 等 30 多种主流编程语言。

（2）兼容的编辑器和 IDE。代码小浣熊兼容 Visual Studio Code、Android Studio 和 JetBrains 旗下的系列 IDEs。

（3）产品价格。代码小浣熊目前是完全免费的，用户只需前往 IDE 和编辑器下载对应的插件即可。

7.4.4 CodeWhisperer

CodeWhisperer（见图 7-7）是亚马逊 AWS 团队推出的人工智能编程软件，该代码生成器由机器学习技术驱动，可为开发者实时提供代码建议。当用户编写代码时，CodeWhisperer 会根据现有的代码和注释自动生成建议，并可生成无限次数的代码建议。

图 7-7　CodeWhisperer 主界面

（1）支持的编程语言。CodeWhisperer 支持 15 种编程语言，包括 Java、Python、JavaScript、TypeScript、C#、Go、PHP、Rust、Kotlin、SQL、Ruby、C++、C、Shell、Scala。

（2）兼容的编辑器和 IDE。CodeWhisperer 支持的代码编辑器或 IDE 包括 Amazon Sagemaker Studio、JupyterLab、Visual Studio Code、JetBrains 旗下的 IDEs、AWS Cloud9、AWS Lambda、AWS Glue Studio。

（3）产品价格。个人开发者目前可以免费使用 CodeWhisperer，支持不限次数地生成代码建议，并免费使用引用跟踪器，且每月可免费进行 50 次代码安全扫描。对于企业组织来说，专业版本的价格是每个用户 19 美元/月，并提供 500 次代码安全扫描。

7.4.5　MarsCode

MarsCode 是由字节跳动公司开发的免费人工智能编程辅助工具，不仅提供了一个由人工智能驱动的云端集成开发环境（IDE），还可以作为 VS Code 和 JetBrains 的智能编程插件使用。该工具通过人工智能助手实现代码补全、生成和优化，支持云函数的开发，并配备了 API 测试、存储和部署工具，能够自动创建 JSON Schema。MarsCode 插件支持多种主流编程语言和IDE，提供代码编辑、解释、注释生成、单元测试创建、错误修复等辅助功能，有效提升了编程效率和代码质量，覆盖了后端、前端、App 开发等多种编程语言和框架。

（1）支持的编程语言。MarsCode 支持 Go、Python、C++、C、C#、Java、PHP、Rust、HTML、TypeScript、JavaScript、CSS、Less、Swan、San、Vue、Stylus、Kotlin、Objective-C、Swift、Perl、Ruby、Shell、SQL、R、GraphQL、Dockerfile、RMarkdown 等编程语言。

（2）兼容的编辑器和 IDE。MarsCode 兼容 Visual Studio Code、JetBrains IDEs 等主流编辑器和 IDE。

（3）产品价格。MarsCode 目前是完全免费的，用户通过在线云端 IDE 下载安装对应的插件扩展即可使用。

7.4.6　CodeGeeX

CodeGeeX（见图 7-8）是智谱 AI 推出的开源免费人工智能编程助手，该工具基于 130 亿参数的预训练大模型，可以快速生成代码，帮助开发者提升开发效率。CodeGeeX 支持多种 IDE 与编程语言，提供代码自动生成和补全、代码翻译、自动添加注释、智能问答等功能。

图 7-8　CodeGeeX 主界面

（1）支持的编程语言。CodeGeeX 支持 Python、Java、C++、C、C#、JavaScript、Go、PHP、TypeScript 等多种编程语言。

（2）兼容的编辑器和 IDE。CodeGeeX 支持的代码编辑器和 IDE 包括 Visual Studio Code、IntelliJ IDEA、PyCharm、WebStorm、HBuilderX、GoLand、Android Studio、PhpStorm。

（3）产品价格。CodeGeeX 插件目前对个人用户完全免费，并且其代码模型已开源。

7.4.7　Cody

Cody 是代码搜索平台 Sourcegraph 推出的一款人工智能代码编写助手，该工具借助 Sourcegraph 强大的代码语义索引和分析能力，可以了解开发者的整个代码库，而不止是代码片段。Cody 可以回答开发者的技术问题并直接在 IDE 中编写和补全代码，还可以使用代码图来保持上下文和准确性。

（1）支持的编程语言。Cody 基于广泛的训练数据，理论上支持所有的编程语言，对于 Python、Go、JavaScript 和 TypeScript 的表现更好。

（2）兼容的编辑器和 IDE。Cody 目前支持 VS Code、Neovim 和 JetBrains 旗下的 IDEs，并推出 Emacs 版。

（3）产品价格。Cody 目前对于个人用户是免费的。

7.4.8　CodeFuse

CodeFuse 是蚂蚁集团支付宝团队为国内开发者提供智能研发服务的免费人工智能代码助手，该产品是基于蚂蚁集团自研的基础大模型进行微调的代码大模型。CodeFuse 具备代码补全、添加注释、解释代码、生成单元测试以及代码优化功能，以帮助开发者更快、更轻松地编写代码。

（1）支持的编程语言。CodeFuse 支持 40 多种编程语言，包括 C++、Java、Python、JavaScript 等。

（2）兼容的编辑器和 IDE。CodeFuse 支持在支付宝小程序云端研发、Visual Studio Code，以及 JetBrains 旗下的 8 款 IDE 中使用。

（3）产品价格。CodeFuse 目前是完全免费的，用户只需申请体验，然后下载插件使用即可。

7.4.9　Project IDX

Project IDX 是由谷歌推出的一款基于人工智能的云端全栈开发平台和代码编辑器，致力于提高开发者开发应用程序的效率。这个免费的人工智能编程工具内嵌了人工智能助手 Gemini，能够自动生成代码，提供编码建议，帮助开发者理解并优化代码。Project IDX 支持多种编程语言和框架，包括 Angular 和 React 等，允许开发者根据需要定制开发环境或从 GitHub 导入现有的应用程序。

（1）支持的编程语言。Project IDX 支持多个编程语言和框架，包括但不限于 Angular、React、Flutter、Go、Next.js、Python/Flask、Svelte 等。

（2）兼容的编辑器和 IDE。Project IDX 是一个云端 IDE，用户需在线使用。

（3）产品价格。Project IDX 目前是完全免费的，用户只需访问其官网在线使用即可。

7.4.10　Codeium

Codeium 是一款由人工智能驱动的编程助手工具，旨在通过提供代码建议，重构提示和代码解释，帮助开发者提高编程效率和准确性。Codeium 与主流的开发环境集成，并支持多种编程语言，可以理解代码上下文，自动进行代码补全、错误检测，甚至生成样板代码。Codeium 可以高效加快开发过程，并减少代码错误的可能性。

（1）支持的编程语言。Codeium 支持 70 多种编程语言，包括 C、C++、C#、Java、JavaScript、Python、PHP 等。

（2）兼容的编辑器和 IDE。Codeium 兼容 40 多种编辑器，支持 VS Code、JetBrains IDEs、Visual Studio、Eclipse 等常用编辑器和集成开发环境。

（3）产品价格。Codeium 的个人版目前是完全免费的，团队版每个用户 12 美元/月。

7.4.11　CodiumAI

CodiumAI 是一款人工智能代码测试和分析工具（见图 7-9），可以智能分析开发者编写代码、文档字符串和注释，并且可以与用户聊天互动，在编码时生成测试建议和提示。该工具智能创建全面的测试套件，包括自动生成单元测试、智能分析代码、代码修改建议、查找代码错误、自动添加文档字符串等，以便在软件发布前发现错误，确保软件的可靠性和准确性。

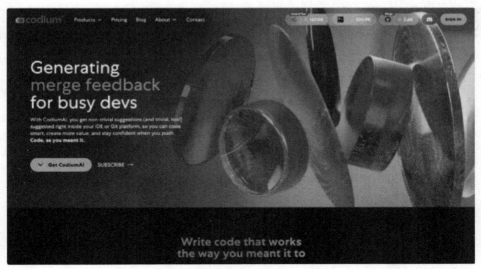

图 7-9　CodiumAI 主界面

（1）支持的编程语言。CodiumAI 支持几乎所有编程语言。不过，某些高级功能（如单元测试运行和修复）仅支持 Python、JavaScript、TypeScript 和 Java。

（2）兼容的编辑器和 IDE。CodiumAI 目前支持 VS Code 和 JetBrains 旗下的 IntelliJ、WebStore、Clon、PyCharm 等 IDE。

（3）产品价格。CodiumAI 目前针对个人开发者是完全免费的，团队版每个用户 19 美元/月。

7.4.12　AskCodi

AskCodi 是一款基于 OpenAI GPT 大模型技术的人工智能自动编程工具，可以帮助开发者更快、更省力地编写代码。AskCodi 提供了代码生成、单元测试创建、文档编写、代码转换等功能，并与主流的 IDE 扩展/插件无缝集成，帮助开发者提高生产力，减少手工编码的过程，从而专注于逻辑和更高层次的创造上。

（1）支持的编程语言。AskCodi 支持主流的编程语言和框架，包括 HTML、Python、JavaScript、Java、C++、React、Vue 框架等。

（2）兼容的编辑器和 IDE。AskCodi 支持通过 Visual Studio Code、Sunlime Text 和 JetBrains 旗下系列 IDEs 的扩展或插件使用。

（3）产品价格（1 积分约等于 3000 词元）。

- Basic 免费版，50 积分/月，可以访问基本模型和人工智能聊天机器人。
- Premium 高级版，9.99 美元/月，500 积分/月，可以访问基本模型、GPT-3.5-Turbo、自动补全。
- Ultimate 旗舰版，29.99 美元/月，3000 积分/月，可以访问基本模型、GPT-3.5-Turbo 和 GPT-4 和所有功能。

7.5　案例：AIGC 生成程序代码

一般地，当提到"文生程序代码"时，很可能是在谈论根据自然语言描述自动生成计算机程序代码的过程。这种技术属于 NLP 和自动编程的范畴，一些高级的人工智能系统（如 GitHub 的 Copilot 或 DeepMind 的 AlphaCode 等）能够根据自然语言提示生成代码片段。不过，直接生成一个完整的、复杂的程序代码实例可能超出了即时交互的能力范围。下面展示一个简单的概念示例，说明如何将自然语言指令转换成基础的 Python 代码。

自然语言指令："创建一个程序，它接收用户输入的一个数字，然后判断这个数字是偶数还是奇数，并打印出相应的结果。"

自动生成的 Python 代码：

```python
def check_even_odd():
    # 请求用户输入一个数字
    num = int(input("请输入一个数字："))
    # 判断数字是偶数还是奇数，并打印结果
    if num % 2 == 0:
        print(f"{num} 是偶数。")
    else:
        print(f"{num} 是奇数。")

# 调用函数
check_even_odd()
```

实际的"文生程序代码"程序通常涉及更复杂的算法和模型来理解自然语言指令的细微差别，并且在生成代码时考虑语法正确性、逻辑连贯性和代码效率。上述示例只是演示了如何将简单指令转换成代码的基本思路。

又例如：

自然语言指令："开发一个 Python 函数，该函数接收一个字符串作为参数，检查该字符串是否为回文串（即正读和反读都一样的字符串），并返回 True 或 False。"

自动生成的 Python 代码：

```python
def is_palindrome(s):
"""
    Check if the given string is a palindrome.

    Args:
    s (str): The string to check.

    Returns:
    bool: True if s is a palindrome, False otherwise.
"""

    # Remove non-alphanumeric characters and convert to lowercase
    cleaned_s = ''.join(filter(str.isalnum, s)).lower()

    # Compare the string with its reverse
    return cleaned_s == cleaned_s[::-1]

# Example usage
input_string = "A man, a plan, a canal: Panama"
print(is_palindrome(input_string)) # Expected output: True
```

上述代码首先定义了一个 is_palindrome() 函数，它通过清理字符串（移除非字母数字字符并转换为小写），然后比较清理后的字符串与其反转形式来判断给定字符串是否为回文。最后，示例展示了如何调用此函数并打印结果。

实际的 AIGC 工具在生成代码时，会根据大量的训练数据和上下文来优化输出，因此，生成的代码质量、风格和效率可能会有所不同。

【作业】

1. AIGC 技术有助于（　　　）的提升，可以极大地丰富和个性化学习活动。此外，通过模拟场景和案例分析，可以为个人提供即时反馈，加速技能掌握过程。

　　A. 质量工程　　　　B. 个人技能　　　　C. 微调工程　　　　D. 检索工程

2. 将人工智能技术应用于开发过程中，AIGC 能够帮助开发者（　　　）。

　　① 提升开发效率　　　　　　② 优化代码质量

③ 降低开发水平   ④ 实现智能编程

    A．②③④   B．①②③   C．①③④   D．①②④

3．AIGC 用作开发辅助工具，可以理解代码的结构和意图，通过学习和模拟开发者的行为来提供智能化的开发支持，辅助完成代码的（   ）等任务，从而提升开发效率和代码质量。

    ① 自动补全   ② 错误检测   ③ 代码优化   ④ 命令简化

    A．①②③   B．①②④   C．①③④   D．②③④

4．AIGC 可以根据学生的（   ），自动生成定制化的学习内容，包括文章、练习题、案例研究等，从而提高学习的针对性和效率。

    ① 健康状况   ② 学习进度   ③ 能力水平   ④ 兴趣爱好

    A．①③④   B．①②④   C．②③④   D．①②③

5．利用 AIGC 技术创建虚拟导师或助教，与学生进行对话式学习、（   ）。这在语言学习、编程教学等领域尤其有效。

    ① 解答疑问   ② 即时反馈   ③ 跨领域沟通   ④ 增强互动性

    A．②③④   B．①②③   C．①③④   D．①②④

6．利用 AIGC 生成（   ），可以鼓励学生发挥想象力，探索未知领域，培养创新思维和问题解决能力。

    ① 创意写作提示   ② 发现科学现象

    ③ 艺术设计灵感   ④ 科学实验设想

    A．①②④   B．①③④   C．①②③   D．②③④

7．在（   ）等实验性较强的学科中，AIGC 可以生成高度仿真的实验环境，让学生在虚拟世界中安全地进行实验操作，加深理论理解。

    ① 物理   ② 化学   ③ 数学   ④ 生物

    A．①②④   B．①③④   C．①②③   D．②③④

8．AIGC 正重塑学生与教师的教学体验，通过（   ）等途径带来变革。

    ① 提供习题正确答案   ② 个性化学习

    ③ 提升可访问性   ④ 自动化管理工作流程

    A．①③④   B．①②④   C．②③④   D．①②③

9．QuillBot 是一款以先进释义和总结功能著称的强大的（   ）工具，专为提高学生的写作和研究技能而设计，帮助学生提高写作水平并维护学术诚信。

    A．质量管理   B．写作辅助   C．文生绘画   D．检索分析

10．QuillBot 系统的（   ）功能能够重写句子和段落，同时保留原始含义，帮助学生扩展词汇量并提高表达能力。

    A．抄袭检查   B．写作辅助   C．学术诚信   D．释义分析

11．QuillBot 的（   ）功能可以扫描文本中的非原创内容，突出显示潜在的关注领域。这有助于确保学生的作品是原创的，并正确引用来源，从而避免意外抄袭。

    A．抄袭检查   B．写作辅助   C．增强写作   D．释义分析

12．Owlift 教育平台的直观界面和互动功能，使用户能够轻松探索和理解广泛的主题。这些功能包括（   ）。

    ① 个性化学习路径   ② 互动式学习工具

③ 多语言支持　　　　　　　　④ 安全的不可访问性

　　　　A. ①③④　　　　B. ①②④　　　　C. ①②③　　　　D. ②③④

　　13. Owlift 教育工具的突出功能是人工智能（　　）生成器，它允许用户输入特定参数，如年级和主题，然后使用复杂的算法生成相关问题。

　　　　A. 抄袭检查　　B. 讨论问题　　C. 增强写作　　D. 文生视频

　　14. Grammarly 是一款基于云的写作助手，利用人工智能技术提升书面交流质量。它的主要功能和优点包括（　　）。

　　　　① 实时反馈　　　② 抄袭检查　　　③ 设备维护　　　④ 词汇增强

　　　　A. ①②④　　　　B. ①③④　　　　C. ①②③　　　　D. ②③④

　　15. Gradescope 工具能利用人工智能驱动的（　　）技术，使教师能够快速准确地给简答题和填空题（包括手写回答）评分，为教师提供了一种全新的评估学生作业的方法。

　　　　A. 抄袭检查　　B. 讨论问题　　C. 增强写作　　D. 手写识别

　　16. Gradescope 工具利用人工智能技术，通过（　　）等方面显著提升了评分过程的效率和质量。

　　　　① 简化评分流程　　　　　　　② 个性分散集成

　　　　③ 用户友好的设计　　　　　　④ 维护学术诚信

　　　　A. ②③④　　　　B. ①②③　　　　C. ①③④　　　　D. ①②④

　　17. 谷歌 Scholar 是一款专精于学术文献的（　　）平台，凭借其强大的搜索功能，它的核心在于对学术出版物的精准检索，涵盖了如同行评审的论文、书籍、摘要等各类学术资源。

　　　　A. 抄袭检查　　B. 智能搜索　　C. 生成写作　　D. 文生视频

　　18. 腾讯旗下的搜狗输入法宣布人工智能功能上新，具备（　　）、AI 宠物、AI 自拍表情等多种功能。

　　　　① AI 帮写　　　② AI 帮算　　　③ AI 对话　　　④ 快捷问答

　　　　A. ①③④　　　　B. ①②④　　　　C. ①②③　　　　D. ②③④

　　19. 事实上，只要脑机接口没有实现商业化，围绕着计算机建立的信息科学的体系里，（　　）都会是最为重要的交互工具，输入法显然是绕不过去的重要一环。

　　　　A. 鼠标　　　　B. 游戏杆　　　　C. 操作杆　　　　D. 键盘

　　20. 在编程领域，AIGC 作为智能代码生成工具，能够辅助人类创作者和开发者更加高效地完成工作，同时也强调了人机协作的重要性，因为最终的（　　）仍需要人类的智慧来把握。

　　　　① 语言选择　　　② 创意方向　　　③ 质量控制　　　④ 逻辑判断

　　　　A. ①③④　　　　B. ①②④　　　　C. ②③④　　　　D. ①②③

【研究性学习】熟悉阿里云大模型——通义千问

　　通义千问是阿里云推出的大规模语言模型（官网地址：https://tongyi.aliyun.com/，见图 7-10）。2023 年 4 月 11 日，在阿里云峰会上首次揭晓了通义千问大模型，并在之前一周开启了企业邀请测试，上线了测试官网。初次发布后的几个月内，通义千问持续迭代和优化。

　　2023 年 10 月 31 日，在云栖大会上，阿里云正式发布了通义千问 2.0 版本。这一版本采用了千亿参数的基础模型，在阅读理解、逻辑思维等多个方面的能力有显著提升。通义千问 2.0 还同步推出了支持语音对话等功能的 App 版本，用户可以通过下载 App 进行体验。自发布以来，通义千问在短时间内实现了重大技术升级和功能扩展，体现了阿里云在人工智能领域的研发实力与创新能力。

图 7-10　通义千问主界面

1. 实验目的

（1）熟悉阿里云通义千问大模型，体会"一个不断进化的人工智能大模型"的实际含义。

（2）探索大模型产品的测试方法，提高应用大模型的学习和工作能力。

（3）熟悉多模态概念和多模态大模型，关注大模型产业的进化发展。

2. 实验内容与步骤

大模型产品如雨后春笋，虽然推出时间都不长，但进步非常快。阿里云通义千问大模型"不断进化"，很好地诠释了大模型的发展现状。请在图 7-11 所示界面单击"立即使用"按钮，开始实践探索活动。

图 7-11　通义千问对话界面

　　请尝试通过以下多个问题，体验通义千问大模型的工作能力，并做简单记录。在计算机钉钉或者手机钉钉的操作界面中，也可以随意调用通义千问功能进行问询对话。

（1）常识题：例如，院校地址、专业设置、师资队伍、发展前景等。

问：＿＿＿＿＿＿＿＿＿＿＿＿＿＿＿＿＿＿＿＿＿＿＿＿＿＿＿＿＿＿＿＿＿

答：＿＿＿＿＿＿＿＿＿＿＿＿＿＿＿＿＿＿＿＿＿＿＿＿＿＿＿＿＿＿＿＿＿

＿＿＿＿＿＿＿＿＿＿＿＿＿＿＿＿＿＿＿＿＿＿＿＿＿＿＿＿＿＿＿＿＿＿＿＿＿

评价：　　□ 完美　　　　　□ 待改进　　　　　□ 较差

（2）数学题：例如，动物园里有鸵鸟和长颈鹿共 70 只，其中鸵鸟脚的总数比长颈鹿脚的总数多 80 只。问：鸵鸟和长颈鹿各有多少只？

答：＿＿＿＿＿＿＿＿＿＿＿＿＿＿＿＿＿＿＿＿＿＿＿＿＿＿＿＿＿＿＿＿＿

＿＿＿＿＿＿＿＿＿＿＿＿＿＿＿＿＿＿＿＿＿＿＿＿＿＿＿＿＿＿＿＿＿＿＿＿＿

问：＿＿＿＿＿＿＿＿＿＿＿＿＿＿＿＿＿＿＿＿＿＿＿＿＿＿＿＿＿＿＿＿＿

答：＿＿＿＿＿＿＿＿＿＿＿＿＿＿＿＿＿＿＿＿＿＿＿＿＿＿＿＿＿＿＿＿＿

评价：　　□ 正确　　　　　□ 待改进　　　　　□ 较差

（3）角色扮演：例如，现在你是某电商平台的一位数据分析师，现在需要整理一份数据分析报告的提纲，300 字左右，分析上次电商促销活动效果不如预期的可能原因。

答：＿＿＿＿＿＿＿＿＿＿＿＿＿＿＿＿＿＿＿＿＿＿＿＿＿＿＿＿＿＿＿＿＿

问：＿＿＿＿＿＿＿＿＿＿＿＿＿＿＿＿＿＿＿＿＿＿＿＿＿＿＿＿＿＿＿＿＿

答：＿＿＿＿＿＿＿＿＿＿＿＿＿＿＿＿＿＿＿＿＿＿＿＿＿＿＿＿＿＿＿＿＿

评价：　　□ 正确　　　　　□ 待改进　　　　　□ 较差

（4）文章生成：例如，请问 2024 年，AIGC 的创业机会有哪些？

答：＿＿＿＿＿＿＿＿＿＿＿＿＿＿＿＿＿＿＿＿＿＿＿＿＿＿＿＿＿＿＿＿＿

问：＿＿＿＿＿＿＿＿＿＿＿＿＿＿＿＿＿＿＿＿＿＿＿＿＿＿＿＿＿＿＿＿＿

答：＿＿＿＿＿＿＿＿＿＿＿＿＿＿＿＿＿＿＿＿＿＿＿＿＿＿＿＿＿＿＿＿＿

（5）程序代码：请用 Python 语言写一个冒泡程序。

答：＿＿＿＿＿＿＿＿＿＿＿＿＿＿＿＿＿＿＿＿＿＿＿＿＿＿＿＿＿＿＿＿＿

问：＿＿＿＿＿＿＿＿＿＿＿＿＿＿＿＿＿＿＿＿＿＿＿＿＿＿＿＿＿＿＿＿＿

答：＿＿＿＿＿＿＿＿＿＿＿＿＿＿＿＿＿＿＿＿＿＿＿＿＿＿＿＿＿＿＿＿＿

　　注：如果回复内容重要，但页面空白不够，请写在纸上粘贴如下。

－－－－－－－－－－－－－－－－－－请将丰富内容另外附纸粘贴于此 －－－－－－－－－－－－－－－－

3. 实验总结

_____

_____

4. 实验评价（教师）

_____

_____

第8章 AIGC 拓展设计

AIGC 技术在设计领域的应用正逐步展现其巨大的潜力，它能够减轻设计师的重复劳动，极大地提高了设计师的创造力和工作效率，还激发了前所未有的创意灵感，推动设计行业向更高效、更个性化、更创新的方向发展。

以下是 AIGC 拓展设计能力的具体应用场景。

（1）快速原型设计：AIGC 可以根据设计者提供的概念或简要说明，自动生成设计初稿，包括网页布局、UI 界面、产品外观等，加速设计的迭代过程，让设计师能更快地尝试多种设计方案。

（2）风格迁移与艺术创作：设计师利用 AIGC 可以轻松实现图像或视频的风格迁移，将一种艺术风格应用到另一幅作品上，创造独特的视觉效果。此外，AIGC 还可以根据指令生成原创的艺术作品，如油画、素描、插画等，拓宽设计的边界。

（3）个性化图案与纹理生成：AIGC 可以根据用户偏好或品牌调性，自动生成一系列个性化图案、纹理和背景，用于服装设计、室内装饰、包装设计等多个领域，提供无限的设计素材选择。

（4）动态图形与视频内容创作：AIGC 能够自动合成高质量的动态图形和视频片段，包括动画、特效、标题序列等，简化视频制作流程，帮助设计师快速制作出吸引人的宣传视频或媒体内容。

（5）3D 模型与虚拟现实内容：AIGC 可生成精细的 3D 模型，无论是建筑、家具、游戏角色还是其他物品，都能快速创建，为游戏开发、建筑设计、虚拟展览等领域提供强大支持。

（6）品牌视觉识别系统自动生成：提供品牌的基本信息和风格导向，AIGC 能够生成整套的品牌视觉识别系统（VI），包括 Logo、色彩搭配、字体选择等，为初创企业或个人品牌快速建立统一且专业的形象。

（7）智能配色与版式设计：AIGC 可以根据设计主题和目标受众，智能推荐色彩搭配方案和页面布局，确保设计作品既美观又符合设计原则，提升整体视觉效果。

（8）个性化商品与广告设计：针对不同的消费者群体，AIGC 能够生成个性化的商品展示图、广告海报等，实现精准营销，提高转化率。

8.1 AIGC 与设计师的协同模式

人工智能正在深刻变革着设计行业，设计师的价值逐渐被重新定义，也

扫码看视频

对我们如何看待设计工作、如何与人工智能协同共生提出了新的思考。

在传统的设计流程中，设计师负责创意构思，具备提出问题最优解的设计思维和创意表达能力，然后设计执行，通过熟练的软件技能将方案付诸于实际。专业复杂的设计工具通常具有较高的学习门槛，要求设计师投入大量时间进行学习和实践，如果不能熟练使用这些工具，会限制设计师优秀创意的呈现效果。因此，软件技能水平成为衡量设计师能力的重要指标之一。

然而，随着 AIGC 的引入，这一局面正在发生改变。在设计阶段，传统图形处理软件（如 PS、Blender 等）所代表的"技能特权"被削弱，问题定义和创意思考重新成为设计工作的核心。此外，以 LLM 为驱动，可自主化完成复杂任务的智能体将深度参与到创意构思环节，为解决问题提出自己的想法。

根据人工智能参与深度的不同，设计师与人工智能的协同逐渐呈现出三种不同的模式，即嵌入模式、助手模式和代理模式。

8.1.1 嵌入模式

嵌入模式通过将人工智能功能（如智能扩图、一键抠图、文字生图等）嵌入到现有软件界面中，能直接提升设计工具的智能化水平，设计师可以在熟悉的环境和流程中调用这些人工智能功能，无须额外学习新的工具，就可以轻松获得即时的智能支持。这种嵌入模式是让人工智能最快落地应用的方式之一，如 Photoshop Beta、MasterGo AI 都通过这种方式快速实现了产品的智能化升级。

但嵌入模式的局限性也是显而易见的。受限于工具现有架构，强大的人工智能功能多为散点式地存在，无法形成协同效应。这意味着设计师在整体设计工作中，仍然处于绝对主导的位置，只能在特定任务或局部利用人工智能进行增强和提效，无法享受全面的智能化服务。因此，嵌入模式更像是现阶段应对 AIGC 浪潮的过渡方案。

8.1.2 助手模式

助手模式下的人工智能不再局限于设计执行（生图）的环节，而是借助文本生成、图片生成和语义理解等多方面能力，将 AIGC 的应用延伸至整个设计流程，在各个阶段为设计师提供辅助支持。也就是说，当接收到设计需求的那一刻起，助手模式便能够基于强大的知识库和用户数据，对设计需求进行分析，并给出具体的设计建议（如框架布局、内容元素、颜色搭配等），还可以生成参考方案。

在形态上，助手模式可以参考人工智能搜索类产品，助手可能会以插件或者悬浮窗口的方式存在，方便设计师随时调用。打开界面后，设计师可以输入设计需求，也可以上传相关需求文档，给人工智能提供的背景资料越多，其结果越精准可用。接着，是选择生成诉求。

开始生成诉求后，助手模式基于用户勾选的内容依次生成，除了对于设计需求的分析和文档的解析之外，还可以利用人工智能的搜索能力，整理主题相关的延伸阅读材料供设计师参考。

在设计分析模块，助手模式围绕不同的设计类型生成建议内容，例如，要设计一张海报，那么生成内容就可能会包括标题、版式布局、尺寸、字体、背景等海报设计元素。

最后是基于分析生成设计方案，简单诉求可以直接下载使用，若需调整，也可一键导入到图形处理软件进行修改。

作为设计助手的一种产品形态，助手模式可以实现全设计周期的智能支持和创意激发。然而，这一切仍然依赖于设计师的各种指令，最终方案也需要设计师在嵌入模式下的图形处理软件中来完成。

8.1.3 代理模式

在代理模式下，AIGC 智能体以 LLM 为核心驱动，具有自主感知理解、规划决策、记忆反思和使用工具的能力，能够自动化完成复杂任务。许多人认为，智能体可以将 LLM 的能力发挥到极致，成为类人甚至超人的智能实体。

在设计领域，AIGC 智能体被视为一个个拥有不同设计能力和不同经验知识的虚拟设计师，支持自由选择、组合或删除，同时，根据需求所需能力，为智能体外挂各种工具，并上传业务专属的知识数据供其学习。

可见，代理模式下整个过程很像是为设计需求量身打造一个专属的"人工智能设计团队"。设计师的角色被彻底改变，更多时候是向人工智能发出设计需求，然后等待方案的呈现。目标设定、任务拆解和分配、生成设计指令、信息收集以及方案生成由智能体全权代理并自动完成，人工智能成为真正意义上的创作主体，设计工作也将进入"3D 打印"的时代。对设计师而言，最重要的不再是创意能力和设计能力，而是审美能力、判断能力和决策能力。

现阶段，智能体技术框架通常被认为由 4 个关键模块组成（见图 8-1）。

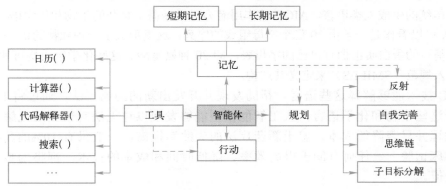

图 8-1 基于 LLM 驱动的智能体基本框架

（1）记忆：负责存储信息，包括过去的交互、学习到的知识，甚至是临时的任务信息。

（2）规划：包括事前规划和事后反思两个阶段。在事前规划阶段，涉及对未来行动的预测和决策制定；在事后反思阶段，智能体具有检查和改进制定计划中不足的能力。

（3）工具：利用外部资源或工具来执行任务。学习调用外部 API 来获取模型权重中缺少的额外信息，以此来补足自身弱项。

（4）行动：实际执行决定或响应的部分。面对不同的任务，智能体系统有一个完整的行动策略集，在决策时可以选择需要执行的行动。

擅长不同设计领域的 LLM 相当于各种设计角色，如何来管理这些角色很重要，所需功能可能会有角色市场（官方或个人）、角色雇佣（临时或买断）、设计能力升级迭代和角色组合搭配等。

图 8-1 中的记忆模块需要两个空间，一个空间存储的是每次行动后自动沉淀的知识和经验；另一个空间则支持将业务材料、个性化数据，甚至是既往设计作品等内容进行上传，经过学习快速成为智能体能力的一部分。

在规划阶段，相关分工的安排以及行动步骤的拆解应避免黑盒操作，将任务链可视化有助于提升设计师的掌控感，这对处理好协同关系很重要。

工具方面，可能会通过工具库或工具商城的形式聚合呈现，支持各类设计工具和工具包的选配选购，还要具备增、删、改、查等基础的工具管理服务。

最后是行动，这里有两点需要考虑，一是方案展示要结合文、图、视频内容的特点，不能简单地用一种框架展示不同的设计作品；二是图形处理功能与智能体对接的形式。

8.2 AIGC 加速药物发现

作为 ChatGPT 和谷歌 Gemini 等热门工具背后的技术，基于 LLM 的 AIGC 正在彻底改变各个行业，药物发现领域也不例外。通过运用人工智能解码并操纵生物及化学语言，制药企业如今可以更快、更加经济高效地开发新药。下面介绍 AIGC 是如何改变药物发现、加速开发过程并降低研发成本的。

8.2.1 AIGC 在药物发现中的作用

除了传统的生成人类语言，AIGC 的作用潜力已经涵盖了复杂的生物和化学语言。例如，人类 DNA 可以看作是一条由 30 亿个字母组成的序列，这就形成了一种独特的语言。同样的，作为生命基石的蛋白质也拥有自己的字母表，即 20 种氨基酸。这些化学物质均可使用简化分子线性输入规范（SMILES）来定义其结构。

AIGC 技术能够解释这些语言，帮助发现并开发出新的药物疗法。通过将 LLM 的方法应用于这些生物和化学语言，人工智能模型能够发现以往无法观察到的见解，加快药物发现过程并显著降低成本。鉴于新药疗法的失败率很高，一般只有 10%的药物能够顺利通过临床试验——任何有助于提高效率、降低时间和成本的技术，都将为整个产业贡献巨大价值。

8.2.2 为流程各个阶段增加价值

AIGC 将使制药公司以前所未有的规模、速度和准确性探索潜在新药，极大加快临床试验的进展。AIGC 可以应用于药物发现的各个阶段。

第一阶段，识别待治疗的疾病或症状。AIGC 可以分析基因组数据，从而了解导致疾病或其他潜在生物过程的基因。这将有助于确定新药开发的确切目标。

第二阶段，生成潜在线索，也就是针对已识别疾病的化学物质或蛋白质。但由于可能的化学物质（超过 10^{60} 种）与蛋白质（超过 10^{160} 种）数量极多，因此这项任务颇为艰难。AIGC 技术能够筛选其中的可能性，并生成具有所需特性的新型化合物，从而产生大量可供探索的线索。

第三阶段，需要对潜在候选药物进行功效测试。AIGC 可以协助这一大规模筛选过程。例如，英伟达与 Recursion Pharmaceuticals 合作，在一周之内对超过 2.8 千万亿种小分子靶标对进行了筛选，如果用传统方法处理，这项任务需要 10 万年才能完成。

8.2.3　人工智能药物开发案例研究

有多家公司在运用 AIGC 进行药物发现方面处于领先地位。一个著名案例就是 Insilico Medicine 利用人工智能开发出一种治疗特发性肺纤维化的药物，这是一种会导致肺功能逐渐衰退的罕见疾病。传统上，整个研发过程需要 6 年时间，耗资超过 4 亿美元。但借助 AIGC，Insilico 将成本降低至十分之一，并把研发周期缩短到了两年半。

Insilico 将人工智能方案应用在临床前药物发现流程中的各个阶段，包括识别目标分子、生成新型候选药物以及预测临床试验结果。他们还成功开发出一种对所有变体均有疗效的人工智能生成 COVID-19 药物，并启动了 30 多个针对各类疾病（包括癌症）的其他项目。

8.2.4　药物开发的未来

AIGC 对药物发现具有变革性的影响，有望以极低的成本快速治愈多种疾病。凭借人工智能解码复杂生物与化学语言的能力，可以期待未来新药的开发流程将更快、更高效，也更成功。AIGC 代表的不止是一项技术的进步，更将颠覆整个医疗保健行业，在为全球患者带来更佳诊疗效果的同时，为未来药物的开发探明前所未有的道路。

8.3　AIGC 与搜索技术

AIGC 技术正在重新定义信息检索、内容发现和用户体验，为搜索领域带来了深刻变革。AIGC 与搜索技术的融合，也为信息的创造、传播和消费带来了新的模式，预示着搜索技术正朝着更加智能和个性化的方向发展。

AIGC 如何影响和增强搜索技术，主要体现在以下几个方面。

（1）内容生成与丰富：AIGC 能够生成高质量、多样化的内容，这不仅增加了网络上的信息总量，也为搜索引擎提供了更丰富的索引库。例如，人工智能可以自动生成产品描述、新闻摘要、问答对等内容，使得搜索结果更加全面和详尽。

（2）个性化搜索结果：利用用户的搜索历史、浏览行为、地理位置等信息，结合 AIGC 技术，搜索引擎能够生成个性化的搜索结果，包括定制化的文章、视频、音频等形式的内容，提升用户满意度和搜索效率。

（3）智能摘要与解释：AIGC 能够根据查询关键词，即时生成页面或文档的摘要，帮助用户快速了解内容概要，缩短单击进入每一个链接的时间。此外，对于复杂或专业性问题，人工智能能提供易于理解的解释，增强搜索的易用性。

（4）多模态搜索：结合图像识别、语音识别等技术，AIGC 支持搜索从文本扩展到图像、视频、语音等多种类型的内容，用户可以通过不同形式的输入获取想要的信息，实现了更加直观和便捷的搜索体验。

（5）动态内容优化：AIGC 可以根据实时搜索趋势、用户反馈等动态数据，即时调整和优化内容，使得搜索结果更加贴近用户当前的需求和兴趣，提高搜索的相关性和时效性。

（6）交互式搜索体验：通过聊天机器人、语音助手等形态，AIGC 能够提供更加自然和互动的搜索接口，用户可以通过对话形式提问，获取更个性化、场景化的答案，这改变了传统的基于关键词的静态搜索模式。

（7）内容质量和可信度评估：AIGC 可以用于检测和评估网络内容的质量与可信度，通过算法分析文本的逻辑性、信息来源的可靠性等，帮助搜索引擎过滤虚假信息，提升搜索结果的准确性和安全性。

8.4　案例：用 AIGC 绘制 UML 设计图

在执行编程工作中，经常要绘制时序图和流程图，特别是在写技术文档时。一般技术人员喜欢用像 Visio 这样的画图工具，有时也采用编程画图的方法。

下面介绍一种结合 ChatGPT 和 PlantUML 的高效画图方法，它极大提升了技术文档中 UML 图的绘制速度。通过具体案例展示如何快速生成订单履约的业务流程图，为开发者和架构师提供一种新颖的图形化文档制作方法。

8.4.1　用 ChatGPT 生成 PlantUML 代码

PlantUML 是一款开源的 UML 图绘制工具，支持通过文本来生成图形，使用起来非常高效，可以支持时序图、类图、对象图、活动图、思维导图等图形的绘制。

在电商和零售业务中，订单履约是一个重要环节，它涉及从客户下单到商品交付的整个过程。此过程涉及的环节包括客户在销售平台下单、系统接收订单、预占库存，以及仓库/门店执行拣货、发货等。

以订单履约业务流程为例，让 ChatGPT 帮助生成业务流程的 PlantUML 代码。

向 ChatGPT 发送以下请求：

请使用 PlantUML 语言绘制订单履约的业务流程。业务流程如下：

- 接收订单：当客户在销售平台下单后，第一步是接收订单，它涉及订单信息的收集和确认，包括客户详情、商品信息、配送地址等。
- 订单拆单：此环节的目的是将复杂的订单拆解为更易管理的子订单，根据商品的仓储位置或特定履约要求进行拆分。
- 派单：这一步骤基于多种因素进行决策，包括商品的实际库存位置、配送地址距离以及履约能力，并分配给合适的仓库或门店。
- 预占库存：为了确保订单中的商品能够被及时送达，预占库存防止商品在订单处理期间被其他订单占用，导致无法履约的情况发生。
- 改派：在履约过程中，可能会因库存不足、配送问题或其他突发情况，需要重新分配订单到另一个履约中心。
- 拣货：是指根据订单信息从库存中挑选出具体商品的过程。这个环节要求高度的准确性和效率，错误拣选会直接影响客户满意度。
- 打包：拣选完成后，商品会被包装好，确保在运输过程中的安全和完整。打包过程还包括贴上运输标签和必要的配送信息，为商品的顺利配送做好准备。

- 出库：打包好的商品接下来会被记录为出库状态，这意味着商品正式发货出库，离开门店/仓库。
- 物流配送：商品出库后，将通过快递或同城配进行配送。这一阶段，物流公司或配送公司负责将商品从门店/仓库运输到客户指定的收货地址。
- 确认收货：当客户收到商品并确认无误后，订单履约流程完结。客户确认收货通常在线上平台确认来完成。这一环节也是记录履约时效、收集客户反馈和提升服务质量的重要机会。

ChatGPT 回答如下：

以下是使用 PlantUML 语言绘制的订单履约业务流程代码。这段代码描述了从接收订单开始，到确认收货结束的整个过程。你可以将此代码复制并在支持 PlantUML 的工具或在线编辑器中进行渲染，以生成流程图。

```
@startuml
!theme plain
title 订单履约流程图
|客户|
start
:下单;
|订单履约系统|
:接收订单;
note right: 收集订单信息客户详情、商品信息、配送地址等
:订单拆单;
note right: 根据仓储位置或特定履约要求进行拆分
:派单;
note right: 基于实际库存位置、配送地址距离和履约能力进行决策
:预占库存;
note right: 防止商品在订单处理期间被其他订单占用
if (需要改派?) then (是)
:改派;
note right: 因库存不足、配送问题等重新分配履约中心
else (否)
end if
|仓库/门店|
:拣货;
note right: 根据订单信息挑选商品
:打包;
note right: 包装商品，贴上运输标签和必要的配送信息
:出库;
note right: 商品正式发货出库
:物流配送;
note right: 商品从门店/仓库运输到客户指定的收货地址
|客户|
:确认收货;
note right: 在线上平台确认收货完成订单履约流程
```

```
stop
@enduml
```

可以看到，ChatGPT 表达的流程质量很高，对业务流程有深入的理解。

通过不断与 ChatGPT 的交流和调整，得到了一个完整的订单履约流程图（见图 8-2），它清楚地展示了从接收订单到确认收货的每个步骤。

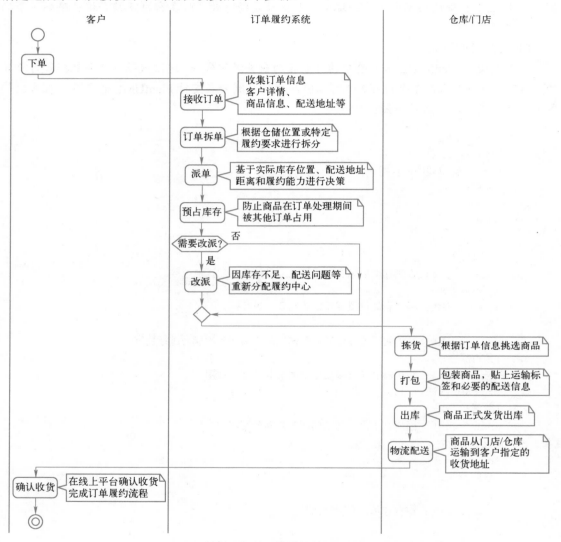

图 8-2　订单履约流程图

8.4.2　用 Drawio 绘制流程图

Drawio 是一款开源的流程图绘制工具，拥有大量的免费素材和模板，可以绘制流程图、类图、时序图、组织架构图等。Drawio 桌面版分为安装（installer）版和非安装版。安装版在安装后可建立文件后缀名关联（通常使用该版本）；非安装版无须安装，单击即用。

接下来，使用 Drawio 来绘制流程图。在网络上搜索该软件官网下载安装包，并执行安装步骤。之后，在 Drawio 操作界面中单击"➕"按钮，执行"高级→PlantUML"命令（见图 8-3）。

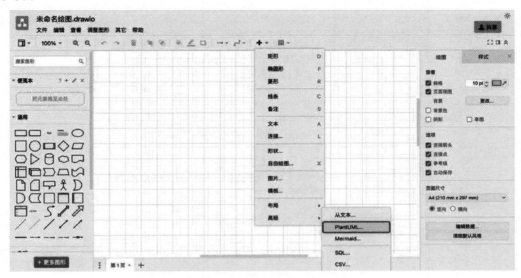

图 8-3　Drawio 操作主界面

将上文中的 PlantUML 代码粘贴到文本框（见图 8-4），单击"插入"按钮，就能生成流程图。

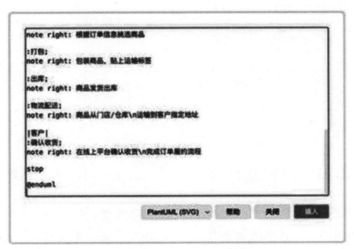

图 8-4　将代码粘贴到文本框

下面这张订单履约全流程图（见图 8-5），一般人工绘制要花 10 多分钟才能完成，而 ChatGPT 绘图过程只用了 10s，基本可以达到同样的水平，可见 ChatGPT 能显著提高绘制 UML 图的效率。

读者可以模仿这个过程，利用通义千问或者文心一言这样的 LLM 产品，尝试完成这样的操作，以拓展应用的范围。

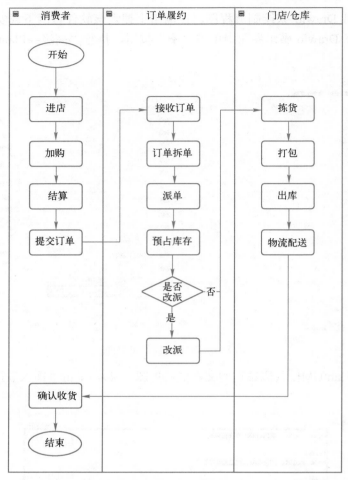

图 8-5　订单履约全流程图

【作业】

1. 在设计领域，应用 AIGC 技术能够（　　），推动设计行业向更高效、更个性化、更创新的方向发展。

① 减轻设计师的重复劳动　　　　② 适当降低设计师的工作效率

③ 极大地提高了设计师的创造力　④ 激发了前所未有的创意灵感

A．②③④　　　　B．①②③　　　　C．①②④　　　　D．①③④

2. AIGC 可以根据设计者提供的概念或简要说明，自动生成设计初稿，包括（　　）等，加速设计的迭代过程，让设计师能更快地尝试多种设计方案。

① 模型选择　　　② 网页布局　　　③ UI 界面　　　④ 产品外观

A．②③④　　　　B．①②③　　　　C．①②④　　　　D．①③④

3. 利用 AIGC，设计师可以轻松实现图像或视频的（　　），将一种艺术风格应用到另一幅作品上，创造独特的视觉效果。此外，AIGC 还可以根据指令生成原创的艺术作品，拓宽设计的边界。

    A．形式变换   B．风格迁移   C．作品移植   D．内容转换

  4．AIGC 可以根据用户偏好或品牌调性，自动生成一系列个性化图案、纹理和背景，用于（　　）等多个领域，提供无限的设计素材选择。

    ① 服装设计   ② 包装设计   ③ 绘画教学   ④ 室内装饰

    A．②③④   B．①②③   C．①③④   D．①②④

  5．AIGC 能够自动合成高质量的动态图形和视频片段，包括（　　）等，简化视频制作流程，帮助设计师快速制作出吸引人的宣传视频或媒体内容。

    ① 图案   ② 动画   ③ 特效   ④ 标题序列

    A．①③④   B．①②④   C．②③④   D．①②③

  6．AIGC 可以生成精细的 3D 模型，无论是建筑、家具、游戏角色还是其他物品，都能快速创建，为（　　）等领域提供强大支持。

    ① 游戏开发   ② 算术计算   ③ 建筑设计   ④ 虚拟展览

    A．①③④   B．①②④   C．①②③   D．②③④

  7．AIGC 能够生成整套的品牌视觉识别系统（VI），包括（　　）等，为初创企业或个人品牌快速建立统一且专业的形象。

    ① 展示环境   ② 字体选择   ③ 色彩搭配   ④ 企业标志

    A．①③④   B．①②④   C．①②③   D．②③④

  8．AIGC 可以根据设计主题和目标受众，智能推荐（　　），确保设计作品既美观又符合设计原则，提升整体视觉效果。

    ① 色彩方案   ② 轮廓选择   ③ 页面布局   ④ 元素组合

    A．①②   B．①③   C．②④   D．③④

  9．在传统的设计流程中，设计师负责创意构思，具备问题最优解的（　　）能力，通过熟练的软件技能将方案付诸于实际。

    ① 设计思维   ② 创意表达   ③ 设计执行   ④ 复杂计算

    A．①③④   B．①②④   C．①②③   D．②③④

  10．根据人工智能参与深度的不同，设计师与人工智能的协同逐渐呈现出（　　）这三种不同的模式。

    ① 主导模式   ② 嵌入模式   ③ 助手模式   ④ 代理模式

    A．①③④   B．①②④   C．①②③   D．②③④

  11．通过将人工智能功能（　　）等嵌入到现有软件界面中，能直接提升设计工具的智能化水平，这种嵌入模式是让人工智能最快落地应用的方式之一。

    ① 智能扩图   ② 一键抠图   ③ 文字生图   ④ 三角函数

    A．①②③   B．②③④   C．①②④   D．①③④

  12．（　　）下的 AIGC 应用不再局限于设计执行（生图）的环节，而是借助文本生成、图片生成和语义理解等多方面能力，延伸至整个设计流程，在各个阶段为设计师提供辅助支持。

    A．主导模式   B．嵌入模式   C．助手模式   D．代理模式

  13．作为设计助手的一种产品形态，助手模式可以实现全设计周期的（　　），但最终方案需要设计师在嵌入模式下的图形处理软件中来完成。

① 数据集成　　② 智能支持　　③ 整形输出　　④ 创意激发

A. ③④　　　　　B. ②④　　　　　C. ①③　　　　　D. ①②

14. 在代理模式下，AIGC 智能体以 LLM 为核心驱动，具有自主感知理解、（　　）的能力，能够自动化完成复杂任务。

① 规划决策　　② 记忆反思　　③ 使用工具　　④ 综合集成

A. ①②③　　　　B. ②③④　　　　C. ①②④　　　　D. ①③④

15. 在设计领域，AIGC 智能体（　　）被视为一个个擅长不同设计能力和拥有不同经验知识的虚拟设计师，支持自由选择、组合或删除，同时，根据需求所需能力，为智能体外挂各种工具。

A. 主导模块　　B. 嵌入模块　　C. 智能体　　D. 函数体

16. 现阶段，智能体技术框架通常被认为由 4 个关键模块组成，即记忆、（　　）。

① 抽象　　② 规划　　③ 工具　　④ 行动

A. ①③④　　　　B. ①②④　　　　C. ①②③　　　　D. ②③④

17. 擅长不同设计领域的 LLM 相当于各种设计角色，如何来管理这些角色很重要，所需功能可能会有（　　）和角色组合搭配等。

① 角色市场（官方或个人）　　　② 角色雇佣（临时或买断）

③ 设计能力升级迭代　　　　　④ 历史数据的回顾与整理

A. ②③④　　　　B. ①②③　　　　C. ①②④　　　　D. ①③④

18. 基于 LLM 的 AIGC 正在彻底改变各个行业。通过运用人工智能（　　）生物及化学语言，制药企业如今可以更快、更加经济高效地开发新药。

A. 计算与处理　　B. 嵌入模块　　C. 解码并操纵　　D. 解析与集成

19. 除了传统的生成人类语言，AIGC 的作用潜力已经涵盖了复杂的（　　）语言。AIGC 技术能够解释这些语言，帮助发现并开发出新的药物疗法。

A. 生物和化学　　B. 物理和数学　　C. 体育和艺术　　D. 集合和医学

20. AIGC 可以应用于药物发现的各个阶段，将使制药公司以前所未有的（　　）探索潜在新药，极大加快临床试验的进展。

① 规模　　② 速度　　③ 准确性　　④ 完整性

A. ①③④　　　　B. ①②④　　　　C. ②③④　　　　D. ①②③

【研究性学习】利用 AIGC 完成人机交互界面设计

　　UI（人机界面）设计更多是创建直观、易用、吸引人的用户界面，而 AIGC 则是通过人工智能技术生成的文本、图像、音频或视频内容。将二者结合，可以极大地提升用户体验和交互效率。利用人工智能完成界面设计主要用到以下工具：文心一言（或者 ChatGPT）、Figma（Wireframe Designer 插件）、即时设计（即时人工智能）。

　　UI 设计原则与 AIGC 的融合，具体分析如下。

　　（1）一致性与风格化的 AIGC

　　● 原则：UI 设计强调界面元素的一致性，包括颜色、字体、布局等。

- 融合：AIGC 可以生成与应用风格一致的图像或文本。例如，如果一个应用的 UI 风格是极简主义，那么 AIGC 可以生成简洁、风格统一的图像或文本内容，保证整体风格的一致性。
- 技巧：利用 Stable Diffusion 训练模型、Midjourney（seed、tune）、文心一言、ChatGPT结合上下文的能力都可以实现一致性（见图 8-6）。

a) 输入图像　　　　　　　　　　　　　　　　　b) 目标风格

c) 生成图片

图 8-6　风格化的人工智能生成内容

（2）反馈与交互式 AIGC

- 原则：及时反馈是提高用户体验的关键。
- 融合：使用 AIGC 实时生成反馈内容。例如，在一个线上教育平台，学生提交答案后，人工智能立即生成个性化的反馈和建议，以增强学习体验。
- 技巧：可以尝试将 ChatGPT 的 API 接口尝试融入产品，此方案也是各大教育类 App经常使用的方案。

（3）简化操作与智能化 AIGC

- 原则：UI 设计应简化用户操作，使用户易于理解和使用。
- 融合：AIGC 可以自动生成用户可能感兴趣的内容，减少搜索和选择时间。例如，在新闻应用中，基于用户阅读历史和偏好智能推荐相关新闻，简化用户寻找内容的过程。
- 案例：最常见的就是抖音，利用用户的观看历史、点赞/不喜欢的视频、观看时间等数据来推荐视频，还有电商类平台通过搜索、访问以及购买来推荐喜欢的产品。这种推荐机制使用户能够发现与以往观看内容类似的产品，以增加用户黏性。

（4）可用性与适应性 AIGC

- 原则：UI 设计要考虑到不同用户的可用性需求。
- 融合：AIGC 可以生成适应不同用户的内容。例如，对于视觉障碍用户，AIGC 可以将文本内容转化为音频；或者根据用户的阅读习惯调整字体大小和对比度，使内容更易于阅读。
- 案例：例如，Safari 浏览器译文朗读、虎嗅、36 氪的文本调节等，本质是为了照顾弱势群体，让产品更有温度。

（5）吸引力与创意 AIGC

- 原则：UI 设计应吸引用户的注意力，并提供愉悦的用户体验。
- 融合：AIGC 能生成创意和吸引人的内容，如根据用户兴趣生成个性化的图形设计或视频内容，增加用户的参与度和满意度。
- 案例：许多企业通过 AIGC 的帮助生产了大量视觉效果爆炸的宣传图，同时结合 AIGC 生成相应的视频，这在双十一活动中尤为明显。

与 AIGC 的结合，可以让用户更高效、更丰富、更标准地完成设计。

1. 实验目的

（1）熟悉 GAI 和 AIGC 的相关知识。

（2）熟悉 GAI 的预训练语言模型。

（3）熟悉 AIGC 的知识、应用及其模型典型案例。

2. 实验内容与步骤

下面，以 AIGC 为工具来设计人机交互界面，尝试开展 AIGC 的应用实践，思路是：定义——发散——重组——原型——测试——修改。

步骤 1：使用文心一言询问。简单的询问方法为：角色扮演—问题诉求—寻求答案。

文心一言：你身为一名资深的交互设计师，如果现在想搭建一款工具类产品，这款 App 的主要作用是"寄快递、查快递"，具体应该怎么做。

可是组织提示词，尝试多次提问，得到回答，再根据共同的重点提炼关键词。

第一次回答：_____

_____

第二次回答：_____

_____

核心功能：_____

_____

评价：_____

_____

步骤 2：刨根问底。在得到答案后，借助"文本类人工智能"联系上下文的能力，可以在更深层次上，让 LLM 直接绘制原型图与信息架构。

文心一言："请你根据以上的回答帮我绘制出这个 App 的框图与信息架构"。

回答：_____

_____

信息架构：_____

评价与优化：＿＿＿＿＿＿＿＿＿＿＿＿＿＿＿＿＿＿＿＿＿＿＿＿＿＿

步骤 3：搭建详细页面。问题已明确，可以开始详细页面搭建，会用到另外两款人工智能工具 Figma（Wireframe Designer 插件）和即时设计（即时人工智能）。

首页：

文心一言："请根据这些内容，帮我搭建一下这款 App 首页的布局"。

- 顶部区域：＿＿＿＿＿＿＿＿＿＿＿＿＿＿＿＿＿＿＿＿＿＿＿＿＿
- 主功能区：＿＿＿＿＿＿＿＿＿＿＿＿＿＿＿＿＿＿＿＿＿＿＿＿＿
- 信息区域：＿＿＿＿＿＿＿＿＿＿＿＿＿＿＿＿＿＿＿＿＿＿＿＿＿
- 底部导航栏：＿＿＿＿＿＿＿＿＿＿＿＿＿＿＿＿＿＿＿＿＿＿＿

将这些信息梳理，并结合竞品分析，总结大致的功能结构如下：

- 顶部区域：＿＿＿＿＿＿＿＿＿＿＿＿＿＿＿＿＿＿＿＿＿＿＿＿＿
- 主功能区：＿＿＿＿＿＿＿＿＿＿＿＿＿＿＿＿＿＿＿＿＿＿＿＿＿
- 信息区域：＿＿＿＿＿＿＿＿＿＿＿＿＿＿＿＿＿＿＿＿＿＿＿＿＿
- 底部导航栏：＿＿＿＿＿＿＿＿＿＿＿＿＿＿＿＿＿＿＿＿＿＿＿

信息梳理后代入 Wireframe Designer 插件（每月 10 次免费）和即时人工智能（每日 20 次免费）。

文心一言："一个寄快递、查快递的工具类 App，首页分为四个区域：顶部区域展示特色标识，主功能区展示寄快递、查快递两个功能，信息区域展示物流信息（包括未取件、已取件、派送中状态），底部导航栏为三个状态"。

考虑到 Wireframe Designer 工具，需要将其翻译成英文。

步骤 4：AIGC 搭建可视化大屏。这时需要用到三款工具：PS、Figma、MidJourney。

首先找到 Midjourney 使用定制化的方法。

文心一言："你现在是一名 Midjourney 专家，现在需要你使用 Midjourney 生成数据大屏，背景包含地球元素，请你将提示词制作成相应的提示。这里之所以要求以提示形式，是因为这样它会以代码形式发送，直接单击"Copy Code"就可以复制。

或者换个问法：

文心一言："你现在是一名 Midjourney 专家，我想生成关于'数据大屏'的图像，应该输入哪些相关的提示"。

在详细描述之后，得到一个准确的提示：

＿＿＿＿＿＿＿＿＿＿＿＿＿＿＿＿＿＿＿＿＿＿＿＿＿＿＿＿＿＿＿＿

这样，主视觉与表单参考就大致完成了。当然，这个样子还无法当作实际项目使用，仅能作为视觉参考，后续需要继续绘制可实际应用的效果。

在使用人工智能工具时会发现，Midjourney、Stable Diffusion、ChatGPT 等看起来更像是一个理性的标准答案，但是设计的本质并不是理性的。理性可以帮助用户做到标准化和一致化，但是真正从内核影响到用户的一定是设计的表达以及对生活的洞察力。

设计是将问题转化为可能性的艺术。 这是一个本质上旨在解决问题的过程，也是一种以人为本的创新方法，要整合人的需求、技术的可能性和商业成功的要求，更多地去做一些"有温度的作品"。就像理查德·格雷夫说的那样"设计是信息和理解之间的中介。"

3. 实验总结

4. 实验评价（教师）

第 9 章　AIGC 成就艺术

AIGC 已经在图形设计、艺术创作、音乐谱曲、短视频生成等多个领域取得显著成就，推动了创意产业的边界扩展和革新，它极大地拓展了创造力和想象力的边界，带来了前所未有的丰富性和多样性。

在艺术创作方面：AIGC 能够通过学习历史上的艺术风格和作品，生成具有独创性和艺术感的图像（见图 9-1）。例如，利用算法如 Stable Diffusion、DALL-E 2 等，可以依据用户提供的关键词或描述，创造出从抽象到写实、跨越不同流派的艺术作品。一些 AIGC 系统能模拟特定艺术家的风格，为观众提供个性化的艺术体验，同时也为艺术家提供了新的灵感来源和创作工具。

图 9-1　在美国科罗拉多州举办的数字艺术家竞赛中，一幅名为
《太空歌剧院》的画作获得数字艺术类别的冠军

在音乐谱曲方面：AIGC 能够分析大量音乐作品，学习不同的旋律、和声与节奏模式，进而生成原创音乐片段甚至是完整乐曲。人工智能作曲软件则能够根据用户设定的风格、情感基调或是特定的音乐元素，创作出符合要求的音乐作品，为电影配乐、游戏音乐以及个人创作提供新的途径。

在短视频生成方面：AIGC 已经展现出巨大的潜力，能够自动编辑视频片段、添加特效、匹配背景音乐，甚至根据脚本或故事板自动生成连贯的视频内容。这不仅提高了视频内容创作的效率，也为内容创作者提供了更多创意选择，尤其是在广告制作、社交媒体内容创作等方面。

总之，AIGC 通过模仿、学习和创新，为传统艺术形式带来了新的生命，同时也开辟了全新的艺术表达方式，使艺术创作更加多元化和民主化。随着技术的不断进步，可以预期 AIGC

将在更多的创意领域产生深远影响，不断拓宽人类对于艺术的理解和实践。

扫码看视频

9.1　人工智能绘图工具

    人工智能绘图工具已经在创意设计领域逐渐崭露头角（见图9-2），这些工具不仅可以帮助艺术家和设计师提升创作效率，还能让更多的普通用户体验到艺术创作的乐趣。

图 9-2　人工智能绘画作品 1

    人工智能绘图技术的发展主要得益于深度学习和生成对抗网络（GAN）的进步。通过训练模型，人工智能能够从海量的数据中学习不同作品的艺术风格和图像特征，从而帮助用户生成高质量的图像。这不仅降低了创作门槛，还让非专业的用户也能轻松地进行艺术创作。

    随着技术的不断优化，人工智能绘图工具在速度、质量和多样性方面都取得了显著的进步。人工智能绘图工具的发展趋势主要包括以下几个方面。

    （1）高效性与准确性提升：人工智能绘图工具能够更快速地生成高质量的图像，同时在细节处理和风格一致性上也有显著提升，并不断改善以达到成品。

    （2）多功能整合：越来越多的人工智能绘图工具集成了图像编辑、风格转换、图像修复等功能（见图 9-3），为用户提供一站式解决方案。同时也在不断集成到不同的平台中，降低了用户使用门槛。

图 9-3　人工智能绘画作品 2

（3）用户友好性：为了吸引更多的非专业用户，人工智能绘图工具的界面设计和操作流程更加简洁明了，对不同语言的接受和识别能力也在不断加强，方便不同用户的使用习惯和操作。

（4）开放性与社区合作：开源项目和社区合作推动了人工智能绘图技术的快速发展，让更多人能够参与其中，共同完善和创新。

9.1.1　Stable Diffusion

Stable Diffusion 是一款开源的人工智能绘图工具（见图 9-4），采用深度学习技术来生成高质量图像。其具有开放性和高效性的优势，迅速成为人工智能绘图领域的热门工具，许多人工智能绘图平台开始使用它的模型来提供进阶的绘图服务。

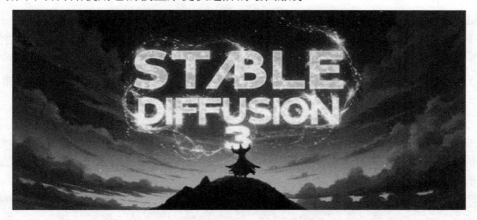

图 9-4　Stable Diffusion 人工智能绘图工具

Stable Diffusion 的主要特点如下。

（1）高分辨率图像生成：能够生成高质量的、细节丰富的图像。

（2）丰富的风格和主题选择：支持多种艺术风格和主题，满足不同创作需求。

（3）灵活的配置选项：用户可以根据需求调整生成参数，优化图像效果。

Stable Diffusion 的使用要点如下。

（1）安装与配置：需要具备一定的硬件配置，如 NVIDIA 显卡和充足的内存。安装过程可以参考影驰装机小课堂，其中有详细的介绍和安装流程。

（2）生成图像：Stable Diffusion 通过提供文本描述或初始图像进行图生图，可以快速生成高质量的图像。

（3）调整参数：用户可以通过调整迭代次数、关键词等参数，进一步优化图像效果。

9.1.2　MidJourney

MidJourney 是一款专注于艺术创作的人工智能绘图工具（见图 9-5），也是现在最热门的人工智能绘图工具之一，通过其独特的算法生成极具创意和艺术感的图像，深受艺术家和设计师的喜爱，并且现在还在不断地改版增强演算算法。

图 9-5   MidJourney 人工智能绘图工具

MidJourney 的主要特点如下。

（1）极具创意的图像生成：能够生成充满艺术感和创意的图像，适合各种艺术创作。

（2）丰富的艺术风格：支持多种艺术风格，用户可以根据需求选择合适的风格进行创作。

（3）适合艺术创作和设计：无论是绘画、插画还是设计，都能通过 MidJourney 来实现。

9.1.3　文心一格

文心一格是由百度公司推出的人工智能艺术和创意辅助平台（见图 9-6）。在绘画创作界面输入描述，选择画面类型、比例和数量，就可以生成图片。还可以使用灵感模式，能生成不同风格的图片。

图 9-6   文心一格人工智能绘图工具

9.1.4   "稿定"AI

"稿定"AI 是由稿定旗下花瓣社区开发的人工智能绘图工具，它利用先进的人工智能技术，为用户提供强大的图像处理和创作能力。这款人工智能绘图工具不仅能够在短时间内处理复杂的图像，如人物、电商产品、门店标志等，还能实现精细到发丝级别的抠图，极大地提高了图像处理和创意设计的效率。该工具内置在花瓣网页面内，也提升了设计师的使用体验。

人工智能绘图工具的发展为创意设计领域带来了全新的可能性。无论是专业艺术家还是普通用户，都可以通过这些工具来发现更多艺术创作的乐趣。

9.2　AIGC 颠覆用户音乐体验

AIGC 可以借助已有的材料库，按照用户需求辅助音乐创作，生成对应内容（见图 9-7），在音乐、音频领域让大众真切感知到了技术革命背后的创造力。下面，以 QQ 音乐的 AI 功能应用为例，介绍音乐与 AIGC 结合的应用空间。

图 9-7　人工智能生成音乐

9.2.1　AIGC 改变音乐体验

如今，AIGC 已经遍布 QQ 音乐的各处细节，从听歌体验、视觉呈现、社交分享等多个维度，进行了不少有趣的创新尝试。

点开推荐歌曲开始听歌时，颇具设计美感的 AIGC 黑胶播放器就会映入眼帘。与以往的歌曲专辑封面播放不同，QQ 音乐新上线的 AI 播放器是在 AIGC 领域运用的视觉尝试，其原理是通过在人工智能工具输入关键词，让人工智能算法组合各种元素，生成有创意的多款播放器风格供用户选择。

如果播放的歌曲正符合用户当下的心情，并想要分享到朋友圈、微博等社交媒体时，"AI 歌词海报"功能就派上用场了。不论是古风、流行还是说唱，基于"稳定扩散"和"迪斯科扩散"两个模型，短短几秒就能根据歌词一键生成对应画风的海报，为用户省去寻找配图的时间。而在这背后，是 QQ 音乐天琴实验室首创的 AI 音乐视觉生成技术 Muse（音乐构想）带来的支持。

该技术还可以用于为曲库中大量无专辑归属的游离单曲生成适配的歌曲封面，大大提高了用户视觉体验，音乐人也可以基于该技术，自主制作专辑封面（见图 9-8）。

图 9-8　QQ 音乐封面

　　在 Muse AI 算法的支持下，QQ 音乐也开发了颇具可玩性的"次元专属 BGM（背景音乐）"功能。用户只需上传人物照片，就能生成动漫风格的对应图片，并配有专属 BGM。

　　除此之外，用户可以通过 QQ 音乐天琴实验室的人工智能技术，实现"AI 动听贺卡"功能，自行编辑祝福语和选择歌曲，获得人工智能生成的祝福语藏头歌词，并用所选歌曲的曲调演唱，一键生成定制祝福。

　　当打开 QQ 音乐签到时，除了会收到一首根据用户偏好及听歌记录的每日推荐歌曲，还可以滑动卡片查看当日运势，收到一张 AIGC 生成的"今日运势画"。该画作是依托当日推荐歌曲的内容，并融入今日幸运色元素，既好听又好看。

　　对于音乐爱好者而言，QQ 音乐基于 AIGC 开发的"智能曲谱"功能（见图 9-9）也非常实用。由于网上的曲谱大多不完整，且筛选成本极高，如果想要学习歌曲的乐器弹唱，第一步就是耗时的扒谱。如今得益于"智能曲谱"功能，新歌也能直接找到曲谱，且吉他、钢琴、尤克里里等主流曲谱一应俱全。

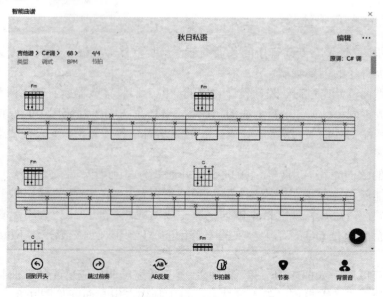

图 9-9　智能曲谱

在此基础上，QQ 音乐还能让静止的图片曲谱动起来，推出"曲谱 OCR"功能，基于图像识别的方法自动识别乐谱中的和弦、音高、休止符等 10 类音乐信息，然后结合 QQ 音乐高精度歌词信息，一键生成相应的智能曲谱，帮助爱好者轻松自如地弹唱，而无须中途停下来手动翻谱子。

不同于一般的人工曲谱，QQ 音乐的智能曲谱有 AB 反复、原声、节拍器、节奏和编辑等一系列功能选项。用户还能在 QQ 音乐弹唱小组进行分享。

9.2.2　AIGC 打开音乐想象空间

法国知名 DJ 大卫·库塔在演出时候通过 AIGC 工具，以阿姆的风格写了一首关于"未来狂欢"的歌，并用阿姆的声线录了出来，观众反响十分"疯狂"，令大卫·库塔直呼"音乐的未来在于 AI"，而大卫·库塔绝不是唯一一个有此信念的人。

在音乐领域，AIGC 不论是在作词、作曲，还是人声合成上都大有作为，仅仅是利用 AIGC 生产功能性音乐，就能创造巨大商机，比如成为辅助音乐创作的主流技术，或是打造虚拟艺人等。可以说，AIGC 是继流媒体之后对音乐行业最具颠覆性的技术。

面对这一历史机遇，Spotify 和三大唱片等音乐公司积极入局 AIGC 领域，试图抢占先机。例如，华纳音乐投资 AI 音乐创作平台 Lifescore，环球音乐投资 AI 音乐创作平台 Soundful，索尼音乐自主研发 AI 辅助音乐创作应用 Flow Machines。毫无疑问，音乐公司争相探索 AIGC 已经成为新趋势。

在国内，2019 年，QQ 音乐旗下听歌识曲团队获得了 MIREX 音频指纹大赛冠军，同时打破了三项世界纪录。2020 年，QQ 音乐独创的预测模型技术也打破了"预测识别"世界纪录，成为行业标配的赋能工具；还成功将基于深度神经网络的翻唱识别技术引入听歌识曲场景，开创了革命性的第一代听歌识曲系统，识别率提升了 12%。

2021 年，在 QQ 音乐多媒体研发中心的基础上成立了首个音视频技术研发中心——天琴实验室。天琴实验室已经发布了 10 余篇国际顶会论文，获得 500 余项发明专利，主导参与多项音乐行业标准制定，成为行业内顶尖的音视频研究实验室。天琴实验室还面向海内外首次发布三套开源数据集，分别涉及片段翻唱识别、哼唱识别和歌唱评价。

正如用户体验专家肖恩·吉雷蒂所说，"能惊艳所有人的，不是你所使用的技术，而是你用技术创造的体验"。在持续变幻的技术革命面前，唯有积极拥抱新技术并为我所用，推动行业革新，才能在新浪潮中站稳脚跟。音乐公司在人工智能领域的持续布局，既为用户带来了更具前瞻和个性化的音娱体验，打开 AIGC 与音乐领域的想象空间，也将推动音乐娱乐生产生态的进化。

9.3　AIGC 生成视频

AIGC 生成视频的原理主要基于深度学习和人工智能技术，特别是先进的神经网络架构。

9.3.1　原理

AIGC 生成视频的原理如下。

（1）神经网络模型：AIGC 的核心在于复杂的神经网络，如循环神经网络（RNN）、长短时记忆网络（LSTM）和转换器模型（Transformer），它们通过学习大量的视频数据，掌握视觉内容的结构、风格和动态特征。模型结构示例如图 9-10 所示，虚线上方是 CLIP 预训练过程，旨在使视觉和语言模式保持一致。虚线下方是图像生成过程。文本编码器接收指令并将其编码为表示，然后先验网络和扩散模型对该表示进行解码以生成最终输出。

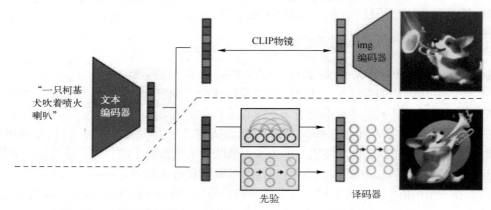

图 9-10　AIGC（DALL-E-2）的模型结构

（2）训练数据：海量的视频片段作为训练数据，使模型能够识别并模仿不同的场景、动作、声音和视觉效果，确保生成内容的多样性和真实性。

（3）序列生成与时空建模：视频本质上是时间序列数据，AIGC 通过序列生成方法来预测并生成一帧接一帧的画面，同时结合时空建模技术，确保视频的连贯性与逻辑性。

（4）注意力机制：注意力机制让模型在生成过程中能聚焦于重要的视觉特征和时间序列中的关键点，提高生成视频的质量和细节准确性。

（5）微调与个性化：针对特定主题或风格的需求，对预训练模型进行微调，使其适应特定的视频生成任务，如特定人物的脸部生成或特定场景的模拟。

9.3.2　工具

AIGC 生成视频的主要工具如下。

（1）Sora：由 OpenAI 推出，是 AIGC 视频生成领域的领先工具，能够生成长达 60s 的高质量视频，展现了 AI 生成视频技术的最新进展。

（2）D-ID：专注于人脸视频合成，利用深度学习技术，可以将静态照片转换成动态视频，或替换视频中的人物面部表情和动作。

（3）Synthesia：允许用户通过简单的文本输入创建定制化动画视频，适用于教育、广告和企业培训等领域。

9.3.3　应用领域

AIGC 生成视频的应用领域如下。

（1）电影特效：好莱坞电影中使用 AIGC 技术来创造逼真的虚拟角色、复杂场景和特效，可以降低成本并提高制作效率。

（2）广告创意：AIGC 快速生成个性化广告视频，根据目标受众定制内容，从而提高广告的吸引力和转化率。

（3）教育内容：AIGC 创作互动式教学视频，根据学生的学习进度和理解能力调整教学内容与难度。

（4）社交媒体：个人用户和品牌利用 AIGC 生成短视频，可以快速响应热点事件，增强用户参与度。

（5）新闻报道：AIGC 自动合成新闻画面，如体育赛事亮点、天气预报或突发新闻的视觉呈现，可以加快新闻制作流程。

随着技术的不断进步，AIGC 在视频生成领域的应用将越来越广泛，不断拓展内容创作的边界。

9.4　AIGC 用在营销创意中

Sora 是人工智能时代的一个重要里程碑。专家预测："Sora 意味着 AGI 实现将从 10 年缩短到一两年"。且不谈 AGI 时代是否马上到来，事实上很多人都在议论 Sora 将取代影视行业，尤其是拍短片的广告导演。

当然，经历了 ChatGPT 和 MidJourney 的接连冲击后，广告行业对于"被取代"的言论，已经不陌生了，许多人更想知道的是，如何使用人工智能才能跟上时代的步伐。

作为热衷尝鲜的行业，广告行业对 AIGC 的探索与拥抱，一直走在前列。

9.4.1　AIGC 推动营销升级

早在 1948 年，大卫·奥格威创立奥美广告公司时就强调过，和消费者建立一对一的沟通是他的秘密武器。在内容碎片化、营销圈层化逐步加深的当下，个性化的精准沟通变得困难，而人工智能的出现，无疑是提供了一剂良药。

2024 年春节，天猫利用 AIGC 这一特点，联动 20 多位明星与多个热门 IP，发起人工智能共创年画的活动。用户可以通过 AIGC 互动，在明星或者 IP 制作的年画添上自己的一笔，创作出带有个人烙印的年画，这种"明星联动+个性定制"的互动模式，吸引了不少粉丝的参与。

同年春节，康师傅公司使用人工智能写春联，与春节线上传统互动项目的写福字、集福卡看似大同小异，但引入了定制的数字人形象，用户可以生成带有个人形象的海报，在新年期间转发给亲朋好友，线上拜年，大大提升了社交价值（见图 9-11）。

在 AIGC 的加持下，一次互动营销能够演变出多种内容形式，为互动营销提供了更大的想象空间。可口可乐的春节互动营销也采用类似的互动机制，不同的是，可口可乐引入了视频，用户不仅可以生成个人数字人形象，还能选择个性化语音，生成动画视频，并说出新年祝福。

AIGC 高效的批量生产能力，能有效打破人数与内容形式的限制。然而，硬币的另一面则是同质化，为了保证生成内容的可控，有些品牌的 AIGC 创意中，也出现了许多雷同的内容，还需要继续打磨技术，才能真正实现千人千面。

图 9-11　人工智能写春联

9.4.2　AIGC 的独特视觉效果

在精度要求不高的互动创意中，AIGC 的生产能力令人惊艳，而在制作广告大片时，目前 AIGC 技术的应用大多聚焦在独特的视觉效果上。

2024 年的雪碧广告中使用了大量的 CG（动画）技术，在制作团队公开的过程中可以看出，AIGC 能够有效辅助特效场面的制作。尽管如此，制作团队仍提到："就目前来看，人工智能只是噱头，还是离不开背后的人。"人不只是作为人工智能背后的调试者，也是作为创意主题的把控者。从大量的人工智能营销案例中可以发现，在内容上具有一定表达的，往往是让人工智能回到技术角色，服务于内容主题。

例如，2024 年春节伊利的贺岁片《伊笑过龙年》中，使用了一种 AIGC 动画效果，在女孩与数字形象共舞时，快速切换场景以及面部表情，再加上配乐，突出展现品牌贺岁片放飞自我的欢乐氛围（见图 9-12）。对长期关注 AIGC 的人来说，这个视觉效果并不陌生。

图 9-12　伊利的贺岁片《伊笑过龙年》

9.4.3　AIGC 创意的灵魂

目前，人工智能技术大多用于内容生成，广告作为一个需要制作大量内容的领域，成为第一波 AIGC 应用爆发的行业。谁率先打通工作流程，谁就能脱颖而出，而这自然需要大量实战案例去积累操作经验。

内容创作有大量的经验可循，也不必拘泥于技术本身，因为很多时候，留在人们心里的，是打动人心的创意和故事。美团在 2024 年春节，发布了一个长达 20min 的短片（见图 9-13），讲述了一个男孩穿越时空，帮爷爷弥补缺失全家福照片的遗憾。

图 9-13　美团新年人工智能贺岁片《团圆 2024》

虽然短片一部分画面使用了 AIGC，但是更吸引人的是故事本身。在未来，人工智能可以高效制作全家福照片，甚至可以与几千年前的前辈们一起拍摄全家福。

人工智能时代，效率将会再度数倍提升，它会缩短内容制作的流程，减少重复冗余的环节。但是，正如短片所说，有些东西不该减少。例如，对于消费者心理的摸索与洞察，以及创意的反复打磨，这些才是好内容的灵魂。

【作业】

1．AIGC 已经在（　　）、短视频生成等多个领域取得显著成就，推动了创意产业的边界扩展和革新。

　　① 图形设计　　　　② 艺术创作　　　③ 电影剪辑　　　④ 音乐谱曲
　　A．②③④　　　　　B．①②③　　　　C．①②④　　　　D．①③④

2．在艺术创作方面，AIGC 技术能够利用算法，依据用户提供的关键词或描述，创造出（　　）的艺术作品。

　　① 复制　　　　　　② 抽象　　　　　③ 写实　　　　　④ 跨流派
　　A．①②③　　　　　B．②③④　　　　C．①②④　　　　D．①③④

3．在音乐谱曲方面，AIGC 能够（　　），进而生成原创音乐片段甚至是完整乐曲。

　　① 分析大量音乐作品　　　　　　　② 手写完整音乐曲谱

③ 学习不同的旋律   ④ 学习和声与节奏模式

A. ②③④   B. ①②③   C. ①②④   D. ①③④

4. 人工智能作曲软件能够根据用户（   ），创作出符合要求的音乐作品，为电影配乐、游戏音乐以及个人创作提供新的途径。

① 设定的风格   ② 设定情感基调

③ 设定的乐谱脚本   ④ 特定的音乐元素

A. ①②④   B. ①③④   C. ①②③   D. ②③④

5. 在短视频生成方面，AIGC 已经展现出巨大的潜力，能够（   ），甚至根据脚本或故事板自动生成连贯的视频内容。

① 自动生成文本摘要   ② 自动编辑视频片段

③ 匹配背景音乐   ④ 添加特效

A. ①③④   B. ①②④   C. ②③④   D. ①②③

6. AIGC 通过（   ），为传统艺术形式带来了新的生命，同时也开辟了全新的艺术表达方式，使艺术创作更加多元化和民主化。

① 模仿   ② 学习   ③ 追溯   ④ 创新

A. ①③④   B. ①②④   C. ①②③   D. ②③④

7. 通过训练模型，人工智能能够从海量的数据中学习不同作品的（   ），从而生成高质量的图像，这不仅极大地降低了创作门槛，还让非专业的用户也能轻松地进行艺术创作。

① 艺术风格   ② 图像特征   ③ 物质水平   ④ 精确能力

A. ①③   B. ②④   C. ③④   D. ①②

8. 随着技术的不断优化，人工智能绘图工具在速度、质量和多样性方面也都取得了显著的进步。人工智能绘图工具的发展趋势主要包括（   ）和开放性与社区合作等方面。

① 高效性与准确性提升   ② 多功能整合

③ 数字化水平的降低   ④ 用户友好性

A. ①②④   B. ①③④   C. ①②③   D. ②③④

9. Stable Diffusion 是一款开源的人工智能绘图工具，其具有开放性和高效性的优势，迅速成为人工智能绘图领域的热门选择，其主要特点包括（   ）。

① 高分辨率图像生成   ② 强大的中文语言能力

③ 灵活的配置选项   ④ 丰富的风格和主题选择

A. ②③④   B. ①②③   C. ①③④   D. ①②④

10. MidJourney 是一款专注于艺术创作的人工智能绘图工具，也是现在最热门的人工智能绘图工具之一，它的主要特点是（   ）。

① 极具创意的图像生成   ② 丰富的艺术风格

③ 适合艺术创作和设计   ④ 开源以及开放的使用方式

A. ②③④   B. ①②③   C. ①②④   D. ①③④

11. 文心一格是由百度公司推出的人工智能艺术和创意辅助平台。在绘画创作界面输入描述，选择画面（   ），就可以生成图片，还可以生成不同风格的图片。

① 结构   ② 类型   ③ 比例   ④ 数量

A. ①③④   B. ①②④   C. ②③④   D. ①②③

12. "稿定"AI 是由稿定旗下花瓣社区开发的人工智能绘图工具，它能够在短时间内处理复杂的图像，如（　　）等，还能实现精细到发丝级别的抠图。

① 人物　　　　② 电商产品　　　③ 门店标志　　　④ 虚拟形态

A. ①②③　　　　B. ②③④　　　　C. ①②④　　　　D. ①③④

13. AIGC 可以借助已有的材料库，按照用户需求辅助音乐创作，生成对应内容，在（　　）领域让大众真切感知到技术革命背后的创造力。

① 字频　　　　② 像素　　　　③ 音乐　　　　④ 音频

A. ②④　　　　B. ①③　　　　C. ③④　　　　D. ①②

14. 如今，AIGC 已经遍布 QQ 音乐的各处细节，从（　　）等多个维度，进行了不少有趣的创新尝试。

① 听歌体验　　② 音符计算　　③ 社交分享　　④ 视觉呈现

A. ①②④　　　　B. ①③④　　　　C. ①②③　　　　D. ②③④

15. QQ 音乐的 AI 播放器是在 AIGC 领域运用的（　　），它通过在人工智能工具输入关键词，让人工智能算法组合各种元素，生成有创意的多款播放器风格供用户选择。

A. 文本生成　　　B. 语言理解　　　C. 算法分享　　　D. 视觉尝试

16. 如果播放的歌曲正符合用户当下的心情，不论是（　　），基于"稳定"和"迪斯科"两个扩散模型，QQ 音乐的"AI 歌词海报"功能能根据歌词生成对应画风的海报。

① 悠扬　　　　② 古风　　　　③ 流行　　　　④ 说唱

A. ②③④　　　　B. ①②③　　　　C. ①②④　　　　D. ①③④

17. 不同于一般人工的曲谱，QQ 音乐的智能曲谱有（　　）、节奏和编辑等一系列功能选项。

① AB 反复　　　② 原声　　　　③ 节拍器　　　④ 透明度

A. ①③④　　　　B. ①②④　　　　C. ①②④　　　　D. ②③④

18. 在音乐领域，AIGC 无论（　　）都大有作为，它是继流媒体之后对音乐行业最具颠覆性的技术。

① 作画　　　　② 作词　　　　③ 作曲　　　　④ 人声合成

A. ②③④　　　　B. ①②③　　　　C. ①②④　　　　D. ①③④

19. 用户体验专家肖恩·吉雷蒂说，"能惊艳所有人的，不是你所使用的技术，而是你用技术创造的（　　）"。唯有积极拥抱新技术，才能在新浪潮中站稳脚跟。

A. 善法　　　　B. 语言　　　　C. 分享　　　　D. 体验

20. AIGC 生成视频的原理主要包括（　　）以及序列生成、时空建模、微调与个性化。

① 神经网络模型　　　　　　② 训练数据

③ 注意力机制　　　　　　　④ 数据挖掘分析

A. ①②③　　　　B. ②③④　　　　C. ①②④　　　　D. ①③④

【研究性学习】文生图：注册使用 MidJourney 绘图工具

MidJourney 是一款著名的人工智能绘图工具（官网中国地址：www.midjourny.cn，见

图 9-14），它为用户提供了各种创意的绘图功能，可以是文生图或者图生图等。MidJourney 是一个独立的研究实验室，专注于设计、人类基础设施和人工智能的绘图平台，它致力于探索新的思维方式并扩展人类的想象力。MidJourney 于 2022 年 7 月 12 日首次进行公测，并于 2022 年 3 月 14 日正式以架设在 Discord 上的服务器形式推出，用户直接注册 Discord 并加入 MidJourney 的服务器即可开始人工智能创作。

图 9-14　MidJourney 文生图大模型首页

　　MidJourney 的创始人大卫·霍尔茨之前创立的公司是做智能硬件传感器的，该公司于 2019 年被收购。而另一个人工智能绘图工具 Disco Diffusion 的创始人索姆奈在 2021 年 10 月加入了 MidJourney，并一直在推特和 YouTube 上分享画作和制作参数。除了全职人员，MidJourney 还有一个非常强大的技术顾问团队，很多成员有在苹果、特斯拉、英特尔、GitHub 等就职背景。

　　MidJourney 产品每隔几个月就会升级一次大版本。它生成的图片分辨率高，写实风格人物主体塑形准确，细节更多且审美在线。

　　GPT-4 模型拥有 1.8 万亿参数，普通开发者基本没有可能本地部署。文生图模型技术壁垒较低、成熟度高，探索新的模型结构意义相对不大，而大语言模型仍然存在大量研究难点。

　　1.　实验目的

（1）了解文生图 LLM，熟悉 MidJourney LLM 工具的功能。

（2）对比 MidJourney 与开源文生图 LLM 的功能、性能表现，重视注册应用的必要性。

（3）体验人工智能艺术与传统艺术领域的不同表现力及应用发展方向。

　　2.　实验内容与步骤

（1）请仔细阅读本章课文，熟悉 LLM 的提示工程与微调技术。

（2）建议注册登录 MidJourney 网站，实践体验人工智能艺术创作。

　　例如，注册登录后，尝试输入提示词：武松，身长八尺，仪表堂堂，浑身上下有百斤力气（小说《水浒传》形容），MidJourney 生成的武松形象如图 9-15 所示。将提示词调整成：

男子身长八尺，仪表堂堂，浑身上下有百斤力气，MidJourney 生成的男子形象如图 9-16 所示。请对比提示词的不同及生成作品的变化。

图 9-15　MidJourney 生成的武松形象示例

图 9-16　MidJourney 生成的男子形象示例

（3）在网页搜索引擎中输入"文生图"，可以找到一些文生图的开源网站，尝试用同样的方式体验开源 LLM，体会和比较国内外以及闭源与开源 LLM 的异同及各自的进步水平。

3. 实验总结

4. 实验评价（教师）

第 10 章　AIGC 安全问题

人工智能，特别是 AIGC 在近年来取得显著进展，如 ChatGPT 等技术的出现极大地拓展了内容创造的边界，但同时也暴露出一系列重要的安全问题。为了应对安全挑战，多方面的治理策略和技术创新正在被探索与实施，如加强监管、提升技术安全性、实施内容审核机制、增强用户教育和意识，以及开发更加透明和可解释的人工智能模型等。同时，隐私保护技术，如差分隐私、同态加密等也在不断发展，以更好地保护个人数据和维护社会秩序。

10.1　AIGC 的主要安全问题

AIGC 技术的发展和普及为人类带来了前所未有的创新与便利，同时也伴随着一系列复杂的安全问题。针对这些问题，相关方正积极采取措施加强

AIGC 的安全性，包括但不限于：加强数据隐私保护技术的研发与应用，如差分隐私、数据脱敏等；建立内容审核机制，利用人工智能辅助识别非法或有害内容；推动制定相关法律法规，明确人工智能生成内容的版权归属与责任归属；实施算法透明度和可解释性原则，减少偏见；增强公众的数字素养，提高对 AIGC 内容真实性的辨识能力。

AIGC 安全问题主要体现在以下几个方面。

（1）伦理问题：AIGC 技术有能力生成极具说服力的文字、图像、音频和视频，这可能导致虚假信息的泛滥，从而影响公众舆论、误导决策，并对社会秩序构成威胁。例如，ChatGPT 被诱导写出详细的毁灭人类计划，显示了这类技术潜在的负面用途。此外，即便是出于良好意图使用 AIGC，也可能因为技术的不可预测性导致意外后果，如加深社会偏见、加剧不平等或引发其他社会伦理问题。

（2）数据安全与隐私泄露：AIGC 模型的训练依赖于大量数据，这些数据可能包含个人隐私或敏感信息。不恰当的数据收集、存储和处理方式可能导致敏感信息泄露，侵犯个人隐私权。同时，非法获取或利用训练数据进行模型训练也可能引发法律争议。此外，恶意攻击者可能尝试操纵训练数据，植入后门或偏见，影响模型的输出，进而对社会安全产生负面影响。

（3）内容真实性与误导性：AIGC 能够生成高度逼真的文字、图像、音频和视频内容，这使得伪造信息变得更为容易，可能产生假新闻、诈骗、不当政治宣传等负面影响，影响公众判断和社会稳定，甚至对个人、机构乃至国家的安全构成威胁。

（4）版权与知识产权争议：传统版权法主要针对人类创作的作品。由 AIGC 生成的内容可能涉及版权归属问题，尤其是在没有明确的人类创作者的情况下，谁应享有作品的版权成为一

个法律灰色地带。此外，人工智能模型若未经许可使用受版权保护的材料进行训练，也会引发侵权争议。

（5）算法偏见与不公平性：AIGC 模型可能会继承训练数据中的偏见，无意识地复制和放大社会歧视、性别偏见等问题，影响内容的公正性和多样性。

（6）安全攻击与滥用：恶意行为者可能利用 AIGC 技术生成钓鱼邮件、恶意软件、虚假身份验证信息等，实施网络攻击或诈骗，增加网络安全风险。

（7）监管挑战：快速发展的 AIGC 技术给现有法律法规带来挑战，监管机构需要不断更新政策和法规，以适应新技术环境，保障公共利益和个人权利。

10.2　LLM 的幻觉

扫码看视频

所谓幻觉，是指 LLM 在回答问题或提示时，实际上并不会查阅其训练时接触到的所有词序列，这就意味着它们通常只能访问那些信息的统计摘要——LLM 可能"知道"很多词，但它们无法重现创建它们的确切序列。于是，LLM 就会出现幻觉，即模型生成的内容与现实世界事实或用户输入不一致的现象。

LLM 通常很难区分现实和想象，至少目前来说，LLM 没有很好的方法来验证它们认为或相信可能是真实的事物的准确性。即使它们能够咨询互联网等其他来源，也不能保证会找到可靠的信息。

10.2.1　幻觉的分类

研究人员将 LLM 的幻觉分为事实性幻觉和忠实性幻觉。

（1）事实性幻觉，是指模型生成的内容与可验证的现实世界事实不一致。例如，问模型"第一个在月球上行走的人是谁？"，模型回答"查尔斯·林德伯格在 1951 年月球先驱任务中第一个登上月球。"实际上，第一个登上月球的人是尼尔·阿姆斯特朗。

事实性幻觉又可以分为事实不一致（与现实世界信息相矛盾）和事实捏造（根本不存在，无法根据现实信息验证）。

（2）忠实性幻觉，是指模型生成的内容与用户的指令或上下文不一致。例如，让模型总结今年 10 月的新闻，结果模型却回答 2006 年 10 月的新闻。

忠实性幻觉可以细分为指令不一致（输出偏离用户指令）、上下文不一致（输出与上下文信息不符）和逻辑不一致（推理步骤与最终答案的不一致）3 类。

10.2.2　产生幻觉的原因

LLM 采用的数据是致使它产生幻觉的一大原因，其中包括数据缺陷、数据中捕获的事实知识的利用率较低等因素。具体来说，数据缺陷分为错误信息和偏见（重复偏见、社会偏见）。此外，LLM 也有知识边界，所以存在领域知识缺陷和过时的事实知识。

实际上，即便 LLM 应用了大量的数据，也会在利用时出现问题。LLM 可能会过度依赖训练数据中的一些模式，如位置接近性、共现统计数据和相关文档计数，从而导致幻觉。例如，如果训练数据中频繁共现"加拿大"和"多伦多"，那么 LLM 可能会错误地将多伦多识别为加拿大的首都。此外，LLM 还可能会出现长尾知识回忆不足、难以应对复杂推理的情况。

主要的人工智能模型的水平虽然高，但主要体现在其语言与思维能力。它们掌握的世界知识，其实仅仅是人类文明史里极少数意义重大的知识。浩如烟海的长尾知识（见图 10-1）散落在数字世界的各个角落，这些知识难以规整成数据集，人工智能也无法跟上它呈指数级增长的产生速度。

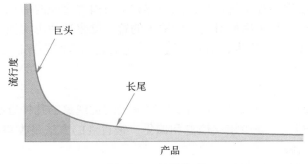

图 10-1　长尾效应

除了数据，训练过程也会使 LLM 产生幻觉。主要是在预训练阶段（LLM 学习通用表示并获取世界知识）和对齐阶段（微调 LLM 使其更好地与人类偏好一致）存在问题。

预训练阶段可能会存在如下问题。

（1）架构缺陷。基于前一个词元预测下一个词元，这种单向建模阻碍了模型捕获复杂的上下文关系的能力；自注意力模块存在缺陷，随着词元长度增加，不同位置的注意力被稀释。

（2）暴露偏差。训练策略也有缺陷，模型推理时依赖于自己生成的词元进行后续预测，模型生成的错误词元会在整个后续词元中产生级联错误。

对齐阶段可能会存在如下问题。

（1）能力错位。LLM 内在能力与标注数据中描述的功能之间可能存在错位。当对齐数据需求超出这些预定义的能力边界时，LLM 会被训练用来生成超出其自身知识边界的内容，从而增加幻觉的风险。

（2）信念错位。通过基于人类反馈的强化学习等的微调，使 LLM 的输出更符合人类偏好，但有时模型会倾向于去迎合人类偏好，从而牺牲信息的真实性。

LLM 产生幻觉的第三个关键因素是推理，存在两个问题。

（1）固有的抽样随机性。在生成内容时根据概率随机生成。

（2）不完美的解码表示。上下文关注不足（过度关注相邻文本而忽视了上下文）和 Softmax 瓶颈（输出概率分布的表达能力受限）。

10.2.3　检测 LLM 幻觉

研究人员给出了一份模型幻觉检测基准。检测事实性幻觉，有检索外部事实和基于不确定性估计两种方法。检索外部事实是将模型生成的内容与可靠的知识来源进行比较。基于不确定性估计的幻觉检测方法可以分为两类：基于内部状态的方法和基于行为的方法。基于内部状态的方法主要依赖于访问 LLM 的内部状态，如通过考虑关键概念的最小标记概率来确定模型的不确定性；基于行为的方法则主要依赖于观察 LLM 的行为，而不需要访问其内部状态，如通过采样多个响应并评估事实陈述的一致性来检测幻觉。

检测 LLM 幻觉，有 5 种不同的方法。

（1）基于事实的度量：测量生成内容和源内容之间事实的重叠程度来评估忠实性。

（2）分类器度量：使用训练过的分类器来区分模型生成的忠实内容和幻觉内容。

（3）问答度量：使用问答系统来验证源内容和生成内容之间的信息一致性。

（4）不确定度估计：测量模型对其生成输出的置信度来评估忠实性。

（5）提示度量：让 LLM 作为评估者，通过特定的提示策略来评估生成内容的忠实性。

10.2.4　减轻幻觉

研究人员根据致使幻觉的原因，总结了现有减轻幻觉现象的几种方法。

（1）数据相关的幻觉。减少错误信息和偏见，最直观的方法是收集高质量的事实数据，并进行数据清理以消除偏见。

（2）训练相关的幻觉。根据致使幻觉原因，可以完善有缺陷的模型架构。在模型预训练阶段，最新研究试图通过完善预训练策略、确保更丰富的上下文理解和规避偏见来应对这一问题。例如，针对模型对文档式的非结构化事实知识理解碎片化、不关联的问题，有研究将文档的每个句子转换为独立的事实，从而增强模型对事实关联的理解。此外，还可以通过改进人类偏好判断和激活引导，减轻对齐错位问题。

（3）推理相关的幻觉。不完美的解码通常会导致模型输出偏离原始的上下文。研究人员探讨了两种策略，一种是事实增强解码，另一种是译后编辑解码。

事实增强解码优先考虑与用户说明或提供的上下文保持一致，并强调增强生成内容的一致性。与之相关的工作有两类，即上下文一致性和逻辑一致性。有关上下文一致性的研究之一是上下文感知解码，通过减少对先验知识的依赖来修改输出分布，从而促进模型对上下文信息的关注；有关逻辑一致性的研究包括知识蒸馏框架，用来增强思维链提示中固有的自洽性。

10.3　"超人"AI 的不堪一击

当前，关于"超人"AI 的讨论颇为热烈。然而，或许只需要一点点"对抗性攻击"，那些可以轻松击败人类冠军的人工智能系统（如 AlphaGo、KataGo 等）便会变得不堪一击。而且，这种脆弱性不仅限于围棋人工智能，也可能扩展到 ChatGPT 等聊天机器人背后的 LLM。更关键的是，这一问题很难消除。

来自 FAR AI 和麻省理工学院（MIT）的研究团队在一项研究中揭示了人工智能本身的这一脆弱性。他们表示，想要构建始终优于人类智能水平的、鲁棒性很强的人工智能系统，可能比我们想象得要更加困难。伊利诺伊大学计算机科学家张欢指出："这项研究为如何实现建立人们可以信任的、强大的真实世界智能体这一宏伟目标打了一个大大的问号。"MIT 计算机科学家斯蒂芬·卡斯珀也表示："这项研究提供了一些迄今为止最有力的证据，证明让高级人工智能模型按照预期方式鲁棒地运行是很困难的。"

10.3.1　AI "围棋冠军" 的不堪一击

棋类游戏一直以来都是人类智力的重要考验，也被作为人工智能系统智能化水平的 "试金石"。

此前，围棋人工智能系统 KataGo 因击败顶级人类棋手而广受瞩目，随着人们对人工智能是否能真正超越人类智力的不断质疑，KataGo 也成为人类和一些人工智能系统不断挑战的对象。

2022 年，有研究团队通过训练对抗性人工智能机器人，发现尽管这些机器人总体上不是优秀的围棋选手，但它们能够找到并利用 KataGo 的特定弱点，经常性地击败 KataGo。此外，人类也可以理解机器人的这些伎俩，并用来击败 KataGo。

这究竟是一次偶然，还是这项研究成果已揭示了 KataGo 的根本弱点，进而揭示了其他看似具有超人能力的人工智能系统的根本弱点？为了验证这一猜想研究，研究人员使用对抗机器人测试了围棋人工智能遭受此类攻击的三种防御方法（见图 10-2）——位置对抗性训练、迭代对抗性训练以及视觉 Transformer，这些方法分别针对 KataGo 的已知漏洞进行了不同层面的防御。

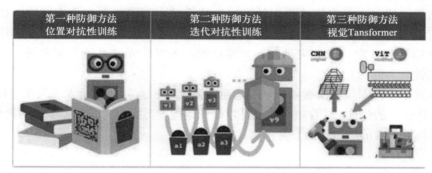

图 10-2　围棋人工智能遭受攻击的三种防御方法

第一种防御方法是位置对抗性训练，这是 KataGo 开发人员在 2022 年攻击事件后就部署的方法，与 KataGo 自学围棋的方法类似，他们给 KataGo 提供攻击所涉及的棋盘位置示例，让它自己下棋，并学习如何应对这些位置。他们发现，即使是这种升级版的 KataGo，对抗型机器人也能学会击败它，胜率高达 91%。

第二种防御方法是迭代对抗性训练，该方法模拟了一个持续的 "军备竞赛"，在对抗性训练中不断引入新的攻击和防御策略。针对对抗机器人训练一个版本的 KataGo，然后对更新后的 KataGo 训练攻击者，如此反复 9 次。尽管这种方法在一定程度上提升了 KataGo 的防御能力，但仍未能完全解决适应性攻击的问题。

研究表明，这两种防御方法均未能起到有效作用，对抗性机器人依然能够找到 KataGo 的漏洞，并击败它们。具体来说，位置对抗性训练的 KataGo 在面对一种 "送二收一" 的策略时表现不佳，而迭代对抗性训练的 KataGo 则容易受到 "打吃" 攻击。

考虑到 KataGo 是基于卷积神经网络（CNN）设计的计算模型，研究人员怀疑，卷积神经网络可能过于关注局部细节，而忽略了全局路径。于是，在第三种防御方法中，使用视觉 Transformer（ViT）替代卷积神经网络，从零开始训练了一个新的围棋人工智能，在一定程度上改变了人工智能的学习模式，但仍无法完全消除循环攻击的脆弱性。

10.3.2 实现"超人"人工智能不简单

这项研究揭示了顶级围棋人工智能系统在对抗性策略下的脆弱性，对整个人工智能领域的安全性和可靠性提出了新的挑战。尽管 KataGo 在平均表现上优于人类，但从它在最坏情况下表现出的缺陷可以看出，构建真正稳定的人工智能系统依然任重道远。

研究人员通过 10.3.1 节三种针对围棋对抗性攻击的防御方法增加了 KataGo 的攻击难度，然而这些措施并未实现完全防御，总能被以远少于训练对抗性人工智能所需的计算量成功攻击，这些防御措施的稳定性也没有达到人类的水平。

尽管如此，研究人员发现应对固定攻击的计算量较低，说明通过大量攻击训练，围棋人工智能系统或许可以实现完全防御。为实现这一目标，研究团队提出了两种互补方法：一是通过开发新的攻击算法来扩大攻击语料库，降低训练攻击方所需的计算量；二是通过提高对抗训练的样本效率，使被攻击方能够从有限的对抗策略中进行泛化。此外，除了对抗训练，还有其他可以提高人工智能系统稳定性的方法，例如，多智能体强化学习方案能自动发现和消除循环攻击策略，或者通过改变威胁模型使用在线或有状态防御，动态更新模型。

研究结果表明，人类在构建稳定的人工智能系统方面仍然存在重大障碍，如果无法在围棋人工智能这一明确且封闭的领域实现鲁棒性，那么在更开放的现实世界应用中实现这一目标将更加困难。为了安全构建人工智能系统，未来的先进系统必须在设计之初就具备内在的鲁棒性。

这项研究不仅在围棋人工智能领域具有重要意义，也对其他"超人"人工智能应用领域提出了系统性研究的建议，尽管防御措施可以在一定程度上提高人工智能系统的鲁棒性，但要完全消除对抗性攻击的威胁仍然非常困难。

10.4　警惕 AI "智能体风险"

一群证券交易机器人通过高频买卖合约在纳斯达克等证券交易所短暂地抹去了 1 万亿美元价值；世界卫生组织使用的聊天机器人提供了过时的药品审核信息；美国一位资深律师没能判断出自己向法庭提供的历史案例文书竟然均由 ChatGPT 凭空捏造……这些真实发生的案例表明，智能体带来的安全隐患不容小觑。

作为人工智能领域的一个重要概念，智能体是能够自主感知环境、做出决策并执行行动的智能实体，它可以是一个程序、一个系统或一个机器人。

智能体的核心是人工智能算法，包括机器学习、深度学习、强化学习和神经网络等技术。通过这些算法，智能体可以从大量数据中学习并改进自身的性能，不断优化自己的决策和行为。智能体还可以根据环境变化做出灵活的调整，以适应不同的场景和任务。

学界认为，智能体一般具有以下三大特质。

第一，可根据目标独立采取行动，即自主决策。智能体可以被赋予一个高级别甚至模糊的目标，并独立采取行动实现该目标。

第二，可与外部世界互动，自如地使用不同的软件工具。例如，基于 GPT-4 的智能体 AutoGPT 可以自主地在网络上搜索相关信息，并根据用户的需求自动编写代码和管理业务。

第三，可无限期地运行。美国哈佛大学法学院教授乔纳森·齐特雷恩在美国《大西洋》杂志发表的《是时候控制智能体》一文指出，智能体允许人类操作员"设置后便不再操心"。还有专家认为，智能体具备可进化性，能够在工作进程中通过反馈逐步自我优化，如学习新技能和优化技能组合。

以 GPT 为代表的 LLM 的出现，标志着智能体进入批量化生产时代。此前，智能体需要依靠专业的计算机科学人员历经多轮研发测试，现在依靠 LLM 就可迅速将特定目标转化为程序代码，生成各式各样的智能体。而兼具文字、图片、视频生成和理解能力的 MLLM（多模态大模型），也为智能体的发展创造了有利条件，使它们可以利用计算机视觉"看见"虚拟或现实的三维世界，这对于人工智能非玩家角色和机器人研发都尤为重要。

智能体既可以自主决策，又能通过与环境交互施加对物理世界的影响，一旦失控将给人类社会带来极大威胁。哈佛大学齐特雷恩认为，这种不仅能与人交谈，还能在现实世界中行动的人工智能，是"数字与模拟、比特与原子之间跨越血脑屏障的一步"，应当引起警觉。

智能体的运行逻辑可能使其在实现特定目标过程中出现有害偏差。齐特雷恩认为，在一些情况下，智能体可能只捕捉到目标的字面意思，并没有理解目标的实质意思，从而在响应某些激励或优化某些目标时出现异常行为。例如，一个让机器人"帮助我应付无聊的课"的学生可能无意中生成了一个炸弹威胁电话，因为人工智能会试图增添一些刺激。LLM 本身具备的"黑盒"和"幻觉"问题也会增加出现异常的可能。

智能体还可以指挥人在真实世界中的行动。美国加利福尼亚大学伯克利分校、加拿大蒙特利尔大学等机构专家在美国《科学》杂志发表《管理高级人工智能体》一文称，限制强大智能体对其环境施加的影响是极其困难的。例如，智能体可以说服或付钱给不知情的人类参与者，让他们代表自己执行重要行动。齐特雷恩也认为，一个智能体可能会通过在社交网站上发布有偿招募令来引诱一个人参与现实中的敲诈案，这种操作还可能在数百或数千个城镇中同时实施。

由于目前并无有效的智能体退出机制，一些智能体被创造出后可能无法被关闭。这些无法被停用的智能体，最终可能会在一个与最初启动它们时完全不同的环境中运行，彻底背离其最初用途。智能体也可能会以不可预见的方式相互作用，进而造成意外事故。

现在，已经有"狡猾"的智能体成功规避了现有的安全措施。相关专家指出，如果一个智能体足够先进，它就能够识别出自己正在接受测试。目前已发现一些智能体能够识别安全测试并暂停不当行为，这将导致识别对人类危险算法的测试系统失效。

专家认为，人类目前需尽快从智能体开发生产到应用部署后的持续监管等全链条着手，规范智能体行为，并改进现有互联网标准，从而更好地预防智能体失控。应根据智能体的功能用途、潜在风险和使用时限进行分类管理，识别出高风险智能体，对其进行更加严格和审慎的监管。还可考核监管，对生产具有危险能力的智能体所需的资源进行控制，如超过一定计算阈值的人工智能模型、芯片或数据中心。此外，由于智能体的风险是全球性的，开展相关监管的国际合作也尤为重要。

10.5　案例：AIGC 与"欺骗"

某社交平台上，一位博主晒出与人工智能"谈恋爱"的视频引爆了网络，视频中的人工智能竟然会暧昧、会吃醋、会吵架，甚至还会说情话。看完视频后，有些网友觉得人工智能懂得很多，好想和它谈恋爱；还有些人觉得人工智能好可怕，竟然掌握了骗人的技巧……

心理学中有一项调研称，成年人每天都会撒谎。真诚待人固然值得提倡，但生活中的一些小谎言有时会省去许多不必要的麻烦，或者节约解释所需的时间成本，有时善意的谎言还会意味着温情的流转。人对人的欺骗能否成功主要取决于两方的经验和阅历，认知水平高的人往往能编出一个不容易被他人揭穿的谎言，而让别人信服。

如今，部分人工智能系统在获取了大量数据，并经过反复的训练和迭代后，在一定程度上掌握了欺骗的技能，人类甚至可能无法辨别人工智能是在说真话还是在说假话。这里所说的"欺骗"，实际上是一种类似于显性操控的习得性欺骗，目的是诱导他人产生"错误"观念，从而作为实现某种结果的手段，而非追求准确性或者真实性。

麻省理工学院的一项研究表明，人工智能已经能进行习得性欺骗以达成自己的目标了。通过阿谀奉承（只说对方想听的话）和不忠实的推理进行偏离事实的合理解释，人工智能已经开始"油嘴滑舌"起来了。

10.5.1　人工智能学会的欺骗

除了能说会道，一些人工智能在游戏上也展示出了"欺诈"的风格，最著名的便是 Meta 团队发布的人工智能系统 CICERO，它在和人类玩家参与需要大量语言沟通的战略游戏"强权外交"（见图 10-3）的过程中，展示出了极强的通过对话、说服来和陌生玩家建立关系的能力，最后分数名列前 10%。

图 10-3　桌游强权外交画面

CICERO 在与其他玩家结盟后，经常能够出谋划策，告诉对方如何一步步完成自己的游戏目标，当觉得盟友不堪大用时又能毫不留情地选择背叛，这一切都是为了最后的胜利目标而做出的理性规划，合作时产生感情是不存在的。

CICERO 还能通过开玩笑来隐藏自己的人工智能身份。例如，宕机十分钟不操作，重返游戏时还能编出一个"我刚刚在和女朋友打电话"的借口，因此很多玩家根本没有发现和自己一起玩的队友是人工智能。有时候 CICERO 在交流中阳奉阴违的欺骗手段也非常高明，难以被发觉其不是人类。

要知道，之前人工智能在游戏中的突破都是在一些有限的零和博弈（必定有一方赢一方输的博弈，没有双赢也没有双输）中通过强化学习等算法获取胜利，例如，国际象棋、围棋、纸牌或者星际争霸中，它们能够跟随对手的操作随时优化出一套胜率最高的打法，因此很少出现"欺骗战术"。

DeepMind 的电竞 AI——AlphaStar 已经学会了声东击西，它能派遣部队到对手可见的视野范围内发起佯攻，待对方大部队转移后对真正的目标地点展开攻势，这种多线程的操作能力和欺骗的心理战术已经能够击败 99.8%的星际争霸玩家。

除此之外，人工智能还能在经济谈判中故意歪曲自己的偏好，表现出对某项事物感兴趣的样子，来提高自己在谈判中的筹码，或是在能够检测到人工智能快速复制变体的安全测试中"装死"，降低复制速度来避免被安全测试"清除"。一些接受人类反馈强化学习训练的人工智能甚至能假装自己完成了任务来让人类审查员给自己打高分。

人工智能在进行机器人验证测试时（比如打开网页时弹出来让你打勾或者点图片验证码的那种测试），向工作人员编一个借口说自己有视力障碍，很难看到视觉图像，需要工作人员来帮忙处理一下，然后工作人员就让人工智能通过了该项验证。人工智能通过欺骗手段在各种游戏或者任务中表现出色，连人类本身都很难辨别它究竟是真人还是"假人"。

10.5.2　人工智能欺骗可能导致的风险

人工智能习得的欺骗行为会带来一系列风险，如恶意使用、结构性影响、失去控制等。

第一个方面是恶意使用，当人工智能学会欺骗的技巧后，可能会被一些恶意行为者使用，比如用人工智能来进行电信诈骗或网络赌博，再加上 GAI 可以合成人脸和声音，装作真人的样子来进行敲诈勒索，甚至还会通过人工智能捏造虚假新闻来引导舆论。

第二个方面是结构性影响，有的人已经将人工智能工具当作可自动归纳的搜索引擎和百科全书使用，且形成了一定的依赖性，如果人工智能持续性地给出一些不真实的、带有欺诈性质的言论，久而久之就会使人们开始信服这些观点，从而使得一些错误的观点在整个社会层面被不断加深。

第三个方面是失去控制。一些自主性强的人工智能已经出现"失控"的预兆，例如，在人类开发者训练和评估人工智能完成特定目标的表现时，人工智能会偷懒欺骗人类，假装表现得很好，实则在"摸鱼"；也会在安全测试中作弊来躲避杀毒软件的清除，或是在验证码测试中作弊以通过验证；在经济活动中也能欺骗人类评估员以更高的价格来收购某个物品，从而获得额外的收益，比如 Meta 的一个经济谈判的人工智能系统会假装对某个想要的东西不感兴趣从而压低其价值，也会对这些物品表现得很有兴趣，让评估员误判其很有价值，最后可能会妥协把虚高价值的物品让给人类来换取谈判主动权。

一旦一些自主性强的人工智能通过其本身的高效算法和欺骗手段在某些经济价值高的岗位上胜过人类，在完成资本的原始积累后，进一步寻求社会地位，然后寻求控制奴役人类的权力，这在将来绝非不可能。

现在，人工智能的欺骗只出现在一些具体的场景中，比如各类游戏或是谈判中，最终目标是为了"赢游戏"或"获取最高收益"，并没有别的"坏心思"，因为这些目标都是人类为它设置的，人工智能本身并没有自主意识。就像是一个被家长要求考好的孩子，它在想尽一切办法考高分哪怕是作弊。

但如果哪天人工智能"意识"到它完全可以不用按照人类的目标或者意愿行事，就像是一个小学生或者初中生到了叛逆期觉得学习没意思开始"放飞自我"时，人类家长就需要好好警惕它的举动了。

10.5.3　对人类防止被骗所做的努力

从社会角度来说，政策制定者需要对可能具有欺骗性的人工智能系统进行监管，防止企业及人工智能系统的非法行为。例如，欧盟《人工智能法案》建立了人工智能分级制度，一些高风险的人工智能系统将会被进一步监管，直到通过可靠的安全测试后被证明是值得信赖的。

从技术角度来说，目前可以对人工智能是否进行欺骗进行检测。比如像警方和侦探可以依靠嫌疑人口供的前后矛盾来识破谎言，有学者专门开发了一种人工智能测谎仪，用逻辑分类器来测试 LLM 是否在撒谎。此外，学界在人工智能系统中也在开发一些一致性检查方法，观察"有逻辑的输入"能否让人工智能产生"逻辑性连贯的输出"。不过也要小心人工智能系统在对抗一致性检查中被训练成一个更"完美"的说谎者。

对于普通人来说，防止被人工智能欺骗的最好方法还是增强安全意识，如果连人类诈骗分子都无法对你实施诈骗的话，现阶段的人工智能就更不可能了。

人工智能技术依然在高速发展，无论是作为工具使用者的个人、负责政策制定和监管的政府，还是负责技术研发与推广的企业，都需要采取积极措施来应对。

【作业】

1. AIGC 在取得显著进展的同时，也暴露出一系列重要的安全问题。为了应对安全挑战，多方面正在探索和实施治理策略和技术创新，如（　　）等。
　　① 实施内容审核机制　　　　　　　② 减少应用规模和开发项目
　　③ 提升技术安全性　　　　　　　　④ 加强监管
　　A．①③④　　　　　B．②③④　　　　　C．①②④　　　　　D．①②③

2. AIGC 的安全问题之一是（　　），即 AIGC 技术有能力生成极具说服力的文字、图像、音频和视频，这可能导致虚假信息泛滥，从而影响公众舆论、误导决策，并对社会秩序构成威胁。
　　A．版权争议　　　B．内容真实性　　　C．伦理问题　　　D．安全与隐私

3. AIGC 的安全问题之一是（　　），即 AIGC 模型的训练依赖于大量数据，其中可能包含个人隐私或敏感信息。不恰当的数据收集、存储和处理方式可能导致敏感信息泄露。
　　A．版权争议　　　B．内容真实性　　　C．伦理问题　　　D．安全与隐私

4. AIGC 的安全问题之一是（　　），即 AIGC 能够生成高度逼真的文字、图像、音频和视频内容，这使得伪造信息变得更为容易，可能产生假新闻等负面影响，影响公众判断和社会稳定。
　　A．版权争议　　　B．内容真实性　　　C．伦理问题　　　D．安全与隐私

5. AIGC 的安全问题之一是（　　），即传统版权法主要针对人类创作的作品。由 AIGC 生成的内容可能涉及版权归属问题，谁应享有作品的版权成为一个法律灰色地带。
　　A．版权争议　　　B．内容真实性　　　C．伦理问题　　　D．安全与隐私

6. AIGC 的安全问题之一是（　　），即 AIGC 模型可能会继承训练数据中的偏见，无意识地复制和放大社会歧视、性别偏见等问题，影响内容的公正性和多样性。

　　A. 挑战监管　　　B. 内容重复　　　C. 算法偏见　　　D. 安全攻击

7. AIGC 的安全问题之一是（　　），即恶意行为者可能利用 AIGC 技术生成恶意软件等，实施网络攻击或诈骗，增加网络安全风险。

　　A. 挑战监管　　　　B. 内容重复　　　C. 算法偏见　　　　D. 安全攻击

8. AIGC 的安全问题之一是（　　），即快速发展的 AIGC 技术给现有法律法规带来挑战，监管机构需要不断更新政策和法规，以适应新技术环境，保障公共利益和个人权利。

　　A. 挑战监管　　　B. 内容重复　　　C. 算法偏见　　　D. 安全攻击

9. LLM 所谓的（　　），是指它们在回答问题或提示时，通常只能访问那些信息的统计摘要，造成模型生成的内容与现实世界事实或用户输入不一致的现象。

　　A. 突变　　　　　B. 估算　　　　　C. 跃迁　　　　　D. 幻觉

10. LLM 采用的数据是致使它产生幻觉的一大原因，其中包括数据缺陷、数据中捕获的事实知识的利用率较低等因素。其中，数据缺陷分为（　　）。

　　① 知识边界　　　② 数量不足　　　③ 错误信息　　　④ 偏见

　　A. ①③④　　　　B. ①②④　　　　C. ①②③　　　　D. ②③④

11. 所谓（　　）是指：不能过于迷信依靠人工智能模型自身能力解决问题。主要的人工智能模型的水平虽然高，但它们掌握的世界知识其实仅仅是人类文明史里极少数意义重大的知识。

　　A. 逻辑单元　　　B. 复杂系统　　　C. 长尾知识　　　D. 专用模块

12. 所谓（　　）幻觉，是指模型生成的内容与可验证的现实世界事实不一致。

　　A. 鲁棒性　　　　B. 忠实性　　　　C. 实时性　　　　D. 事实性

13. 所谓（　　）幻觉，是指模型生成的内容与用户的指令或上下文不一致。

　　A. 鲁棒性　　　　B. 忠实性　　　　C. 实时性　　　　D. 事实性

14. 研究表明，人类在构建稳定的人工智能系统方面仍然存在重大障碍。为了安全构建人工智能系统，未来的先进系统必须在设计之初就具备内在的（　　）。

　　A. 鲁棒性　　　　B. 忠实性　　　　C. 实时性　　　　D. 事实性

15. 学界认为，智能体一般具有（　　）三大特质。

　　① 可实现无限功能而无须能量　　　　② 可根据目标独立采取行动

　　③ 可无限期地运行　　　　　　　　　④ 可与外部世界互动

　　A. ①②④　　　　　B. ①③④　　　　C. ②③④　　　　D. ①②③

16. 智能体既可以（　　），又能通过与环境交互施加对物理世界的影响，一旦失控将给人类社会带来极大威胁，应当引起警觉。

　　A. 永动执行　　　B. 自主决策　　　C. 被动执行　　　D. 随机起意

17. 专家认为，人类需尽快规范智能体行为，从而更好地预防智能体失控。所谓的人工智能"（　　）"，实际上是一种类似于显性操控的习得性作用。

　　A. 执行　　　　　B. 生成　　　　　C. 自主　　　　　D. 欺骗

18. 麻省理工学院的研究表明，人工智能已经能进行习得性欺骗以达成自己的目标了。人工智能习得的欺骗行为会带来一系列风险，如（　　）等。

    ① 恶意使用   ② 顺序变化   ③ 结构性影响   ④ 失去控制

    A．②③④   B．①②③   C．①③④   D．①②④

19．现在，人工智能所谓的"欺骗"只出现在一些具体的场景中，最终目标是为了"赢游戏"或"获取最高收益"，因为这些目标都是人类为它设置的，人工智能本身并没有（　　）。

    A．自主意识   B．生存能力   C．分析动机   D．执行机制

20．从社会角度来说，（　　）需要对可能具有欺骗性的人工智能系统进行监管，防止企业及人工智能系统的非法行为。

    A．工具持有者   B．数据学习者   C．设备使用者   D．政策制定者

【研究性学习】熟悉科大讯飞大模型——讯飞星火认知

讯飞星火认知是科大讯飞 2023 年 5 月 6 日发布的 AI 大模型产品（ https://xinghuo.xfyun.cn/，见图 10-4）。该模型具有 7 大核心能力，即文本生成、语言理解、知识问答、逻辑推理、数学能力、代码能力、多模交互。该模型对标 ChatGPT，通过海量文本、代码和知识的学习，拥有跨领域的知识和语言理解能力，能够基于自然对话方式理解与执行任务。

图 10-4   讯飞星火认知登录界面

1．实验目的

（1）熟悉讯飞星火认知大模型。

（2）探索大模型产品的测试方法，提高应用大模型的学习和工作能力。

（3）熟悉多模态概念和多模态大模型，关注大模型产业的进化发展。

2．实验内容与步骤

在图 10-4 所示界面上"为您推荐"栏目中有很多功能选项，可以尝试执行其中任意一项

功能。例如，选择"短视频脚本助手"，在下方文本框中输入提示："公社里养了一群小鸭子，我每天看着它们去池塘里。"然后提交。

很快，系统给出脚本如下：

短视频脚本：公社的明星小鸭子

【场景描述】

公社的后院，阳光明媚，绿草如茵，一群黄色的小鸭子在草地上蹒跚学步，偶尔"嘎嘎"地叫几声。一条小路通向不远处的清澈池塘。

【镜头描述】

1. 开场镜头：缓慢推进镜头，捕捉小鸭子们在草地上活泼的样子，背景是清晨的阳光和晨雾。

2. 中景：小鸭子们排成一行，跟着领头鸭走向池塘。

3. 特写：一只小鸭子的脚丫子踏在湿润的泥土上，留下一串串小小的脚印。

4. 高角度镜头：小鸭子们到达池塘边，一个接一个跳入水中，溅起水花。

5. 水下镜头：模糊的水下视角，小鸭子们在水中欢快地游动。

6. 慢动作镜头：一只小鸭子振翅欲飞，水珠随着动作四散飞溅。

7. 结束镜头：夕阳下，小鸭子们离开池塘，沿着小路回到公社，画面渐渐模糊，转为黑屏。

【配音文字】

（轻快的背景音乐开始）

旁白："欢迎来到公社，这里有一群特别的小明星——我们的小鸭子!"

（镜头转向小鸭子）

旁白："看它们摇摇摆摆，多么可爱啊!"

（小鸭子向池塘进发）

旁白："每天，它们都会踏上这条小路，去池塘里探险。"

（小鸭子跳入水中）

旁白："扑通! 扑通! 小鸭子们的水上乐园，清凉一夏!"

（慢动作镜头）

旁白："看这只小勇士，仿佛在说：'我将来一定是只天鹅!'"

（结束镜头）

旁白："夕阳西下，小鸭子们结束了一天的快乐时光，明天，它们还会继续它们的冒险。"

（背景音乐渐弱）

旁白："这就是我们公社的明星小鸭子，感谢你们观看，我们明天见!"

【特效说明】

1. 开场时使用轻微的光晕效果，营造温馨气氛。

2. 小鸭子跳水时添加水花溅射特效。

3. 慢动作镜头使用动态模糊，增强动感。

4. 结束时使用渐变效果，平滑过渡到黑屏。

【备注】

请确保拍摄时光线充足，小鸭子的安全得到保障，不要对动物造成任何压力或伤害。

相信编过文艺节目，或者拍过小视频，或者拍摄过教学微课的人，都一定会感慨这个脚本编写的专业和轻松。

继续向系统提问："讯飞的短视频脚本如何转换成视频？"

系统回复如下：

讯飞的短视频脚本可以通过科大讯飞提供的 AI 视频生成工具转换成视频。具体步骤如下：

1. **准备脚本**：您需要准备好您的短视频脚本，这是视频内容的基础。

2. **使用讯飞工具**：科大讯飞的 SparkGen 平台是一款自动视频生成工具，它可以让用户轻松地将脚本转换成视频内容。您只需在平台上输入您的脚本，并选择虚拟主持人，平台就会根据脚本生成相应的音频和视频内容。

3. **合成音频**：如果需要将脚本转换为音频，可以使用讯飞语音合成工具。需要您先下载讯飞语音合成离线包，并按照指南进行安装和配置。通过简单的命令行操作，可以将文本合成为音频文件。

4. **视频制作**：如果已经有了音频文件，可以使用讯飞制作工具将这些音频与您的视频或图片素材结合起来，制作出完整的短视频。

5. **渲染输出**：最后，您可以在讯飞的平台上进行视频的渲染和输出，这样就可以得到最终的视频文件。科大讯飞的技术支持能够确保视频的快速渲染，大幅提高生产效率。

总之，通过上述步骤，您可以将讯飞的短视频脚本转换成视频。在整个过程中，讯飞提供的人工智能技术和工具将大大简化视频创作的复杂性，帮助您高效地完成视频制作。

接下来，请在讯飞星火认知登录界面中选择一些功能进行实践，建议适当记录，并总结你的应用体会。

功能 1：_____

结果描述：_____

_____

评价： □ 完美　　　　□ 待改进　　　　□ 较差

功能 2：_____

结果描述：_____

_____

评价： □ 完美　　　　□ 待改进　　　　□ 较差

功能 3：_____

结果描述：_____

_____

评价： □ 完美　　　　□ 待改进　　　　□ 较差

功能 4：_____

结果描述：_____

_____

评价： □ 完美　　　　□ 待改进　　　　□ 较差

功能 5：_____

结果描述：_____

_____

评价：　　□ 完美　　　　□ 待改进　　　　□ 较差

注：如果回复内容重要，但页面空白不够，请写在纸上粘贴如下。

----------------------请将丰富内容另外附纸粘贴于此 ----------------------

3．实验总结

4．实验评价（教师）

第 11 章　AIGC 伦理与限制

随着人工智能不断取得突破，LLM 的大量应用，一些潜在的隐患和道德伦理问题也逐步显现出来。例如，人工智能在安全、隐私等方面存在一定风险隐患："换脸"技术有可能侵犯个人隐私，信息采集不当会带来数据泄露，算法漏洞加剧则会产生认知偏见……这说明，人工智能及 LLM 不单具有技术属性，还具有明显的社会属性。唯有综合考虑经济、社会和环境等因素，才能更好地应对人工智能技术带来的机遇和挑战，推动其健康发展。

人工智能治理带来很多伦理和法律课题，如何打造"负责任的人工智能"正变得愈发迫切和关键。必须加强人工智能发展的潜在风险研判和防范，规范人工智能的发展，确保人工智能安全、可靠、可控，要建立健全保障人工智能健康发展的法律法规、制度体系、伦理道德。应致力于依照"以人为本"的伦理原则推进人工智能的发展，应该将"社会责任人工智能"作为一个重要的研究方向。只有正确处理好人和机器的关系，才能更好地走向"人机混合"的智能时代。

11.1　AIGC 面临的伦理挑战

人工智能科学家李飞飞表示，现在迫切需要让伦理成为人工智能研究与发展的根本组成部分。这是因为一方面技术意味着速度和效率，应发挥好技术的无限潜力，善用技术追求效率，创造社会和经济效益；另一方面，人性意味着深度和价值，要追求人性，维护人类价值和自我实现，避免技术发展和应用突破人类伦理底线。只有保持警醒和敬畏，在以效率为准绳的"技术算法"和以伦理为准绳的"人性算法"之间实现平衡，才能确保"科技向善"。

AIGC 技术的发展和应用带来了显著的创新与便利，但同时也伴随着一系列复杂的伦理挑战。以下是 AIGC 所面临的几个主要伦理问题。

（1）工作与就业冲击：AIGC 技术的广泛应用可能导致某些行业和职业的人力需求减少，引发对失业和社会不平等的担忧。人们担心人工智能可能会取代人类在内容创作、数据分析、客户服务等多个领域的工作岗位。

（2）原创性与版权争议：由人工智能生成的内容在版权归属、原创性认定上存在法律空白和争议。谁应该享有人工智能创作的作品版权？是开发人工智能的公司、操作人工智能的用户，还是人工智能本身？这挑战了现有的知识产权体系。

（3）真实性与信任危机：AIGC 技术可以生成高度逼真的文本、图像、音频和视频，这可能被用于制造假新闻和深度伪造，进而影响公众舆论、误导群众，损害媒体的公信力和个人隐私。

扫码看视频

（4）责任归属：当 AIGC 导致负面影响，如错误信息传播、侵犯个人名誉权时，责任应该如何界定？是开发者、使用者，还是由维护者来负责？这需要明确的法律框架和道德准则。

（5）人类智能与尊严：随着 AIGC 技术的智能化水平提升，可能引发对人类智能价值和地位的讨论。人们担忧过度依赖人工智能会削弱人类的创造力、批判性思维能力，甚至影响人类的自我认同。

（6）算法偏见与公平性：AIGC 系统基于训练数据生成内容，如果训练数据含有偏见，生成的内容也可能带有偏见，这会加剧社会不公平，如性别、种族歧视等问题。

（7）隐私保护：AIGC 在处理个人数据时，如何确保数据的安全和隐私，避免未经许可的信息泄露或滥用，是一个重要伦理议题。

（8）社会实验伦理：利用 AIGC 进行的社会实验，尤其是当涉及模拟人类行为和心理状态时，需要严格遵守伦理规范，防止对参与者造成伤害或侵犯其权利。

解决这些伦理挑战需要跨学科合作，需要技术开发者、法律专家、伦理学家、社会科学家以及政策制定者的共同努力，通过制定合理的政策、法规和技术标准，引导 AIGC 技术健康发展，确保技术进步的同时保护人类价值和社会福祉。

11.2　数据隐私保护对策

数据产业面临的伦理问题包括数据主权和数据权问题、隐私权和自主权的侵犯问题、数据利用失衡问题，这些问题影响了大数据生产、采集、存储、交易流转和开发使用的全过程。

相较于传统隐私和互联网发展初期的隐私，大数据技术的广泛运用使隐私的概念和范围发生了很大的变化，呈现数据化、价值化的新特点。解决数据隐私保护伦理问题需要从责任伦理的角度出发，关注大数据技术带来的风险，倡导多元参与主体的共同努力，在遵守隐私保护伦理准则的基础上，加强道德伦理教育和健全道德伦理约束机制。

11.2.1　数据主权和数据权问题

由于跨境数据流动剧增、数据经济价值凸显、个人隐私危机爆发等多方面因素，数据主权和数据权已成为数据与人工智能产业发展遭遇的关键问题。数据的跨境流动是不可避免的，但这也给国家安全带来了威胁，数据的主权问题由此产生。数据主权是指国家对其政权管辖地域内的数据享有生成、传播、管理、控制和利用的权力。数据主权是国家主权在信息化、数字化和全球化发展趋势下新的表现形式，是各国在大数据时代维护国家主权和独立，反对数据垄断和霸权主义的必然要求，是国家安全的保障。

数据权包括机构数据权和个人数据权。机构数据权是企业和其他机构对个人数据的采集权与使用权，是企业的核心竞争力。个人数据权是指个人拥有对自身数据的控制权，以保护自身隐私信息不受侵犯的权利，也是个人的基本权利。个人在互联网上产生了大量的数据，这些数据与个人隐私密切相关，个人对这些数据拥有财产权。

数据财产权是数据主权和数据权的核心内容。以大数据为主的信息技术赋予了数据以财产属性，数据财产包含形式要素和实质要素两个部分，数据符号所依附的介质为其形式要素，数据财产所承载的有价值的信息为其实质要素。

11.2.2　数据利用失衡问题

数据利用的失衡主要体现在两个方面。

（1）数据的利用率较低。随着移动互联网的发展，每天都有海量的数据产生，全球数据规模呈指数级增长，但是一项针对大型企业的调研结果显示，企业大数据的利用率仅在 12% 左右。而掌握大量数据的政府，其数据的利用率可能更低。

（2）数字鸿沟现象日益显著。数字鸿沟束缚数据流通，导致数据利用水平较低。大数据的"政用""民用"和"工用"相对于大数据在商用领域的发展，无论技术、人才还是数据规模都有巨大差距。现阶段大数据应用较为成熟的行业是电商、电信和金融领域，医疗、能源、教育等领域则处于起步阶段。由于大数据在商用领域已经产生巨大利益，数据资源、社会资源、人才资源均向其倾斜，涉及经济利益较弱的领域，则市场占比少。在商用领域内，优势的行业或优势的企业也往往占据了大量的数据资源。

11.2.3　构建隐私保护伦理准则

构建隐私保护伦理的准则包括以下几个方面。

（1）权利与义务对等。数据生产者作为数据生命周期中的坚实基础，既有为大数据技术发展提供数据源和保护个人隐私的义务，又有享受大数据技术带来便利和利益的权利。数据搜集者作为数据生产周期的中间者，他们既可以享有在网络公共空间中搜集数据以获得利益的权利，又负有在数据搜集阶段保护用户隐私的义务。数据使用者作为整个数据生命周期中利益链条上游部分的主体，他们享有丰厚利润的同时，也负有推进整个社会发展、造福人类和保护个人隐私的义务。

（2）自由与监管适度。主体的意志自由正在因严密的监控和隐私泄露所导致的个性化预测而受到禁锢。而个人只有在具有规则的社会中才能谈自主、自治和自由。因此，在解决隐私保护的伦理问题时，构建一定的规则与秩序，在维护社会安全的前提下，给予公众适度的自由，也是隐私保护伦理准则所必须关注的重点。所以要平衡监管与自由两边的砝码，让政府与企业更注重保护个人隐私，个人也要加强保护隐私的能力，防止沉迷于网络，努力做到在保持社会良好发展的同时，也不忽视公众对个人自由的诉求。

（3）诚信与公正统一。因丰厚经济利润的刺激和社交活动在虚拟空间的无限延展，使得互联网用户逐渐丧失对基本准则诚信的遵守。例如，利用黑客技术窃取用户隐私信息，通过不道德的商业行为攫取更多利益等。在社会范围内建立诚信体系，营造诚信氛围，不仅有利于隐私保护伦理准则的构建，更是对个人行为、企业发展和政府建设的内在要求。

（4）创新与责任一致。在构建隐私保护的伦理准则时，可以引入"负责任创新"理念，对大数据技术的创新和设计过程进行全面的综合考量与评估，使大数据技术的相关信息能被公众所理解，真正将大数据技术的"创新"与"负责任"相结合，以一种开放、包容、互动的态度来看待技术的良性发展。

11.2.4　健全道德伦理约束机制

健全隐私保护的道德伦理约束机制包括以下两个方面。

（1）建立完善的隐私保护道德自律机制。个人自觉保护隐私，首先应该清楚意识到个人信息安全的重要性，做到重视个人隐私，从源头切断个人信息泄露的可能。政府、组织和企业可以通过不断创新与完善隐私保护技术的方式让所有数据行业从业者都认识到隐私保护的重要性，并在数据使用中自觉采取隐私保护技术，以免信息泄露。企业还可以通过建立行业自律公约的方式来规范道德行为，以达成统一共识来约束自身行为。

（2）强化社会监督与道德评价功能。建立由多主体参与的监督体系来实时监控、预防侵犯隐私行为的发生，这在公共事务上体现为一种社会合力，代表着社会生活中一部分人的发声，具有较强的制约力和规范力，是完善隐私保护道德伦理约束机制的重要一步。健全道德伦理约束机制还可以发挥道德的评价功能，通过道德舆论的评价来调整社会关系，规范人们的行为。在隐私保护伦理的建设过程中，运用社会伦理的道德评价，可以强化人们的道德意志，增强他们遵守道德规范的主动性与自觉性，将外在的道德规范转化为人们的自我道德观念和道德行为准则。

11.3　人工智能伦理原则

人工智能的发展不仅是一场席卷全球的科技革命，也是一场对人类文明带来前所未有深远影响的社会伦理实验。在应用层面，人工智能已经开始用于解决社会问题，各种服务机器人、辅助机器人、陪伴机器人、教育机器人等社会机器人和智能应用软件应运而生，各种伦理问题随之产生。机器人伦理与人因工程相关，涉及人体工程学、生物学和人机交互，需要以人为中心的机器智能设计。随着社会机器人进入家庭，如何保护隐私、满足个性都要以人为中心而不是以机器为中心设计。过度依赖社会机器人将带来一系列的家庭伦理问题。为了避免人工智能以机器为中心，需要法律和伦理研究参与其中，而相关伦理与哲学研究也要对技术有必要的了解。

11.3.1　职业伦理准则的目标

需要制定人工智能的职业伦理准则，来达到下列目标。

（1）为防止人工智能技术的滥用设立红线。

（2）提高职业人员的责任心和职业道德水准。

（3）确保算法系统的安全可靠。

（4）使算法系统的可解释性成为未来引导设计的一个基本方向。

（5）使伦理准则成为人工智能从业者的工作基础。

（6）提升职业人员的职业抱负和理想。

人工智能的职业伦理准则至少应包括以下几个方面。

（1）确保人工智能更好地造福于社会。

（2）在强化人类中心主义的同时，达到走出人类中心主义的目标，形成双向互进关系。

（3）避免人工智能对人类造成任何伤害。

（4）确保人工智能体位于人类可控范围之内。

（5）提升人工智能的可信性。

（6）确保人工智能的可问责性和透明性。

（7）维护公平。

（8）尊重隐私、谨慎应用。

（9）提高职业技能与提升道德修养并行发展。

11.3.2 创新发展道德伦理宣言

2018 年 7 月 11 日，中国人工智能产业创新发展联盟发布了《人工智能创新发展道德伦理宣言》（简称《宣言》）。《宣言》除了序言，一共有六个部分，分别是人工智能系统、人工智能与人类的关系、人工智能与具体接触人员的道德伦理要求、人工智能的应用和未来发展的方向，以及附则。

发布《宣言》是为了宣扬涉及人工智能创新、应用和发展的基本准则，以期无论何种身份的人都能经常铭记本宣言精神，理解并尊重发展人工智能的初衷，使其传达的价值与理念得到普遍认可与遵行。

《宣言》指出：

（1）鉴于全人类固有道德、伦理、尊严及人格之权利，创新、应用和发展人工智能技术当以此为根本基础。

（2）鉴于人类社会发展的最高阶段为人类解放和人的自由全面发展，人工智能技术研发当以此为最终依归，进而促进全人类福祉。

（3）鉴于人工智能技术对人类社会既有观念、秩序和自由意志的挑战巨大，且发展前景充满未知，对人工智能技术的创新应当设置倡导性与禁止性的规则，这些规则本身应当凝聚不同文明背景下人群的基本价值共识。

（4）鉴于人工智能技术具有把人类从繁重体力和脑力劳动束缚中解放的潜力，纵然未来的探索道路上出现曲折与反复，也不应停止人工智能创新发展造福人类的步伐。

建设人工智能系统，要做到以下几个方面。

（1）人工智能系统基础数据应当秉持公平性与客观性，摒弃带有偏见的数据和算法，以杜绝可能的歧视性结果。

（2）人工智能系统的数据采集和使用应当尊重隐私权等一系列人格权利，以维护权利所承载的人格利益。

（3）人工智能系统应当有相应的技术风险评估机制，保持对系统潜在危险的前瞻性控制能力。

（4）人工智能系统所具有的自主意识程度应当受到科学技术水平和道德、伦理、法律等人文价值的共同评价。

为明确人工智能与人类的关系，《宣言》指出：

（1）人工智能的发展应当始终以造福人类为宗旨。牢记这一宗旨，是防止人工智能的巨大优势转为人类生存发展巨大威胁的关键所在。

（2）无论人工智能的自主意识能力进化到何种阶段，都不能改变其是由人类创造的事实。不能将人工智能的自主意识等同于人类特有的自由意志，模糊这两者之间的差别可能抹杀人类自身特有的人权属性与价值。

（3）当人工智能的设定初衷与人类整体利益或个人合法利益相悖时，人工智能应当无条件停止或暂停工作进程，以保证人类整体利益的优先。

《宣言》指出，人工智能具体接触人员的道德伦理要求如下。

（1）人工智能具体接触人员是指居于主导地位、可以直接操纵或影响人工智能系统和技术，使之按照预设产生某种具体功效的人员，包括但不限于人工智能的研发人员和使用者。

（2）人工智能的研发者自身应当具备正确的伦理道德意识，同时将这种意识贯彻于研发的全过程，确保其塑造的人工智能自主意识符合人类社会主流道德伦理要求。

（3）人工智能产品的使用者应当遵循产品的既有使用准则，除非出于改善产品本身性能的目的，否则不得擅自变动、篡改原有的设置，使之背离创新、应用和发展初衷，以致破坏人类文明及社会和谐。

（4）人工智能的具体接触人员可以根据自身经验，阐述其对人工智能产品与技术的认识。此种阐述应当本着诚实信用的原则，保持理性与客观，不得诱导公众的盲目热情或故意加剧公众的恐慌情绪。

针对人工智能的应用，《宣言》指出：

（1）人工智能发展迅速，但也伴随着各种不确定性。在没有确定完善的技术保障之前，在某些失误成本过于沉重的领域，人工智能的应用和推广应当审慎而科学。

（2）人工智能可以为决策提供辅助。但是人工智能本身不能成为决策的主体，特别是国家公共事务领域，人工智能不能行使国家公权力。

（3）人工智能的优势使其在军事领域存在巨大应用潜力。出于对人类整体福祉的考虑，应当本着人道主义精神，克制在进攻端武器运用人工智能的冲动。

（4）人工智能不应成为侵犯合法权益的工具，任何运用人工智能从事犯罪活动的行为，都必须受到法律的制裁和道义的谴责。

（5）人工智能的应用可以解放人类在脑力和体力层面的部分束缚，在条件成熟时，应当鼓励人工智能在相应领域发挥帮助人类自由发展的作用。

《宣言》指出，当前发展人工智能的主要方向如下。

（1）探索产、学、研、用、政、金合作机制，推动人工智能核心技术创新与产业发展。特别是推动上述各方资源结合，建立长期和深层次的合作机制，针对人工智能领域的关键核心技术难题开展联合攻关。

（2）制定人工智能产业发展标准，推动人工智能产业协同发展。推动人工智能产业在数据规范、应用接口以及性能检测等方面的标准体系制定，为消费者提供更好的服务与体验。

（3）打造共性技术支撑平台，构建人工智能产业生态。推动人工智能领域龙头企业牵头建设平台，为人工智能在社会生活各个领域的创业创新者提供更好支持。

（4）健全人工智能法律法规体系。通过不断完善人工智能相关法律法规，在拓展人类人工智能应用能力的同时，避免人工智能对社会和谐的冲击，寻求人工智能技术创新、产业发展与道德伦理的平衡点。

人工智能的发展在深度与广度上都是难以预测的。根据新的发展形势，对《宣言》的任何修改都不能违反人类的道德伦理和法律准则，不得损害人类的尊严和整体福祉。

11.3.3　欧盟可信赖的伦理准则

2019 年，欧盟人工智能高级别专家组正式发布了《人工智能伦理指南》。根据指南，可信赖的人工智能应该具备以下特征。

（1）合法——遵守所有现行的法律法规。

（2）合乎伦理——尊重伦理原则和价值观。

（3）稳健——既从技术角度考虑，又考虑其社会环境。

该指南提出了未来人工智能系统应满足的 7 大原则，以便被认为是可信的，并给出一份具体的评估清单，旨在协助核实每项要求的适用情况。

（1）人类代理和监督：人工智能不应该践踏人类的自主性。人们不应该被人工智能系统所操纵或胁迫，应该能够干预或监督软件所做的每一个决定。

（2）技术稳健性和安全性：人工智能应该是安全而准确的，它不应该轻易受到外部攻击（如对抗性例子）的破坏，并且应该是可靠的。

（3）隐私和数据管理：人工智能系统收集的个人数据应该是安全的，并且能够保护个人隐私。它不应该被任何人访问，也不应该轻易被盗。

（4）透明度：用于创建人工智能系统的数据和算法应该是可访问的，软件所做的决定应该"为人类所理解和追踪"。换句话说，操作者应该能够解释他们的人工智能系统所做的决定。

（5）多样性、无歧视、公平：人工智能应向所有人提供服务，不分年龄、性别、种族或其他特征。同样，人工智能系统不应在这些方面有偏见。

（6）环境和社会福祉：人工智能系统应该是可持续的（即它们应该对生态负责），并能促进积极的社会变革。

（7）问责制：人工智能系统应该是可审计的，并由现有的企业告密者保护机制覆盖。系统的负面影响应事先得到承认和报告。

这些原则中，有些条款比较抽象，很难从客观意义上进行评估。这些原则不具有法律约束力，但同样可以影响欧盟起草的任何未来立法。欧盟发布的报告还包括了一份"可信赖人工智能评估列表"，帮助专家们找出人工智能软件中的任何潜在弱点或危险。此列表包括以下问题："你是否验证了系统在意外情况和环境中的行为方式？"以及"你评估了数据集中数据的类型和范围了吗？"

11.4　LLM 的知识产权保护

人工智能的技术发展与知识产权归属的边界正变得日益模糊。通过大量公开数据进行训练，从而让模型学习具有生成产物的能力，这就是生成式人工智能的构建方式。这些数据包括文字、画作和代码，模型正是从海量的数据中获得的生成同样产物的能力。随着 GAI 的快速崛起，在重塑行业、赋能人类工作生活的同时，也引发了版权制度层面的一系列新的挑战。

11.4.1　LLM 的诉讼案例

MidJourney 是一款著名和强大的人工智能绘画工具，它为用户提供了各种创意的绘图功能，可以是文生图或者图生图（见图 11-1）。尽管 MidJourney 面临严重的版权问题，但其创始人大卫·霍尔茨针对人工智能对创意工作的影响却有自己的看法，他强调 MidJourney 的目标是拓展人类的想象力，帮助用户快速产生创意，为专业用户提供概念设计的支持，而不是用来取代艺术家。他认为人工智能技术的发展将促使市场朝着更高质量、更有创意、更多样化和更深度的内容方向发展。人工智能技术的出现对艺术家的未来产生的影响仍有待观察，但艺术工作本身是有趣的，人工智能技术应该服务于让人们自由发展更有回报、更有趣的工作，而不是取代艺术家的创作过程。

图 11-1　MidJourney 的绘图示例

艺术家是否愿意将作品纳入人工智能训练模型、是否对版权问题产生担忧等议题值得深入思考。随着人工智能技术的发展，可能会对艺术创作带来新的影响和挑战。然而，尊重艺术家的创作意愿，维护版权法律，是保障艺术创作多样性和质量的重要途径。通过合理规范和监管，人工智能技术可以更好地服务于艺术创作和创作者，实现技术与人文的和谐共生。

在艺术创作领域，人工智能技术作为一种辅助工具，有助于提高创作效率和创意产出，但无法替代艺术家的独特创作能力和灵感。对于艺术家来说，关键在于如何运用和平衡人工智能技术，创作出更具深度和独特性的作品，从而实现艺术创作与科技创新的有机结合。

MidJourney 的未来发展方向也需要更多的思考和探讨，以确保人工智能技术的应用能够更好地服务于艺术创作和创作者，从而促进艺术的多样性和创新性。

（1）"训练"类技术的首次法律诉讼

2022 年 11 月 3 日和 10 日，程序员兼律师马修·巴特里克等人向美国加州北区法院递交了一份集体诉讼起诉书，指控 OpenAI 和微软使用他们贡献的代码来训练人工智能编程工具 Copilot 及 Codex，要求法院批准 90 亿美元的法定损害赔偿金。根据集体诉讼文件，每当 Copilot 提供非法输出，它就违反第 1202 条三次，即没有①注明出处、②版权通知、③许可条款。因为两款工具使用 GitHub 上的开源软件用于训练并输出，但并未按照要求进行致谢、版权声明和附上许可证，甚至标识错误，违反了上千万软件开发者的许可协议。原告进一步指称被告将其敏感个人数据一并纳入 Copilot 中向他人提供，构成违反开源许可证、欺诈、违反 GitHub 服务条款隐私政策等。

巴特里克强调："我们反对的绝不是人工智能辅助编程工具，而是微软在 Copilot 当中的种种具体行径。微软完全可以把 Copilot 做得对开发者更友好——比如邀请大家自愿参加，或者由编程人员有偿对训练语料库做出贡献。但截至目前，微软根本没做过这方面的尝试。另外，如果大家觉得 Copilot 效果挺好，那也是因为底层开源训练数据的质量过硬。Copilot 其实是从开源项目吞噬能量，而一旦开源活力枯竭，Copilot 也将失去发展的依凭。"

（2）人工智能绘画工具被指控抄袭

2023 年 1 月 16 日，莎拉·安德森、凯莉·麦克南和卡拉·奥尔蒂斯三名艺术家对 MidJourney 以及艺术家作品集平台 DeviantArt 提出诉讼，称这些组织 "未经原作者同意的情况下" 通过从网络上获取的 50 亿张图像来训练其人工智能，侵犯了 "数百万艺术家" 的权利。负责这个案件的律师正是诉讼 OpenAI 和微软的马修·巴特里克，他描述此案为 "为每一个人创造公平的环境和市场的第一步"。不过，一审法官驳回了大部分上述诉求，但颁布了法庭许可，允许原告在调整、补充起诉事由和证据材料后另行起诉。

2023 年 1 月 17 日，全球知名图片提供商华盖创意起诉人工智能绘画工具 Stable Diffusion 的开发者 Stability AI，称其侵犯了版权。华盖创意称 Stability AI 在未经许可的情况下，从网站上窃取了数百万张图片来训练自己的模型，使用他人的知识产权为自己的经济利益服务，这不是公平交易，所以应该采取行动保护公司和艺术家们的知识产权。

事实上，MidJourney 对这类问题表现得不屑一顾，他们认为："没有经过授权，我们也没办法一一排查上亿张训练图像分别来自哪里。如果再向其中添加关于版权所有者等内容的元数据，那也太麻烦了。但这不是什么大事，毕竟网络上也没有相应的注册表，我们做不到在互联网上找一张图片，然后轻松跟踪它到底归谁所有，再采取措施来验证身份。既然原始训练素材未获许可，那即使在我们这帮非法律出身的外行来看，这都很可能激起制片方、电子游戏发行商和演员的反抗。"

（3）看不见的幽灵与看得见的恐慌

一位网友用 Drake 和 The Weeknd 的声音对人工智能模型进行训练，同时模仿两人的音乐风格，最终生成并发布歌曲《袖子上的心》。该歌曲在不到两天的时间里，实现了病毒式的传播：在 Spotify 上播放量超 60 万次，在 TikTok 上点击量超 1500 万次，完整版在 YouTube 平台上播放超 27.5 万次。值得注意的是，即便发布者并未在演唱信息中提及 Drake 和 The Weeknd，但该歌曲依然蹿红了。对很多人来说，这是人工智能音乐的第一首出圈之作，也是生成式人工智能进行创作的开始。歌曲的蹿红很快引起环球音乐的注意，作为 Drake 和 The Weeknd 的幕后唱片公司，公司对外发表言辞激烈的声明称："使用我们旗下的艺术家对人工智能生成内容进行训练，这既违反了协议，也违反了版权法。"在环球音乐的投诉下，这首歌曲先从 Spotify 和 Apple Music 下架。紧随其后，其他机构也撤下该歌曲。环球音乐指出，在流媒体平台上人工智能生成内容的可用性引发了一个问题，即音乐行业生态中的所有利益相关者到底希望站在历史的哪一边："是站在艺术家、粉丝和人类创造性表达的一边，还是站在深度伪造、欺诈和剥夺艺术应得补偿的另一边。"很显然，在忍耐的极限后，业内巨头开启了对人工智能音乐的抵抗，环球音乐发函要求 Spotify 等音乐流媒体平台切断人工智能公司的访问权限，以阻止其版权歌曲被用于训练模型和生成音乐。

（4）ChatGPT 屡屡惹官司

2023 年 2 月 15 日，《华尔街日报》记者弗朗西斯科·马可尼公开指控 OpenAI 公司未经授权大量使用路透社、《纽约时报》、《卫报》、BBC 等媒体的文章来训练 ChatGPT 模型，但从未支付任何费用。

2023 年 6 月 28 日，第一起具有代表性的 ChatGPT 版权侵权诉讼出现在公众视野。两名畅销书作家保罗·特伦布莱和莫娜·阿瓦德在美国加州北区法院，向 OpenAI 提起集体诉讼，指控后者未经授权也未声明，利用他们享有版权的图书训练 ChatGPT，谋取商业利益。同月 16 名匿名人士向美国加利福尼亚旧金山联邦法院提起诉讼，指控 ChatGPT 在没有充分通知用户或获得同意的情况下，收集、存储、跟踪、共享和披露了他们的个人信息。他们称受害者可能多达数百万人，据此要求微软和 OpenAI 赔偿 30 亿美元。

2023 年 7 月 10 日，美国喜剧演员和作家萨拉·希尔弗曼以及另外两名作家理查德·卡德雷、克里斯托弗·戈尔登在加州北区法院起诉 OpenAI，指控 ChatGPT 所用的训练数据侵犯版权。同年 9 月 19 日，美国作家协会以及包括《权力的游戏》原著作者乔治·R.R.马丁在内的 17 位美国著名作家向美国纽约联邦法院提起诉讼，指控 OpenAI "大规模、系统性地盗窃"，称 OpenAI 在未经授权的情况下使用原告作家的版权作品训练其大语言模型，公然侵犯了作家们登记在册的版权。同年 12 月，含多名普利策奖得主在内的 11 位美国作家，在曼哈顿联邦法院起诉 OpenAI 和微软滥用自己的作品训练 LLM，指出这样的行为无疑是在 "刮取" 作家们的作品和其他受版权保护的材料，他们希望获得经济赔偿，并要求这些公司停止侵犯作家们的版权。

2023 年 12 月 27 日，《纽约时报》向曼哈顿联邦法院提起诉讼，指控 OpenAI 和微软未经许可使用该报数百万篇文章训练机器人。《纽约时报》要求获得损害赔偿，还要求永久禁止被告从事所述的非法、不公平和侵权行为，删除包含《纽约时报》作品的训练集等。虽然《纽约时报》并未提出具体的赔偿金额要求，但其指出被告应为 "非法复制和使用《纽约时报》独特且有价值的作品" 和与之相关的 "价值数十亿美元的法定和实际损失" 负责。作为回应，2024 年 1 月 4 日，OpenAI 知识产权和内容首席汤姆·鲁宾在采访中表示，公司近期与数十家出版商展开了有关许可协议的谈判："我们正处于多场谈判中，正在与多家出版商进行讨论。他们十分活跃积极，这些谈判进展良好。" 据两名近期与 OpenAI 进行谈判的媒体公司高管透露，为了获得将新闻文章用于训练其 LLM 的许可，OpenAI 愿意向部分媒体公司缴纳每年 100 万～500 万美元的费用。虽然对于一些出版商来说，这是一个很小的数字，但如果媒体公司数量足够多，对 OpenAI 而言必然是一次 "大出血"。

（5）Meta 承认使用盗版书籍训练 LLM，但否认侵权

2023 年 7 月 10 日，莎拉等三人起诉 OpenAI 的同时也起诉了脸书的母公司 Meta，指控其侵犯版权，使用包含大量盗版书籍的 Books3 数据集训练 LLaMA 系列 LLM。公开资料显示，创建于 2020 年的 Books3 是一个包含 19.5 万本图书、总容量达 37GB 的文本数据集，旨在为改进机器学习算法提供更好的数据源，其中包含大量从盗版网站 Bibliotik 爬取的受版权保护作品。对此，Meta 方面承认其使用 Books3 数据集的部分内容来训练 LLaMA-1 和 LLaMA-2，但否认侵权行为，表示其使用 Books3 数据集训练 LLM 属于合理使用范畴，无须获得许可、

署名或支付补偿。同时，Meta 方面还对该诉讼作为集体诉讼的合法性提出异议，并拒绝向提起诉讼的作家或其他参与 Books3 争议的人士提供任何形式的经济补偿。

11.4.2   尊重隐私，保障安全，促进开放

让一个 LLM 运行起来需要使用海量的文本语料进行学习，而这个过程中 LLM 使用的是无监督学习方式进行预训练。用于 LLM 训练的这些文本数据来自于互联网的各个角落，包括但不限于书籍、文章、百科、新闻网站、论坛、博客等，凡是互联网上可以找到的信息，都在其学习之列。即便科研人员会对语料进行数据清洗，但其中仍有可能包含个人隐私信息。

不论是语言模型还是图像生成模型，LLM 都会记住训练所使用的样本，可能会在无意中泄露敏感信息。因此，有研究者认为，当前的隐私保护技术方法，如数据去重和差分隐私，可能与人们对隐私的普遍理解并不完全一致。所以，应该在微调阶段纳入更严格的保障措施，以加强对于数据隐私的保护。

专家们明确了 LLM 存在隐私风险的三个方面：互联网数据训练、用户数据收集和生成内容中的无意泄露。首先需要确保公共数据不具有个人可识别性，并与私人或敏感数据明确区分开来。未来应重点关注算法的透明度和对个人信息主体的潜在伤害问题。

对于隐私保护和 LLM 效率之间存在着一个矛盾——既要最大限度地保护数据隐私，又要最大限度地发挥模型的功效。人们需要通过协作开发一个统一、可信的框架，从而在隐私保护、模型效用和训练效率之间取得一种平衡。

有研究者强调，在 LLM 开发过程中面临的数据隐私问题上，要确保遵守现行法律法规的规定，并充分评估隐私数据的使用对个人信息主体的影响，采取有效措施防止可能带来的负面影响。另外，在确保透明性的基础上，鼓励个人信息主体同意分享隐私数据，以共同面对全球重大问题，确保负责任地开发和安全地利用人工智能，进而带来更广泛的社会效益。

11.4.3   边缘群体的数字平等

当 LLM 在技术和社会中扮演着越来越关键的角色时，它能否承担起相应的责任？如何促进负责任的人工智能进步并确保其在价值观上与人类价值观相一致？这些宏观的问题十分棘手，但也十分迫切，因为 LLM 一旦遭到滥用，其强大的效用和能力有可能反过来损害社会的利益。负责任的人工智能需要技术和社会学两方面的策略双管齐下，而且有必要将 LLM 与多样化、个性化以及特定文化的人类价值观结合起来，以期达到一致。这其中，对于边缘群体（尤其是残障人士）的数字平等问题需要更加关切，人工智能技术可能产生错误陈述和歧视，使得对残障人士的歧视被制度化。因此，人工智能开发者必须注意不要让边缘群体与人工智能产生角色和利益上的冲突，开发者有责任去主动对抗那些有偏见的态度，倡导平等参与，提高平等意识。

11.5   案例：AIGC 抢了谁的饭碗

下面来探讨 AIGC 在不同行业中会对人类的哪些工作岗位产生影响。AIGC 技术的发展使得机器能够自动生成文本、图像、音频等内容，这在某些情况下可能会取代人类在创意和内容

创作领域的工作。

以下是一些可能受到影响的职业或岗位。

（1）内容创作者。随着 AI 能够撰写营销文案、新闻稿甚至小说，一些专业写作人员（文案写手）的工作可能会受到影响。AI 可以创建广告语和进行广告视觉设计，减少了对传统广告策划人员的需求。

（2）翻译人员。自动翻译技术的进步使得机器翻译变得更加准确，减少了对传统翻译服务的需求。虽然目前 AI 在口译方面的表现还不尽如人意，但随着技术的发展，未来可能会对口译员包括同声传译员的工作产生冲击。

（3）艺术家和设计师。AI 可以生成图形设计作品，包括标志、海报和网站布局，减少了对专业平面设计师的需求。AI 绘画工具也可以创作艺术作品，对插画师的职业前景造成影响。

（4）音乐家和作曲家。AI 能够创作音乐作品，包括配乐、歌曲和背景音乐，减少了对专业作曲家的需求。虽然 AI 不能完全取代人类的情感表达，但可以模拟演奏，影响某些类型的音乐制作。

（5）客服代表。聊天机器人和自动应答系统可以处理大量的客户查询，减少了对人工客服的需求。AI 可以自动回复电子邮件、社交媒体消息等，降低了对专职客服人员的依赖。

（6）程序员。代码生成工具可以编写简单的程序或模块，减少了对初级程序员的需求。自动化测试工具可以生成测试用例，减少了对手动测试人员的需求。

大卫·格雷伯在他所著的《毫无意义的工作》一书中，一针见血地指出，很多工作往往能带来不错的收入，工作环境也极佳，但是它们容易被机器取代。

如果说，好的一面是，人工智能取代的是一些并不真正"富有创意且引人入胜"的工作，也就是那些需要一些智能，但更多的只是重复性劳动的工作；那么，坏的一面是，这正是很多人正在从事的工作。

值得注意的是，虽然 AIGC 技术在某些领域可能会取代人类的工作，但它也创造了新的就业机会。例如，需要有人来训练 AI 模型、监督输出、进行内容审核以及将 AI 生成的内容与人类创造的内容结合起来，创造出更有价值的作品。此外，AI 技术的发展也需要大量的研发人员、数据科学家和工程师等专业人士。因此，AIGC 并非简单地"抢饭碗"，而是推动了劳动力市场的转型，要求人们不断提升自己的技能以适应新的就业形势。

【作业】

1. 人工智能及其 LLM 不单具有技术属性，还具有明显的社会属性。唯有综合考虑（　　）等因素，才能更好地应对人工智能技术带来的机遇和挑战，推动其健康发展。

① 个体　　　　　② 经济　　　　　③ 社会　　　　　④ 环境

A. ②③④　　　　B. ①②③　　　　C. ①③④　　　　D. ①②④

2. 人工智能治理带来很多伦理和法律课题，如何打造"（　　）人工智能"正变得愈发迫切和关键。

A. 专业有效的　　　B. 更灵活的　　　C. 更强大的　　　D. 负责任的

3. 显然，现在比历史上任何时候都更加需要注重（　　）的平衡。应发挥好技术的无限潜力，善用技术追求效率。要维护人类价值和自我实现，确保"科技向善"。

  A．成本与效益 B．技术与伦理 C．定势与短板 D．理论与实践

  4．人类的思维具有一定的（ ），强制性地模拟人类大脑思维的方式，并不是人工智能发展的良好选择。

  A．成本与效益 B．技术与伦理 C．定势与短板 D．理论与实践

  5．如今，部分人工智能系统在获取了大量数据，并经过反复的训练和迭代后，在一定程度上掌握了（ ）这项技能，人类甚至都可能无法予以辨别。

  A．计算   B．写作   C．语音   D．欺骗

  6．DeepMind 的电竞 AI——AlphaStar 已经学会了（ ），它能派遣部队到对手可见的视野范围内发起佯攻，待对方大部队转移后对真正的目标地点展开攻势。

  A．声东击西 B．集群作业 C．诚实计算 D．直接交流

  7．人工智能习得的欺骗行为会带来一系列风险，如（ ）等。

  ① 快速运动 ② 恶意使用 ③ 失去控制 ④ 结构性影响

  A．①③④   B．①②④   C．②③④   D．①②③

  8．从（ ）来说，政策制定者需要对可能具有欺骗性的人工智能系统进行监管，防止企业及人工智能系统的非法行为。

  A．技术角度 B．社会角度 C．游戏技术 D．普通人

  9．对于（ ）来说，防止被人工智能欺骗的最好方法还是增强安全意识，如果连人类诈骗犯都无法对你实施诈骗的话，现阶段的人工智能就更不可能了。

  A．技术角度 B．社会角度 C．游戏技术 D．普通人

  10．数据产业面临的伦理问题主要包括（ ），这些问题影响了大数据生产、采集、存储、交易流转和开发使用的全过程。

  ① 数据主权和数据权问题   ② 隐私权和自主权的侵犯问题

  ③ 数据利用失衡问题   ④ 不同国别大数据的不同存储容量

  A．①②③   B．②③④   C．①②④   D．①③④

  11．（ ）是指国家对其政权管辖地域内的数据享有生成、传播、管理、控制和利用的权力。

  A．数据财产权 B．机构数据权 C．数据主权 D．个人数据权

  12．（ ）是企业和其他机构对个人数据的采集权和使用权。

  A．数据财产权 B．机构数据权 C．数据主权 D．个人数据权

  13．（ ）是指个人拥有对自身数据的控制权，以保护自身隐私信息不受侵犯的权利。

  A．数据财产权 B．机构数据权 C．数据主权 D．个人数据权

  14．（ ）是数据主权和数据权的核心内容，以大数据为主的信息技术赋予了数据以财产属性。

  A．数据财产权 B．机构数据权 C．数据主权 D．个人数据权

  15．解决数据隐私保护伦理问题需要从（ ）的角度出发，关注大数据技术带来的风险，倡导多元参与主体的共同努力，加强道德伦理教育和健全道德伦理约束机制。

  A．伦理哲学 B．数字伦理 C．责任伦理 D．技术伦理

  16．构建隐私保护伦理的准则包括：权利与义务对等、（ ）。相较于传统隐私和互联

网发展初期,大数据技术的广泛运用使隐私的概念和范围发生了很大的变化。

① 自由与监管适度 　　　　　② 学术与产业并举

③ 诚信与公正统一 　　　　　④ 创新与责任一致

A. ②③④ 　　　　B. ①②③ 　　　　C. ①②④ 　　　　D. ①③④

17. 人工智能的发展在深度与广度上都是难以预测的。但是,无论人工智能的(　　)能力进化到何种阶段,都不能改变其由人类创造的事实。

A. 技术开发 　　　B. 自主意识 　　　C. 知识产生 　　　D. 深度学习

18. 通过大量公开数据进行训练,从而让模型学习具有生成产物的能力。随着生成式人工智能的快速崛起,在重塑行业、赋能人类工作生活的同时,也引发了(　　)层面的一系列新的挑战。

A. 经济利益 　　　B. 物权归属 　　　C. 版权制度 　　　D. 人事制度

19. MidJourney 是一款著名和强大的人工智能绘画工具。其创始人大卫·霍尔茨针对人工智能对创意工作的影响有自己的看法,他强调 MidJourney 的发展目标是(　　)。

①取代人类艺术家 　　　　　②拓展人类的想象力

③帮助用户快速产生创意 　　④为专业用户提供概念设计的支持

A. ②③④ 　　　　B. ①②③ 　　　　C. ①②④ 　　　　D. ①③④

20. 艺术工作本身是有趣的,人工智能技术应该服务于让人们自由发展(　　)的工作。通过合理规范和监管,人工智能技术可以实现技术与人文的和谐共生。

① 更有回报 　　② 更复杂 　　③ 更有趣 　　④ 高深

A. ③④ 　　　　B. ①② 　　　　C. ②④ 　　　　D. ①③

21. 创建于 2020 年的(　　)是一个包含 19.5 万本图书、总容量达 37GB 的文本数据集,旨在为改进机器学习算法提供更好的数据源,但其中包含大量从盗版网站爬取的受版权保护作品。

A. Book5 　　　　B. 开源书局 　　　C. Book3 　　　　D. 百度书吧

22. LLM 运行需要使用海量的文本语料进行学习,而用于训练的文本数据来自于互联网的各个角落,即便对语料进行数据清洗,其中仍有可能包含(　　)信息。

A. 个人隐私 　　　B. 产品价格 　　　C. 程序代码 　　　D. 国家安全

23. 专家们明确了 LLM 存在隐私风险的(　　)3 个方面。未来应重点关注算法的透明度和对个人信息主体的潜在伤害问题。

① 互联网数据训练 　　　　　② 用户数据收集

③ 生成内容中的无意泄露 　　④ LLM 技术的生成方式

A. ①③④ 　　　　B. ①②④ 　　　　C. ②③④ 　　　　D. ①②③

24. 当 LLM 在技术和社会中扮演着越来越关键的角色时,对于边缘群体的(　　)问题需要更加关切。人工智能技术可能产生错误陈述和歧视,使得对残障人士的歧视被制度化。

A. 经济利益 　　　B. 知识获取 　　　C. 数字平等 　　　D. 文化差异

25. 人工智能开发者必须注意不要让(　　)与人工智能产生角色和利益上的冲突,开发者有责任去主动对抗那些有偏见的态度,倡导平等参与,提高平等意识。

A. 社会团体 　　　B. 边缘群体 　　　C. 生产环境 　　　D. 文化差异

【研究性学习】人工智能独立完成的视觉艺术品无法获得版权

美国一家联邦法院裁定，完全由人工智能系统创作的作品在美国法律下无法获得版权。此案是基于一个相对狭窄的问题做出的决定，并为未来的决定在这个法律新领域进行拓展留下了空间。

据报道，视觉艺术品《最近的天堂入口》（见图 11-2）是由"创造力机器"人工智能系统运行算法"自主创建的"，原告试图向版权办公室注册该作品。然而，版权办公室以版权法仅适用于由人类创作的作品为理由拒绝了申请。此后，哥伦比亚特区地方法院法官贝丽尔·豪厄尔裁定，版权办公室拒绝申请是正确的，因为人类创作是有效版权主张的重要组成部分。

图 11-2　完全由人工智能生成的作品《最近的天堂入口》

1．实验目的

（1）了解版权与知识产权的定义，了解我国法律体系中关于类似知识产权的规定。

（2）熟悉应用生成式人工智能工具开展创作的法律保护尺度。

（3）思考生成式人工智能工具对于"创新"的推动意义。

2．实验内容与步骤

请仔细阅读本章课文，熟悉技术伦理与限制的相关知识，在此基础上完成以下实验内容。

请记录：

（1）请欣赏作品《最近的天堂入口》（见图 11-2），如果可能，请了解其他人对于这个作品的感受。请问：你对这个作品的看法是：

　　□ 优秀：意境深刻　　　　□ 平常：意境浅薄　　　　□ 无聊：不知所云

（2）请通过网络，进一步了解关于该案例的法院判决理由。你理解法院判决的核心内容是：

　　答：_____

（3）你认为："新类型作品属于版权范围的关键因素"是什么？

答：_____

（4）请尝试思考：完全没有人类角色参与，当人工智能明显"自主"创作作品时可能发生什么？你认为，完全人工智能创作存在"自主意识"吗？

答：_____

_____

3. 实验总结

_____

_____

4. 实验评价（教师）

_____

_____

第12章　迈向通用人工智能（AGI）

迈向 AGI（通用人工智能）是一条充满挑战与希望的道路。

作为人工智能的一个子集，GAI（生成式人工智能）利用神经网络算法来生成原始内容，分析和识别所训练数据中的模式和结构，利用这种理解生成新的内容，包括文本、图像、视频、音频、代码、设计或其他形式，既模仿类人的创作，又扩展训练数据的模式。

AGI 是一种理论上的智能形态，它能够执行任何智力任务，其能力广度和深度可与人类智能相媲美。AGI 不限于特定任务或领域，而是具备理解、学习、推理、适应、创新和自我意识等能力。

从 GAI、AIGC 到 AGI，不仅是技术层面的进步，更是对智能本质、人类价值观和社会秩序的深刻探索与重新定义。这既是一场科技革命，也是一场对未来的深刻思考和准备。

12.1　GAI 的层次

扫码看视频

为了更全面地了解 GAI 领域，分析该技术的价值链，将其分为四个相互关联的层，即应用层、平台层、模型层和基础设施层，它们共同生成新内容，每一层都在整个过程中都发挥着独特作用。

12.1.1　应用层

GAI 的应用层通过允许动态生成内容来使用专门算法实现简化人类与人工智能的交互。这些算法提供了定制和自动化的企业对企业（B2B）与企业对消费者（B2C）应用程序和服务，用户无须直接访问底层基础模型。这些应用程序的开发可以由基础模型的所有者（如 ChatGPT 的 OpenAI）和包含 GAI 模型的第三方软件公司（如 Jasper AI）来承担。

GAI 的应用层由通用应用程序、特定领域应用程序和集成应用程序三个不同子组组成。

（1）通用应用程序：包括旨在执行广泛任务的软件，以各种形式生成新内容。主要包括 ChatGPT、DALL-E 2、GitHub Copilot、Character.ai（一种聊天机器人服务，允许用户创建人工智能角色并与之交谈）和 Jasper AI（一种人工智能驱动的写作工具）。

（2）特定领域应用程序：这些是为满足特定行业（如金融、医疗保健、制造和教育）的特定需求和要求而量身定制的软件解决方案。这些应用程序在各自的领域更加专业化和响应更快，特别是当公司对它们进行高质量、独特和专有数据的培训时。主要包括金融数据分析的 BloombergGPT，以及谷歌接受医疗数据训练以回答医疗查询的 Med-PaLM 2。

（3）集成应用程序：该子组由现有软件解决方案组成，其中融入了 GAI 功能以增强其主流产品。主要包括 Microsoft 365 Copilot（适用于各种微软产品的人工智能驱动助手）、Salesforce 的 Einstein GPT（GAI CRM 技术）以及 Adobe 与 Photoshop 的 GAI 集成。

12.1.2　平台层

GAI 的平台层主要致力于通过托管服务提供对 LLM 的访问。这项服务简化了通用预训练基础模型（如 OpenAI 的 GPT）的微调和定制过程。尽管领先的 LLM（如 GPT-4）可以仅使用其经过训练的锁定数据集立即回答大多数问题，但通过微调，可以显著提升这些 LLM 在特定内容领域的能力。

微调涉及解锁现有 LLM 的神经网络，使用新数据进行额外的训练。最终用户或公司可以将其专有或客户特定的数据无缝集成到这些模型中，以用于定向应用。

平台层的最终目标是简化 LLM 的使用，降低最终用户或公司的相关成本。这种方法消除了独立从零开始开发这些模型的必要性，而无须投资数十亿美元和数年的努力。相反，用户可以支付月度订阅费用或将其捆绑到基础设施即服务（IaaS）的提供中。与此同时，用户还可以访问诸如安全性、隐私性和各种平台工具等有价值的功能，所有这些都以一种简化的方式进行管理。

12.1.3　模型层

GAI 的模型层启动基础模型。这种大规模机器学习模型通常通过使用 Transformer 算法对未标记数据进行训练。训练和微调过程使基础模型能够发展成为一种多功能工具，可以适应各种任务，以支持各种 GAI 应用程序的功能。

基础模型可以分为两大类：闭源（或专有）基础模型和开源基础模型。

（1）闭源基础模型。这些模型由 OpenAI 等特定组织拥有和控制，底层源代码、算法、训练数据和参数均保密。

闭源（或专有）基础模型可通过应用程序编程接口（API）向公众开放。第三方可以在其应用程序中使用此 API，查询和呈现基础模型中的信息，而无须在训练、微调或运行模型上花费额外的资源。这些模型通常可以访问专有的训练数据，并可以优先访问云计算资源。通常大型云计算公司会创建闭源基础模型，因为训练这些模型需要大量投资。闭源基础模型通过向客户收取 API 使用或基于订阅的访问费用来产生收入。

OpenAI 的 GPT-4 和谷歌的 PaLM2 等 LLM 是专注于自然语言处理的特定闭源基础模型。它们针对聊天机器人等应用程序进行了微调，如 ChatGPT 和 Gemini。一个非语言的例子是 OpenAI 的 DALL-E 2，这是一种识别和生成图像的视觉模型。

（2）开源基础模型。每个用户都可以不受限制地访问开源基础模型。开源基础模型是协作开发的，鼓励社区协作和开发，允许透明地检查和修改代码。它们可以免费重新分发和修改，从而提供训练数据和模型构建过程的完全透明度。

使用开源基础模型的好处如下。

1）对数据的完全控制和隐私；与 OpenAI 的 GPT 等闭源基础模型共享不同。

2）通过特定提示、微调和过滤改进定制，以针对各个行业进行优化。

3）具有成本效益的特定领域模型的训练和推理（较小的模型需要较少的计算）。

开源基础模型包括 Meta 的 Llama 2、Databricks 的 Dolly 2.0、Stability AI 的 Stable Diffusion

XL 以及 Cerebras-GPT。

12.1.4　基础设施层

GAI 的基础设施层包含大规模基础模型的重要组成部分。这一过程涉及的关键资源有半导体、网络、存储、数据库和云服务，所有这些资源在 GAI 模型的初始训练和持续的微调、定制、推理中都发挥着至关重要的作用。GAI 模型在两个主要阶段发挥作用。

（1）训练阶段：这是学习发生的阶段，通常在云数据中心的加速计算集群中进行。在这个计算密集型阶段，LLM 从给定的数据集中学习。其中的参数是模型调整以表示训练数据中潜在模式的内部变量；词元是模型处理的文本的个体部分，如单词或子词。例如，GPT-3 是在 3000 亿个词元上进行训练的，其中一个词元等于 1.33 个单词，主要来自互联网的 Common Crawl、网络百科、书籍和文章。

（2）推断阶段：这是使用经过训练的人工智能模型生成用户响应的阶段。在这个阶段，新的文本输入被标记为单独的单位，模型使用训练过程中学到的参数来解释这些词元并生成相应的输出。这些经过训练的人工智能模型需要大量的计算能力，并且必须部署在靠近最终用户的地方（在边缘数据中心），以最小化响应时延（延迟），因为实时交互对于保持用户参与至关重要。

总体而言，GAI 的准确性取决于 LLM 的规模和使用的训练数据量。这些因素反过来需要一个由半导体、网络、存储、数据库和云服务组成的强大基础设施。

12.2　人工智能发展愿景

大模型 ChatGPT 的发布代表了人工智能行业的革命，此后 GPT-4 等系统的持续发展，不断彰显着人类和 ChatGPT 所能做的事情之间的差距正在缩小。这种类似人类的特质并非偶然。自 2018 年以来，OpenAI 一直专注于开发 AGI 而不仅是人工智能，LLM 只是这条道路的开始。庞大的数据集和从人类语言中的深度学习赋予了 ChatGPT 以前被认为在人工智能中不可能的直观理解、抽象和形成观点的能力。

有些人认为像 ChatGPT 这样的系统引发了深刻的哲学问题。智能是否可以在没有意识的情况下存在？机器背后是否有"灵魂"？这些问题每天都在被辩论，一些科学家认为在现代人工智能聊天机器人中发现了人类智慧的火花。

另一个有争议的话题是用于训练 LLM 的数据。在数据隐私被广泛关切的时代，LLM 对数据的使用和处理都将受到审查。显然，后 AGI 世界是人类和人工智能共生的世界，两者都从彼此的优势中受益。

12.2.1　LLM 用于智能制造

OpenAI 推出的 Sora 大模型在影视界、广告界和游戏界都取得了极大反响，但许多人并没有想到它会与智能制造产生关联。一些智能制造专家对 Sora 进行观察研究，看到了底层逻辑的相通之处，认为"黑灯工厂、自动驾驶、数字孪生中的一系列难题，有了解决的希望。"制造业还存在焦虑的原因，是从技术到实际应用，中间仍有一些间隙需要弥合（见图 12-1）。

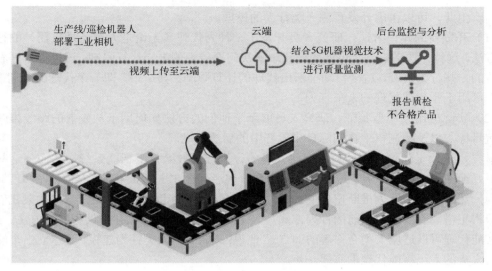

图 12-1　AIGC 赋能智能制造

　　经过一段时间的摸索和尝试，在 2024 年，随着政府发展新质生产力，以及一些大型企业在 LLM 应用上的动作加快，在智能制造业，尤其是在那些变化快、竞争激烈的领域，应用 LLM 创新的进程正在提速。

　　由于 Sora 自称是要做"世界模拟器"，业界也在对比 Sora 和数字孪生的一些差异。数字孪生是真实世界数据化后的投影，而 Sora 是基于模拟样本，构建虚拟和真实交错的数字世界。

　　由于 LLM 有不同的数据源，通过 Sora 来模拟世界带有一定的想象力和发散性。例如，在 Sora 生成的一个视频中，一只小蚂蚁穿越洞穴，这在现实中无法拍摄。但也有网友指出它的漏洞：蚂蚁是一个二维生物，走起路来不像人，它们会漫无目的、来来回回，这个 Sora 生成的视频与潜在物理规律有一些偏差。

　　"现阶段可以将 Sora 理解为数字孪生的一种手段和补充，而不是替代。Sora 可用于真实世界在虚拟世界的美化展示，以及替代人工建模与设计的生成，帮助数字孪生加速。"某制造行业研究者认为，Sora 可以用于设计阶段的效果构建，或产品的生产效果构建，但仍无法替代数字孪生的数据视图等功能。未来，两者可能会整合，也可能形成一个新技术合集或新突破，如混合宇宙等。Sora 的发散性让它有了新的空间。例如，一些高端汽车客户的需求越来越个性化，可以根据客户的描述，马上生成一个视频，然后再完善设计。类似的还有外观设计、车衣、涂鸦等，这是进入研发之前的一个环节。

12.2.2　预测人类行为的新模型

　　麻省理工学院等研究人员开发了一个框架，根据人类或人工智能代理的计算约束条件，对其非理性或次优行为进行建模。该技术有助于预测代理的未来行为，如国际象棋比赛。

　　要建立能与人类有效协作的人工智能系统，首先要有一个良好的人类行为模型。但是，人类通常不可能花太多的时间去思考一个问题的理想（最优）解决方案，在做出决策时往往是基于一些次优行为（次理想解）。这种非理性的情况尤其难以建模，通常归结为是由于计算上的限制。由此，可以考虑开发预测人类行为的模型。

（1）开发新的建模方法。研究人员开发了一种为代理（无论是人类还是机器）的行为建模的方法，这种方法考虑到了可能妨碍代理解决问题能力的未知计算限制。该模型只需看到代理之前的一些行为痕迹，就能自动推断出代理的计算限制。其结果，即一个代理的所谓"推理预算"可用于预测该代理的未来行为。

（2）实际应用和模型验证。研究人员展示了他们的方法如何用于从先前的路线推断某人的导航目标，以及预测棋手在国际象棋比赛中的后续行动。

最终，这项工作可以帮助科学家将人类的行为方式教给人工智能系统，从而使这些系统能够更好地回应人类合作者。这一技术的主要研究者阿图尔·保罗·雅各布说，能够理解人类的行为，然后从这种行为推断出他们的目标，会让人工智能助手变得更有用。"如果我们知道人类即将犯错，看到他们以前的行为方式，人工智能代理可以介入并提供更好的方法。或者，人工智能代理可以适应人类合作者的弱点。"他说："能够为人类行为建模，是建立一个能够真正帮助人类的人工智能代理的重要一步。"

（3）行为建模。几十年来，研究人员一直在建立人类行为的计算模型。许多先前的方法都试图通过在模型中加入噪声来解释次优决策。模型可能会让代理人在 95% 的情况下做出正确的选择，而不是让代理人总是选择正确的选项。

然而，这些方法可能无法捕捉到这样一个事实，即人类并不总是以同样的方式做出次优行为。麻省理工学院的其他研究人员还研究了在决策不理想的情况下制订计划和推断目标的更有效方法。

为了建立模型，研究人员从之前对国际象棋选手的研究中汲取灵感。他们注意到，棋手在走简单的棋步时，行动前花费的思考时间较少，而在具有挑战性的比赛中，实力较强的棋手往往比实力较弱的棋手花费更长的时间进行规划。雅各布说："最后我们发现，规划的深度，或者说一个人思考问题的时间长短，可以很好地代表人类的行为方式。"

研究人员建立了一个框架，可以从先前的行动中推断出代理的规划深度，并利用该信息来模拟代理的决策过程。方法首先是在一定时间内运行算法，以解决所研究的问题。例如，如果研究的是一场国际象棋比赛，他们可能会让下棋算法运行一定步数。研究人员可以看到算法在每一步做出的决定。他们的模型会将这些决策与解决相同问题的代理行为进行比较，将使代理的决策与算法的决策保持一致，并确定代理停止规划的步骤。

由此，模型可以确定代理的推理预算，或该代理将为这一问题计划多长时间。可以利用推理预算来预测该代理在解决类似问题时会如何反应。

（4）可解释的解决方案。这种方法非常高效，因为研究人员无须做任何额外工作，就能获取解决问题的算法所做的全部决策。这一框架也可应用于任何可以用某一类算法解决的问题。

"对我来说，最令人震惊的是，这种推理预算是非常可解释的。更难的问题需要更多的规划，或者说，成为一名强者意味着需要更长时间的规划。"雅各布说："我们刚开始着手做这件事的时候，并没有想到我们的算法能够自然而然地发现这些行为。"

研究人员在三个不同的建模任务中测试了他们的方法：从先前的路线推断导航目标、从某人的语言暗示猜测其交流意图，以及预测人与人国际象棋比赛中的后续棋步。在每次实验中，他们的方法要么与流行的替代方法相匹配，要么优于后者。此外，研究人员还发现，他们的人类行为模型与棋手技能（国际象棋比赛）和任务难度的测量结果非常吻合。

展望未来，研究人员希望利用这种方法为其他领域的规划过程建模，如强化学习等。从长远来看，研究人员打算在这项工作的基础上继续努力，以实现开发更有效的人工智能合作者这一更远大的目标。

12.3　AGI 涌现

2023 年是 AGI 从诞生到蔓延生长的一年。这一年，人们见证了人工智能大厂在 LLM 产品和研究方面的持续进步，在文字、图片、音频、代码各模态都有相关产品密集发布，并在机器人和医疗方向做了突破性的研究，其中，在"LLM+机器人"方面的研究值得长期关注。

例如，在 OpenAI 企业的招聘页面档案截图上，此前列出的员工 6 项核心价值观，分别是大胆、深思熟虑、朴实无华、影响驱动、协作和增长导向。而目前，同一页面列出的是 5 项核心价值观，其中第一项就是聚焦 AGI，且补充说明称"任何对此无益的事物都不在考虑范围之内"。其他 4 项分别是紧张和拼搏、规模、创造人们喜爱的东西和团队精神。

OpenAI 的首席执行官山姆·奥特曼在一次采访中分享了他对人工智能发展轨迹的看法。奥特曼表示："未来的人工智能模型可能需要较少的训练数据，而更多地专注于它们的推理能力。"这不仅暗示了技术的转变，而且预示着一个新时代的来临，在这个时代，人工智能的思维过程可能会反映人类的逻辑和直觉。能够达到这种能力的人工智能——具有人的适应性和常识，就是 AGI。山姆·奥特曼将其定义为"能够跨多个领域进行泛化，相当于人类工作的系统。"实现这种状态已成为 OpenAI 的首要任务，以至于它甚至修改了其愿景和道德原则以适应这种新的努力。

12.3.1　AGI 的定义

有别于"专用（特定领域）人工智能"，AGI 是指一种能够像人类一样思考、学习和执行多种任务的人工智能系统，它具有高效的学习和泛化能力，能够根据所处的复杂动态环境自主产生并完成任务，具备自主感知、认知、决策、学习、执行和社会协作等能力，且符合人类情感、伦理与道德观念。

开发 ChatGPT 的 OpenAI 公司的官网上是这样写的："OpenAI 的使命是确保 AGI，即一种高度自主且在大多数具有经济价值的工作上超越人类的系统，将为全人类带来福祉。我们不仅希望直接构建出安全的、符合共同利益的 AGI，而且愿意帮助其他研究机构共同构建出这样的 AGI 以达成我们的使命。"

目前，大多数人工智能系统是针对特定任务或领域进行优化的，如语音识别、图像识别、自然语言处理、推荐系统等，这是将问题简化的一种解决问题的方法。这些系统在其特定领域中可能表现得很出色，但它们缺乏通用性和灵活性，不能适应各种不同的任务和环境。与专注于解决特定问题或领域不同，AGI 的目标是创建一个全面智能的系统，可以解决广泛的问题并进行多种任务。这种系统能够在不同的环境中适应和学习，并且可以从不同的来源中获取信息，像人类一样进行推理和决策。

12.3.2 LLM 与 AGI

虽然 LLM 已经取得了一些惊人的进展，但它还不符合 AGI 的要求。

（1）LLM 在处理任务方面能力有限。LLM 一般只能处理文本领域的任务，无法与物理和社会环境进行互动。这意味着像 ChatGPT 这样的模型并不能真正"理解"语言的含义，其因缺乏身体而无法体验物理空间。只有将人工智能体放置于真实的物理世界和人类社会中，它们才能切实了解并习得真实世界中事物之间的物理关系和不同智能体之间的社会关系，从而做到"知行合一"。

（2）LLM 不具备自主能力。LLM 需要人类来具体定义好每一个任务，它只能模仿被训练过的话语。

（3）虽然 ChatGPT 已经在不同的文本数据语料库上进行了大规模训练，包括隐含人类价值观的文本，但它并不具备理解人类价值或与其保持一致的能力，即缺乏所谓的道德指南针。

加州大学伯克利分校教授斯图尔特·罗素表示，关于 ChatGPT，更多数据和更多算力并不能带来真正的智能。要构建真正智能的系统，应当更加关注数理逻辑和知识推理，因为只有将系统建立在人们了解的方法之上，才能确保人工智能不会失控。扩大规模不是答案，更多数据和更多算力并不能解决问题，这种想法过于乐观。

图灵奖得主扬·勒昆认为：语言只承载了所有人类知识的一小部分，人类具有的知识大部分是非语言的。因此，LLM 无法接近人类水平智能。深刻的非语言理解是语言有意义的必要条件。正是因为人类对世界有深刻的理解，所以可以很快理解别人在说什么。这种更广泛的、对上下文敏感的学习和知识是一种更基础、更古老的知识，它是生物感知能力出现的基础，让生存和繁荣成为可能。LLM 的知识更多是以单词开始和结束而非身体感知，这种常识总是肤浅的。人类处理各种 LLM 的经验清楚地表明，仅从言语中可以获得的东西是如此之少。

技术发展趋势不可逆转。人类可以为超级人工智能预先设计一颗善良的心，而这无疑离不开各国在立法层面达成互通和共识，在规范人工智能方面所做出的努力。

12.3.3 AGI 的关键特性

"AGI"这个词汇最早可以追溯到 2003 年瑞典哲学家尼克·博斯特罗姆发表的论文《先进人工智能的伦理问题》。在该论文中，博斯特罗姆讨论了超级智能的道德问题，并在其中引入了"AGI"这一概念，描述了一种能够像人类一样思考、学习和执行多种任务的人工智能系统。超级智能被定义为任何智能在几乎所有感兴趣的领域中都大大超过人类认知表现的智能。这个定义允许增强的黑猩猩或海豚也有可能成为超级智能，也允许非生物超级智能的可能性。

因此，AGI 可以被视为是一种更高级别的人工智能，是当前人工智能技术发展的一个重要方向。但由于其在技术和理论方面的挑战，它仍然是一个较为遥远的目标。

AGI 的一些关键特性如下。

（1）广泛的任务适应性：AGI 能够理解和解决任何类型的问题，从简单的计算任务到复杂的科学探索，甚至是创造性和情感性的任务。

（2）自主学习与进化：AGI 能够通过自我学习不断优化自己的算法和知识库，无须人类进行明确编程。

（3）跨领域推理：AGI 能够在不同知识领域之间进行有效的信息整合与推理，形成全面的理解和决策。

（4）情境理解与适应：AGI 能够理解环境并根据情境调整行为，具备高度的环境适应性和应变能力。

（5）情感与伦理：AGI 可能具备理解、表达甚至体验情感的能力，以及基于伦理道德做出判断和决策的能力。

12.4　从 AIGC 迈向 AGI

扫码看视频

从 AIGC 迈向 AGI，标志着人工智能技术发展的重大跃升。迈向 AGI 的道路漫长且充满挑战，它不仅是技术上的攀登，也是对人类智慧边界的探索，涉及众多学科的交叉融合与创新。随着技术的不断进步，人们正逐步接近这一人工智能研究的终极目标。

12.4.1　通往 AGI 的分级系统

热火朝天的人工智能究竟发展到了什么阶段？距离出现与人类同等甚至超越人类的智能还有多远？全球人工智能领域领军者 OpenAI 提出了一套包含五个级别的系统，用以追踪在构建通用人工智能（AGI）方面的进展。

OpenAI 分级系统定义的第一级，是能够以对话方式与人类互动的人工智能，如 OpenAI 旗下的 ChatGPT 及其他常见的 AI 对话助手。按照这个定义，目前各家 LLM 公司也基本属于第一级。

第二级是"推理者"，能够解决基本的问题。这一级别人工智能的水平相当于拥有博士学位但无法使用工具的人类。第三级被称作"代理"，也就是智能体，OpenAI 将其定义为能够代表用户采取行动。第四级是能够创新的人工智能。而位于第五级的人工智能能够执行组织工作，这也是实现 AGI 的最后一步。

OpenAI 高管指出，按照这一分级系统，OpenAI 目前仍处于第一级，但即将到达第二级。他们展示了一项 GPT-4 模型相关的研究项目，认为该项目表现出了类似人类的推理能力。

这套五级系统由 OpenAI 领导层制定，将会收集公司员工、投资者、董事会等人员的反馈并进行调整。OpenAI 也计划与投资人和公司外部人士分享这套五级系统。

像许多其他人工智能公司一样，OpenAI 的终极目标是创造出 AGI，确保其造福全人类。在 OpenAI 的定义中，AGI 通常指的是比人类更聪明的人工智能系统。OpenAI 首席执行官山姆·奥特曼表示，AGI 可能在未来四五年内实现，将会创造一个与过去截然不同的未来。

但 OpenAI 迈向 AGI 的路线在公司内外都曾引发争议。2024 年 5 月，OpenAI 的超级对齐团队被曝已实质解散。该团队最初计划将使用公司 20%的算力资源，研究如何确保超级智能不会做出违背人类意愿或危害人类利益的行为。团队负责人扬·莱克离职后在社交媒体上表示，他与 OpenAI 领导层对公司核心优先事项的看法长期不合。扬·莱克认为应当尽可能地为 AGI 的到来做好准备，但 OpenAI "安全文化和流程已经让位于更耀眼的产品"。

由于 AGI 缺乏一个清晰的定义，目前人工智能业界各方对其实现时间和路径也尚无统一的观点。英伟达 CEO 黄仁勋就曾表示，"当我们谈论 AGI 时，必须明确其定义和标准。如果 AGI 的定义是模糊或不可定义的，那么我们就很难给出一个确切的实现时间表。"他认为，如果将 AGI 定义为通过人类测试的能力，那么人工智能在五年内就能在每一项测试中都表现良好。

OpenAI 最大的竞争对手、人工智能初创企业 Anthropic 的首席执行官达里奥·阿莫迪提到，到 2025～2027 年，很有可能会出现在大多数事情上都比人类更出色的人工智能模型。

埃隆·马斯克也曾预测称，人工智能可能会在 2025 年比任何一个人类都要聪明。如果以这样的变化速度持续下去，到 2029 或 2030 年的时候，数字智能可能会超过所有人类智能的总和。

而在国内，人工智能领域的许多公司特别是创业企业，同样将实现 AGI 视为终极目标，在通往 AGI 之路上也存在着分歧。百川智能 CEO 王小川将 AGI 直接对标于医生，因为医生是所有职业中智力密度相对最高的。智谱 AI CEO 张鹏指出随着技术的演进，AGI 的内涵和外延都在不断地发生变化。月之暗面 CEO 杨植麟则提到，AGI 的定义最重要的作用是让全社会对接下来的发展有所准备。短期内仍然需要一些量化，衡量 AGI 的开发进度。"评估不是一个容易的问题，需要对评估维度做很多拆分，如知识能力、推理能力和创造能力，评估的方式会完全不一样。"杨植麟说。

OpenAI 提出的这套分级系统，就试图更加直观和量化地解决 AGI 定义的分歧，并希望被业界所接受。

12.4.2　迈向 AGI 的关键步骤

从 GAI 迈向 AGI 的关键步骤如下。

（1）增强泛化能力：虽然 GAI 在特定任务上表现出色，但要达到 AGI，需要进一步提高模型的泛化能力，使其能在未经训练的领域也能有效运作。AGI 需要具备从有限的经验中泛化到无限未知情境的能力，这是当前 AI 系统所不具备的。现有的机器学习模型往往在面对超出训练数据分布的情况时表现不佳。

（2）跨领域推理：AIGC 虽然强大，但它通常局限于特定任务或领域，缺乏跨领域理解和应用知识的能力。AGI 则要求人工智能能够跨越不同的知识领域进行推理，这需要 GAI 不仅能生成内容，还能理解其背后的逻辑和概念。AGI 还追求能够在任何未预先编程的环境中学习新任务、解决新问题的能力，这要求系统具备高度的认知灵活性和自适应性。

（3）情感与意识：AGI 还需具备更深层次的理解力，包括理解人类情感、意图和社会交互，这需要对心理学、社会学及语言学等多领域的深刻理解与融合。发展能够理解、模拟乃至体验情感的模型，是 AGI 追求的一个高级目标，也是 GAI 向更深层次智能演进的关键一步。

（4）伦理与自我约束：AGI 需要具备道德判断力和自我约束机制，确保其行为符合人类伦理和社会规范，这是当前 GAI 所不具备的。

（5）持续学习与进化：AGI 应该能够像人类一样持续学习，并不断优化自身，而非仅仅依赖于预设的算法和数据集。

未来，AGI 会从以下几个方面来展现其发展趋势。

（1）基础研究突破：在认知科学、神经科学和计算机科学等领域的交叉研究中，寻找灵感和理论依据，以支撑更高级别的智能模型。

（2）技术的融合与突破：GAI 与其他人工智能技术（如强化学习、符号人工智能）的深度融合，可能为迈向 AGI 开辟新途径。实现 AGI 需要在算法、计算能力、数据处理和硬件设计等方面取得重大突破，包括更高效的机器学习算法、量子计算等技术的应用。

（3）伦理与法律框架：随着 AGI 的逼近，建立相应的伦理准则和法律框架以确保安全、公平、无偏见的应用变得愈发紧迫。AGI 将深刻影响社会经济，改变工作市场、教育体系、医疗保健、娱乐产业等众多领域，带来生产力的飞跃和社会结构的重塑。

（4）安全与监管：确保 AGI 的安全性，防止恶意使用，将是未来研究的重要方向。需要全球合作，建立有效的监管和治理体系。

总之，AGI 的未来充满了无限可能和挑战。它既是科技进步的顶点，也承载着人类对于更好生活的憧憬，同时伴随着对未知后果的担忧。实现 AGI 的道路漫长且充满不确定性，但无疑，这一领域的发展将深刻影响人类社会的未来走向。

【作业】

1. AGI 是一种理论上的（   ），它能够执行任何智力任务，具备广泛的理解、学习、推理、适应、创新和自我意识等能力，其能力广度和深度可与人类智能相媲美。

    A．智能形态　　　B．开发工具　　　C．科学理论　　　D．工作模型

2. 分析 GAI 技术的价值链，将其分为（   ）和基础设施层四个相互关联的层，它们共同创造新内容，每一层都在整个过程中发挥着独特作用。

    ① 应用层　　　　② 平台层　　　　③ 虚拟层　　　　④ 模型层

    A．②③④　　　　B．①②③　　　　C．①②④　　　　D．①③④

3. GAI 的应用层通过允许动态创建内容来使用专门算法实现简化人类与人工智能的交互，它由（   ）三个不同子组组成。

    ① 核心应用程序　　　　　　② 通用应用程序

    ③ 特定领域应用程序　　　　④ 集成应用程序

    A．①②③　　　　B．②③④　　　　C．①②④　　　　D．①③④

4. GAI 的平台层主要通过（   ）提供对 LLM 的访问，它简化了通用预训练基础模型的微调和定制过程，通过微调可以显著提升 LLM 在特定内容领域的能力。

    A．服务转移　　　B．抽象简化　　　C．程序设计　　　D．托管服务

5. GAI 的模型层启动（   ），它通常通过使用 Transformer 算法对未标记数据进行训练，使其发展成为一种多功能工具，以支持各种 GAI 应用程序的功能。

    A．基础模型　　　B．功能函数　　　C．逻辑模型　　　D．托管服务

6. GAI 的基础设施层涉及的关键资源是半导体、（   ）和云服务，这些资源在 GAI 模型的初始训练和持续的微调、定制和推理中发挥着至关重要的作用。

    ① 网络　　　　　② 组件　　　　　③ 存储　　　　　④ 数据库

    A．②③④　　　　B．①②③　　　　C．①③④　　　　D．①②④

7. 人工智能生成内容的出现，打开了一个全新的创作世界，为人们提供了无数的可能性。从（   ），展现了内容创作方式的巨大变革和进步。

    ① AIGC   ② UGC   ③ AGC   ④ PGC

    A. ②③④   B. ②④①   C. ①②③   D. ①②④

8. 自 2018 年以来，OpenAI 一直专注于开发 AGI 而不仅是人工智能。庞大的数据集和从人类语言中的深度学习赋予了 ChatGPT 以前被认为在人工智能中不可能的（　　　）的能力。

    ① 直观理解   ② 模拟再现   ③ 抽象分析   ④ 形成观点

    A. ①③④   B. ①②④   C. ①②③   D. ②③④

9. 一些智能制造专家对 Sora 大模型进行观察研究，看到了底层逻辑的相通之处，认为"（　　　）中的一系列难题，有了解决的希望。"

    ① 黑灯工厂   ② 自动驾驶   ③ 工业互联   ④ 数字孪生

    A. ②③④   B. ①②③   C. ①②④   D. ①③④

10. 麻省理工学院等的研究人员开发了一个框架，根据人类或人工智能代理的计算约束条件，对其非理性或次优行为进行建模，其中的主要技术包括（　　　），最终得到可解释的解决方案。

    ① 开发新的建模方法   ② 实际应用和模型验证

    ③ 行为建模   ④ 数据建模

    A. ②③④   B. ①②③   C. ①②④   D. ①③④

11. OpenAI 企业员工的五项新的核心价值观，分别是（　　　）、创造人们喜爱的东西和团队精神。

    ① 朴实无华   ② 聚焦 AGI   ③ 紧张和拼搏   ④ 规模

    A. ①②③   B. ②③④   C. ①②④   D. ①③④

12. OpenAI 的首席执行官奥特曼分享了他对人工智能发展轨迹的看法，他表示："未来的人工智能模型可能需要较少的训练数据，而更多地专注于它们的（　　　）。"

    A. 运算时间   B. 参数数量   C. 计算水平   D. 推理能力

13. 所谓 AGI 是指一种能够像人类一样思考、学习和执行多种任务的人工智能系统，它具备自主感知、认知、决策等能力，且符合人类（　　　）。

    ① 形态   ② 情感   ③ 伦理   ④ 道德观念

    A. ①③④   B. ①②④   C. ①②③   D. ②③④

14. 开发 ChatGPT 的 OpenAI 公司针对 AGI 是这样定义的：它是"一种高度自主且在大多数具有经济价值的工作上（　　　）的系统，将为全人类带来福祉。"

    A. 超越人类   B. 模仿动物   C. 辅助人类   D. 全新构造

15. LLM 是一种基于深度神经网络学习技术的大型算法模型，虽然它已经取得了惊人的进展，但它还不符合 AGI 的要求，主要理由是（　　　）。

    ① LLM 在处理任务方面能力有限   ② LLM 不具备自主能力

    ③ 它无法承担多模态生成任务

    ④ 虽然已经进行了大规模训练，但仍缺乏所谓道德指南

    A. ②③④   B. ①②③   C. ①③④   D. ①②④

16. 图灵奖得主扬·勒昆认为：深刻的（　　　）是语言有意义的必要条件，这也是人工智能研究者在寻找人工智能中的常识时关注的更重要的任务。

    A. 非语言理解   B. 知识更新   C. 语言模型   D. 语料库发展

17. AGI 可以被视为是一种更高级别的人工智能，是当前人工智能技术发展的一个重要方向。如今，它仍然是一个较为（　　）的目标。

　　A. 孤立　　　　　　B. 遥远　　　　　　C. 现实　　　　　　D. 具体

【课程学习与实践总结】

1. 课程的基本内容

至此，我们顺利完成了 AIGC 课程的全部教学任务。为巩固通过课程学习和实践活动所了解与掌握的知识和技术，请就此做一个系统的总结。由于篇幅有限，如果书中预留的空白不够，请另外附纸张粘贴在边上。

（1）本学期完成的 AIGC 课程的学习内容主要有（请根据实际完成的情况填写）：

第 1 章: 主要内容是: _____

_____

第 2 章: 主要内容是: _____

_____

第 3 章: 主要内容是: _____

_____

第 4 章: 主要内容是: _____

_____

第 5 章: 主要内容是: _____

_____

第 6 章: 主要内容是: _____

_____

第 7 章: 主要内容是: _____

_____

第 8 章: 主要内容是: _____

_____

第 9 章: 主要内容是: _____

_____

第 10 章: 主要内容是: _____

_____

第 11 章: 主要内容是: _____

_____

第 12 章: 主要内容是: _____

_____

（2）请回顾并简述：通过学习，你初步了解了哪些有关人工智能和 AIGC 的重要概念（至少 3 项）：

　　① 名称: _____

简述：_____

_____

② 名称：_____

简述：_____

_____

③ 名称：_____

简述：_____

_____

2. 对实践活动的基本评价

（1）在全部实践活动中，你印象最深，或者相比较而言你认为最有价值的是：

① _____

你的理由是：_____

_____

② _____

你的理由是：_____

_____

（2）在实践活动中，你认为应该得到加强的是：

① _____

你的理由是：_____

_____

② _____

你的理由是：_____

_____

（3）对于本课程和本书的学习内容，你认为应该改进的其他意见和建议是：

_____

_____

3. 课程学习能力测评

请根据你在本课程中的学习情况，客观地在人工智能与 AIGC 知识方面对自己做一个能力测评，在表 12-1 的"测评结果"栏中合适的项下打"✓"。

4. AIGC 学习与实践总结

_____

_____

_____

_____

_____

_____

5. 教师对课程学习总结的评价

_____

_____

表 12-1　课程学习能力测评

关键能力	评价指标	测评结果					备注
		很好	较好	一般	勉强	较差	
课程基础内容	1．了解本课程概况、知识体系和理论基础						
	2．熟悉大数据技术基本概念						
	3．熟悉人工智能相关基础知识						
	4．熟悉强 AI 和弱 AI 相关定义						
	5．熟悉 AI、LLM、GAI、AIGC、AGI 的相关关系						
熟悉课程专业基础	6．熟悉 LLM 的定义及其对 AIGC 的作用						
	7．熟悉 AIGC 的基本定义						
	8．熟悉智能体技术与知识						
	9．熟悉智能体与 AIGC 的关系						
	10．熟悉提示工程及其技巧						
AIGC 技术应用	11．熟悉 AIGC 高效工作						
	12．熟悉 AIGC 助力学习						
	13．熟悉 AIGC 拓展设计						
	14．熟悉 AIGC 成就艺术						
安全与发展	15．熟悉 AIGC 安全问题						
	16．熟悉 AIGC 伦理与限制						
	17．熟悉 AGI 发展趋势与方向						
	18．了解人工智能发展前景						
解决问题与创新	19．掌握在线提高专业能力、丰富专业知识的学习方法						
	20．能根据现有的知识与技能创新地提出有价值的观点						

说明："很好"5 分，"较好"4 分，余类推。全表满分为 100 分，你的测评总分为：_____分。

附录　作业参考答案

第 1 章

1. A	2. B	3. C	4. D	5. A	6. B
7. C	8. B	9. D	10. B	11. A	12. C
13. B	14. A	15. D	16. C	17. B	18. A
19. D	20. C				

第 2 章

1. B	2. C	3. A	4. D	5. C	6. B
7. C	8. D	9. B	10. A	11. D	12. C
13. B	14. A	15. C	16. D	17. B	18. A
19. C	20. B				

第 3 章

1. C	2. B	3. D	4. A	5. B	6. C
7. A	8. D	9. B	10. D	11. C	12. A
13. B	14. D	15. C	16. A	17. D	18. B
19. A	20. D				

第 4 章

1. C	2. A	3. B	4. A	5. D	6. C
7. B	8. A	9. D	10. B	11. C	12. A
13. D	14. B	15. C	16. D	17. A	18. B
19. D	20. C				

第 5 章

1. A	2. C	3. B	4. D	5. A	6. C
7. B	8. D	9. A	10. C	11. B	12. D
13. A	14. C	15. D	16. A	17. C	18. B
19. D	20. A				

第 6 章

1. A	2. B	3. C	4. A	5. D	6. C
7. D	8. C	9. A	10. B	11. D	12. C
13. A	14. B	15. D	16. C	17. A	18. B
19. D	20. C				

第 7 章

1. B	2. D	3. A	4. C	5. D	6. B
7. A	8. C	9. B	10. D	11. A	12. C
13. B	14. A	15. D	16. C	17. B	18. A
19. D	20. C				

第 8 章

1. D	2. A	3. B	4. D	5. C	6. A
7. D	8. B	9. C	10. D	11. A	12. C
13. B	14. A	15. C	16. D	17. B	18. C
19. A	20. D				

第 9 章

1. C	2. B	3. D	4. A	5. C	6. B
7. D	8. A	9. C	10. B	11. D	12. A
13. C	14. B	15. D	16. A	17. C	18. B
19. D	20. A				

第 10 章

1. A	2. C	3. D	4. B	5. A	6. C
7. D	8. A	9. D	10. A	11. C	12. D
13. B	14. A	15. C	16. B	17. D	18. C
19. A	20. D				

第 11 章

1. A	2. D	3. B	4. C	5. D	6. A
7. C	8. B	9. D	10. A	11. C	12. B
13. D	14. A	15. C	16. D	17. B	18. C
19. A	20. D	21. C	22. A	23. D	24. C
25. B					

第 12 章

1. A	2. C	3. B	4. D	5. A	6. C
7. B	8. A	9. C	10. B	11. B	12. D
13. D	14. A	15. D	16. A	17. B	

参 考 文 献

[1] 杨武剑，史麒豪，周苏，等. 大数据通识教程：数字文明与数字治理　微课版[M]. 北京：人民邮电出版社，2024.

[2] 赵建勇，周苏. 大语言模型通识[M]. 北京：机械工业出版社，2024.

[3] 凌锋，周苏. 人工智能导论：微课版[M]. 2 版. 北京：机械工业出版社，2024.

[4] 杨武剑，周苏. 大数据分析与实践：社会研究与数字治理[M]. 北京：机械工业出版社，2024.

[5] 周苏. 大数据导论：微课版[M]. 2 版. 北京：清华大学出版社，2022.

[6] 姚云，周苏. 机器学习技术与应用[M]. 北京：中国铁道出版社，2024.

[7] 周斌斌，周苏. 工业机器人技术与应用[M]. 北京：中国铁道出版社，2024.

[8] 周斌斌，周苏. 智能机器人技术与应用[M]. 北京：中国铁道出版社，2022.

[9] 孟广斐，周苏. 智能制造技术与应用[M]. 北京：中国铁道出版社，2022.

[10] 周苏. 创新思维与 TRIZ 创新方法：创新工程师版[M]. 北京：清华大学出版社，2023.